First Steps for Math Olympians

수학 올림피아드의 첫걸음

미국 수학 경시대회(AMC)의 문제 유형으로
문제 풀이의 기초를 다진다

First Steps for Math Olympians

수학 올림피아드의 첫걸음

미국 수학 경시대회(AMC)의 문제 유형으로
문제 풀이의 기초를 다진다

J. 더글러스 페어스 지음
김 병 수 옮김

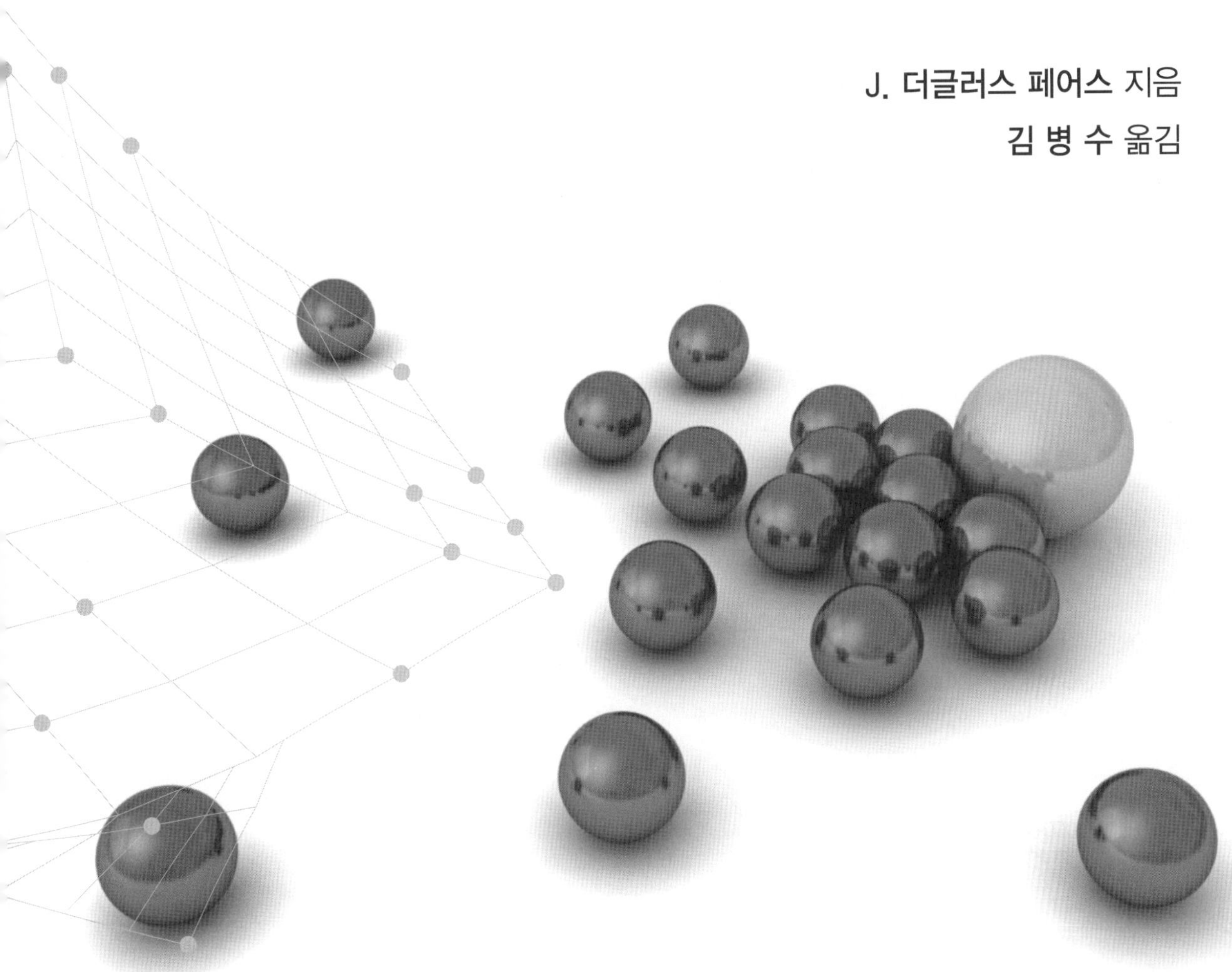

MAA
MATHEMATICAL ASSOCIATION OF AMERICA

북스힐

수학 올림피아드의 첫걸음

미국 수학 경시대회(AMC)의 문제 유형으로
문제 풀이의 기초를 다진다

2015년 8월 5일 1판 1쇄 인쇄
2015년 8월 10일 1판 1쇄 발행

지 은 이 **J. 더글러스 페어스**
옮 긴 이 **김병수**
펴 낸 이 **조승식**
펴 낸 곳 (주) 도서출판 **북스힐**
서울시 강북구 한천로 153길 17
등 록 제 22-457 호
대표전화 (02) 994-0071
팩 스 (02) 994-0073
이 메 일 bookswin@unitel.co.kr
홈페이지 www.bookshill.com

값 16,000원

잘못된 책은 교환해 드립니다.

ISBN 978-89-5526-980-2

역자 머리말

현대 사회는 지식 기반의 정보화 시대로서 모든 사회 문명이 과학 기술에 바탕을 둔 사회이다. 이러한 사회에 적응하고, 적극적으로 선도해 나가기 위해서는 새로운 지식과 기술을 창출할 수 있는 창의력과 사고력이 절실히 필요하다.

수학을 꾸준히 공부하면 논리적으로 사고하고 합리적으로 문제를 해결하는 능력, 즉 창의력과 사고력을 계발할 수 있다. 또한 산업·금융·정보 통신 등 다양한 분야에서 수학이 활용되고 있으므로 수학은 현대 사회를 살아가는 학생들에게 필수적이다.

이 책은 미국 수학 경시대회에 출제되었던 문제들을 선별하여 만든 책으로, 수학에 관심과 재능이 있어서 학교 수학 과정을 공부하는 데 큰 어려움이 없는 초등학교 고학년이나 중학교 학생들에게 적당한 책이다. 이 학생들이 좀 더 심화된 수학을 공부하고 잠재력을 깨우는 가장 좋은 방법은 호기심과 도전 의식을 자극하는 수준 높은 문제를 풀어 보는 것이다.

책의 저자는 오랫동안 미국 수학 경시대회를 관리하고 문제를 출제한 사람으로, 다양한 난이도의 문제를 주제별로 분류하여 문제 풀이 공부를 시작하는 학생들이 쉽게 따라올 수 있도록 책을 구성하였다.

이 책의 특징은 다음과 같다.

첫째, 미국 수학 경시대회에 자주 나오는 문제를 18개의 주제로 구분하였는데, 우리나라 수학 교육 과정과 비교하면 초등학교 고학년 내용부터 고등학교 내용까지 다양하게 분포되어 있다.

둘째, 각 주제별로 문제 풀이에 필수적인 정의와 성질을 요약하고, 예제와 연습문제를 통하여 내용을 익힐 수 있도록 하였다. 예제로는 각 주제를 이용한 대표적인 문제를 선정하였고, 연습문제는 뒷번호로 갈수록 난이도가 높아지도록 배치하였다.

셋째, 학생들의 공부에 도움이 되도록 연습문제의 풀이를 부록에 제시하였다. 그러나 수학 공부는 가능하면 풀이를 보지 않고 하는 것이 좋다. 모르는 문제가 있으면 본문의 내용과 예제를 다시 공부하고 이를 활용하여 다양한 방법으로 풀이를 시도해 보는 것이 수학 실력을 키우는 길이다. 기껏 해야 5분이나 10분 정도 생각해 보고 모른다고 풀이를 보는 것은 수학 실력 향상에는 별 도움이 되지 않음을 꼭 기억하기 바란다.

넷째, 끝맺는 말에는 더 깊이 공부하기를 원하는 학생들을 위한 다양한 책이 소개되어 있다.

이 책을 통해, 심화된 내용을 공부하기를 원하는 학생들이 수학에 더 큰 흥미를 느끼고 다양한 주제의 수학적 기초를 굳건히 다지기를 바란다. 또한 수학 올림피아드를 포함한 여러 국내외 수학 경시대회에서 좋은 성과를 얻고 수학에 자신감을 가지며 수학을 사랑하는 계기가 되기를 바란다.

마지막으로, 이 책이 출판되도록 애써 주신 ㈜ 도서출판 북스힐 관계자들께 감사를 드린다.

2015년 7월
김병수

머리말

미국 수학 경시대회의 간단한 역사

2000년에, AHSME(American High School Mathematics Examination)로 알려진 미국 고등학교 수학 경시대회는 50주년을 맞았다. 1950년에 뉴욕 시 지역대회로 시작했던 이 대회는 이후 10년 동안 북미 대부분의 주로 확대되어 150,000명 이상의 학생들이 이 대회에 참가하였다.

이 시험은 수년에 걸쳐 여러 가지 방법으로 확장되고 발전되었다. 처음에는 3부 구성에 50문항이었다. Ⅰ부는 비교적 평이한 계산 문제 15개로 이루어졌고, Ⅱ부는 20문제로 고등학교 수학을 전반적으로 이해해야 풀 수 있고 일부는 창의성이 약간 필요한 문제들이었다. Ⅲ부는 가장 어려운 문제들로서 일부는 비교적 간단해 보이기도 하는데 오늘날 시험에서 뒷번호 문제와 같은 것들이다. 배점은 뒤로 갈수록 높으며 150점 만점이었다.

1960년에는 평이한 문제들을 제외하고 40문항으로 줄었다. 1968년에는 다시 35문항으로 줄었는데 문제 유형은 네 부분으로 늘었다. 1974년에는 다시 30문항으로 줄었고, 부분을 나누어 배점을 다르게 하는 것도 없어졌다. 이 시기 이후에는 각 문항의 배점이 같아졌다. 이러한 형태가 1990년대 말까지 계속되었고 이때에는 5,000개 이상의 학교에서 240,000명이 넘는 학생들이 응시하였다.

문제 수가 줄면서 시험이 점점 쉬워졌을 것이라 생각할 수도 있지만, 초창기 시험 문제를 보면(*The Contest Problem Book*, 1~5권) 이런 생각이 틀렸음을 알 수 있다. 문제 수는 줄었지만 평균적인 난이도는 높아졌다. 이제는 더 이상 틀에 박

힌 문제는 나오지 않았고, 중간 정도의 문제는 초창기보다 어려워졌다.

1972년부터 AHSME에서 높은 점수를 받은 학생들이 미국 수학 올림피아드(USAMO; United States of America Mathematical Olympiad)에 참가할 자격을 얻으면서, 1974년 이후 미국 학생들은 국제 수학 올림피아드(IMO; International Mathematical Olympiad)에 참가하였다. USAMO는 매우 어려운 논술형 시험으로, 문제 풀이 능력이 우수한 학생을 선발하기 위해 실시하는 시험이다. 다양한 능력을 가진 학생들을 위한 다지선다형 시험인 AHSME와 미국에서 가장 유능한 학생들을 대상으로 하는 시험인 USAMO는 커다란 차이가 있다. 따라서 1983년에는 그 중간 단계의 시험인 미국 초청 수학 경시대회(AIME; American Invitational Mathematics Examination)가 만들어져서 AHSME의 상위 5 % 정도의 학생들을 초청하여 시험을 치렀다. AIME에 응시하여 적어도 몇 문제를 푸는 것은 곧 많은 우수한 고등학생들의 목표가 되었고, 또 이것이 몇몇 대학의 입학 허가를 받는 데 유리하게 작용하는 것으로 보이기 시작했다.

미국 고등학교에서 수학 문제를 잘 푸는 학생들의 목표는 AHSME에서 잘해서 AIME에 참가하고, AIME에서 잘해서 USAMO에 참가하고, USAMO에서 잘해서 IMO의 미국 대표가 되는 것이다. 또한 IMO에서 잘해서 금메달을 따는 것이 목표이다.

AHSME가 성공적으로 치러지면서 1985년에는 중학생들에 대해서도 유사한 시험이 개최되었는데, 이것이 미국 중학교 수학 경시대회(AJHSME; American Junior High School Mathematics Examination)이다. AJHSME는 어렸을 때부터 문제 풀이 훈련을 시작한 학생들을 위한 시험이다. 20세기 말에는 북미의 각 주를 대표하는 약 450,000명의 학생들이 응시하였다.

AHSME와 AJHSME 시험 체계는 2000년에 크게 변하였다. 몇 년간 AHSME의 시험 문제 수가 줄어들었는데, 비교적 쉬운 문제 수가 줄었다. 문제 수가 이렇게 줄어든 것은 주로 학교의 요구 때문이었다. 학교에서의 교과 활동과 교과 외 활동이 많이 늘어나면서 시간 계획이 과거만큼 유연하지 않게 되었다. 2000년에 AHSME 시험은 25문제를 75분에 푸는 것으로 결정되었다. 그러나 좀 더 기본적인 문제 수가 줄었기 때문에 이로 인해서 고등학교 저학년 학생들이 불이익을 받게 되었다. 미국 수학 경시대회 위원회(CAMC)는 9학년이나 10학년(역주: 우리나라 중학교 3학년이나 고등학교 1학년) 학생 중에서 능력은 뛰어나지만 시험 성적이 좋지 않았던 학생들이 그다음 해 시험에 응시할 용기를 잃을 수 있다는 점에 주목하였다. 이 문제를 해결하는 방법은 9학년과 10학년 학생들에게 맞는 경시대회를 새로 만드는 것이었다. 그 결과 세 개의 경시대회로 개편되었고, 대회 명칭은 AMC 8, AMC 10, AMC 12로 되었다. AMC(American Mathematics Competitions) 뒤의 숫자는 그 시험에 응시할 수 있는 가장 높은 학년을 나타낸다. AJHSME는 이름이 AMC 8으로 바뀐 것 외에는 변화가 없고 AHSME는 문제 수가 줄었다.

새로운 시험인 AMC 10은 일반적으로 9학년과 그 아래 학년에서 배우는 수학으로 풀 수 있는 문제들로 이루어졌고, AMC 10과 AMC 12 시험의 내용은 50 %를 넘지 않는 범위에서 일부 중복되기도 한다. AMC 10에서 제외되는 문제는 11학년과 12학년에서만 공부하는 주제인 삼각함수, 로그, 복소수, 함수, 대수와 기하에서 어려운 부분 등이다.

AMC 10은 이 시험에 응시하는 학생들이 AIME에 응시할 자격을 얻도록 하기 위해 만든 것이지만, 단지 상위 1 %의 학생만이 그 자격을 얻고 있다. AMC 10 학생들에 대한 자격 점수를 AMC 12보다 높게 한 것은 세 가지 이유에서이다. 첫째, 9학년과 10학년 학생 중에는 AMC 12를 치를 수 있는 수학 지식을 가진 아이들이 있고, 그 아이들은 자신의 우수한 능력을 증명해 보일 수 있는 AMC 12에 응시해야 한다. 이 학생들에게는, AMC 10에서 상위 1 %에 드는 것이 AMC 12에서 상위 5 %에 드는 것보다 더 어려워 보일 수 있다. 두 번째로, 위원회에서는 AIME에서 통과한 9학년이나 10학년 학생이 11학년이나 12학년이 되어서도 AMC 12 시험에 통과하기를 바란다. 예민한 학생이 좌절하지 않도록 말이다. 세 번째로, AIME와 같은 시험 형태를 준비하지 않은 학생들은 AIME 응시 후 잔뜩 겁을 집어먹을 수 있다. 최근에 AIME의 앞 문제들을 보다 쉽게 하려는 여러 노력이 있었지만, 해당 열다섯 문제의 중앙값이 0점인 해가 여러 번 있었다. 다시 말해, 따로 훈련받지 않은 뛰어난 9학년이나 10학년 학생들이 AMC 10에서는 좋은 점수를 받고 AIME에서는 풀이를 시작조차 하지 못할 가능성이 크다는 것이다. 이 또한 AMC 10 이후의 시험으로, 예민한 학생들이 의욕이 꺾일 수 있는 것이다. AMC의 기본 목표는 시험에 응시하는 모든 학생이 문제 풀이에 대한 긍정적인 경험을 통해 수학에 흥미를 갖는 것이다. AMC 시험은 나라에서 우수한 문제 풀이 능력을 보이는 고등학생들을 선정하는 첫 번째 단계이기도 하지만, 이는 부차적인 목표일 뿐이다.

AMC에 관한 나의 경험

내가 AMC에 공식적으로 관여하기 시작한 것은 1996년 미국 명예 수학회인 파이뮤엡실론의 대표로 미국 수학 경시대회 위원회(CAMC)에 참여할 때부터이다. 동시에 나는 AHSME와 AJHSME의 문제를 출제하기 시작했다. 1997년에는 AJHSME의 문제 선정 위원이 되어 미국과 캐나다의 여러 출제자들이 낸 문제 중에서 시험 문제를 선정하였다. 또한 AJHSME와 MathCounts 경시대회를 준비하는 몇몇 지방 중학생들을 도와주기도 했는데, 당시 학생들이 경시대회에서 생각만큼 좋은 성적을 얻지 못했는데도 매우 즐거워한다는 것을 알게 되었다. 그다음 해에 이 학생들이 9학년이 되었을 때 나는 AHSME에 응시하도록 권했다. 왜냐하면 그 아이들이 참가할 수 있는 수학 경시대회는 그것밖에 없었기 때문이다. 하지만 AHSME의 난이도는 그 학생들에게 익숙한 시험보다 훨씬 높아서 아이들 대부분이 충격을 받았다. 그들 중 두 명을 제외한 나머지 모두는 더 이상 문제 풀이 경시대회에 참가하지 않았다.

그다음 번 CAMC 모임에서 나는 이 경험을 위원들에게 이야기했고, 8학년 때 AJHSME에 응시했던 학생 중에서 나중에 AHSME에 응시하는 학생은 9학년 20 %, 10학년 40 % 미만이라는 것을 도표로 보여 주었다. 물론 9학년과 10학년 교사 대부분은 이미 그 사실을 알고 있었고, 학생들에게 AHSME에 응시하도록 권하지도 않았다. 이 모임에서 나는 9학년과 10학년 학생들을 위한 중간 수준의 시험을 만들어서 학생들이 AHSME보다 나은 경험을 할 수 있게 하고 또 문제 풀이 능력을 계속 향상시킬 수 있도록 하자고 제안했다. 경험이 있는 위원이라면 알겠지만, 새로운 일은 대개 제안한 사람이 맡는다. 1999년에 AHSME의 위원장인 해럴드 라이터(Harold Reiter)와 나는 AMC 10의 초대 공동 위원장이 되어 2000년 2월 15일에 첫 시험을 치렀다.

2001년부터 나는 AMC 10의 위원장으로 일했다. 나는 AMC 12의 위원장인 데이브 웰스(Dave Wells)와 함께 AMC 10과 AMC 12 시험을 만들었다. 2002년부터는 일 년에 두 번씩 시험을 치렀는데 2월 초에 AMC 10A와 AMC 12A를 치르고, 약 2주 후에 AMC 10B와 AMC 12B를 치렀다. 이렇게 한 것은 AMC의 A형 시험 날짜가 다른 일정과 겹치거나 예상외로 어렵게 느낀 학생들에게 AIME의 응시 대상이 될 수 있는 두 번째 기회를 주기 위해서였다. 따라서 출제 위원회는 1999년 AHSME일 때는 일 년에 30문제 정도만 출제하면 되었지만, 이제는 AMC 10과 AMC 12의 각 형태별로 10문제 정도는 공통으로 하여 25문제를 출제하려면 약 80문제를 만들어야 했다.

시험을 A형과 B형으로 나누어 치르는 것은 몇 가지 관점에서 목적이 서로 모순되기도 한다. 우리는 두 시험이 서로 공통점은 있지만 비슷하지는 않기를 바랐다. 비슷하면 나중 시험에 응시하는 학생이 유리하기 때문이다. 두 유형은 같은 형태이지만 예측할 수 없도록 서로 다른 문제를 포함해야 한다. 또한 두 시험의 난이도는 비슷해야 하는데 이것이 가장 어려운 점이다. 우리는 이러한 문제들을 아주 천천히 그리고 꾸준히 고쳐나가고 있다.

이 책의 기초와 쓰게 된 동기

내가 미국 경시대회 위원이 되었을 때, 오하이오 주 학생들의 경시대회 성적이 일반적으로 좋은 데 비해, 같은 오하이오 주이지만 내가 있는 지역의 학생들은 성적이 아주 낮다는 것을 알게 되었다. 그 당시 나는 영스타운 주립대학(오하이오 주 소재)에서 학부생들을 25년 넘게 가르치고 있었다. 그 학생들은 문제 풀이 경시대회에서는 잘하지 못했지만 학부생 연구 발표에서는 뛰어난 능력을 보여 주었다. 또 COMAP에서 주최하는 국제 수학 모델링 대회에서도 매우 뛰어난 성과를 보여 주었다.

영스타운에 사는 대부분의 학생들은 그 지역의 고등학교에 진학하는데 그 학생들이 AHSME에서 보인 성취도는 그 학생들이 능력이 없어서라기보다는 훈련을 받지 않아서 나온 결과로 보였다. 문제 풀이를 잘하기 위한 수학 지식과 방법은 일반적으로 수학을 응용하는 데 필요한 지식이나 방법과 반드시 같지는 않다.

1997년에 우리는 영스타운 주립대학에서 AHSME에 관심 있는 고등학생들을 대상으로 훈련 과정을 개설하여 매주 토요일 오전 10시부터 11시 30분까지 모임을 가졌다. 이 과정은 10월 말에 시작하여 AHSME가 있는 2월까지 계속되었다. 이 모임에는 30명에서 70명의 고등학생이 참가하였고, 토요일마다 영스타운 주립대학 교수 세 명 정도와 고등학교 교사 두 사람 그리고 다섯 명에서 열 명 정도의 영스타운 주립대학 학부생이 몇몇 주제의 수학 문제를 제시하고 연습문제를 풀면서 고등학생들을 도와주었다.

첫 해에는 매주, 과거 시험 문제를 중심으로 다루었는데 그리 좋은 방법은 아니었다. 문제를 풀기 위해 필요한 내용이 시험마다 바뀌기 때문에, 주어진 시간 동안 시험에 완벽히 대비하는 것은 불가능하다는 것을 곧 깨달았다.

1998~1999학년도에 이 과정은 주제별로 진행되었다. 과거의 AHSME 문제만 이용하여 각 주제별로 문제를 선정하였는데, 같은 유형의 여러 문제를 푸는 데 필요한 수학적 지식을 대표하는 문제를 선정하였다. 그 당시 AHSME는 30문제였고 우리는 6~25번 문제에 집중하였다. 이 범위의 문제 중 절반 정도를 풀 수 있는 학생은 처음 다섯 문제를 모두 풀 수 있을 것이고 따라서 AIME에 응시할 자격을 얻게 될 것이라고 생각해서였다. 그리고 AHSME의 마지막 몇 문제는 주어진 시간 동안 학생들이 접근하기에는 너무 어려웠다.

이 책은 영스타운 주립대학에서 개설했던 과정과 같은 생각에서 출발하였다. 모든 문제는 과거의 AMC(또는 AHSME. 이후로는 이 둘을 구별하지 않겠다.) 시험에 출제되었던 문제들이다. 그러나 요즘 AMC 시험에 이용되는 현대 수학의 관습에 맞게 편집하였다. 따라서 문제의 개념과 목적은 과거 시험에 출제되었던 문제와 같지만, 문장과 보기의 내용은 수정되었다. 또한 모든 예제와 연습문제의 풀이는 그 장에 주어진 내용에 맞게 새로 썼다. 이 풀이는 어떤 경우는 시험 문제의 모범답안으로 제시되었던 풀이와 같지만 그렇지 않은 것도 있다. 하나의 문제를 푸는 방법은 일반적으로 두 가지 이상이라는 것을 보이기 위하여 때로는 두 가지 풀이를 제시한 경우도 있다.

이 책의 목표는 간단하다. 학생들에게 문제 풀이에 필요한 도구를 갖추게 하여 수학에 대한 흥미를 높여 주는 것이다. 특히, 심화학습 프로그램이 상위권 고등학교에는 일반적으로 있지만 보통 학교에는 없는 상황에서, 일반 학교에 다니는 학생들에게 공평한 경쟁의 장을 마련해 주고 싶었다.

주요 내용은, 학생들에게 완전히 새로운 내용은 아니지만 수업 시간에 강조했던 것과는 다를 수도 있는 방법으로 서술하였다. 이 책은 혼자서 공부할 수도 있고, 수학 시험을 준비하는 학생들이 주제별 학습과 관련된 문제에 쉽게 접근하도록 도와주는 사람이 이용할 수도 있다. 학생들을 위한 특별 과정을 개설하는 교사나, 자녀가 수학에 관심과 재능이 있는 학부모에게도 유용하다. 우리가 영스타운 주립대학에서 특강을 개설하여 알게 된 사실은, 수업에 규칙적으로 참가한 학생들은 AMC 시험에서 점수가 향상되었을 뿐만 아니라 표준화된 대학 입학시험의 수학 점수도 매우 높게 나타났다는 것이다.

이 책이 여러 권으로 된 *The Contest Problem Book*을 대체하는 것은 아니라는 점을 특별히 강조하고 싶다. 그 책은 문제에 대한 서로 다른 풀이 방법을 설명하고 있을 뿐만 아니라 왜 그 문제가 특별히 만들어졌는지에 대한 힌트도 보여 준다. 나의 목적은 그와는 다르다. 학생들에게 수학의 기본적인 개념 몇 개만으로도 여러 형태의 문제를 풀 수 있다는 것을 보여 주고 싶다. 이 목적을 위하여 AMC 문제들을 이용하였다. AMC 문제는 가장 좋은 문제들이고, 학생들이 문제를 풀 때 도움이 되는 수학 개념을 설명하고 동기를 유발하는 데 가장 쉽게 접할 수 있는 문제들이기 때문이다. 마지막으로 분명히 해 둘 것은, 이 책은 평균적인 고등학교 학급에서 상위 10~15 %에 속하는 학생들에게 적당하다는 점이다. 문제 풀이에 뛰어난 학생들이 보고자 하는, 다른 곳에서는 찾아볼 수 없는 그런 내용은 담지 않았다. 고난도의 문제 풀이에 관심 있는 학생들이 도전해 볼 만한 좀 더 어려운 책은 끝맺는 말에 소개하였다.

책의 구성

각 장은, 앞부분에서는 문제 풀이를 위해 필요한 수학 주제들이 소개되어 있고 그다음에는 주제와 난이도별로 예제가 세 문제 있다. 그리고 열 개의 연습문제가 있는데, 대개 뒷번호일수록 어렵고 모두 과거의 AMC 시험에 출제되었던 문제들이다. 연습문제는 비교적 쉬운 것부터 꽤 어려운 것까지 있다. 예제에는 상세한 풀이가 달려 있고, 연습문제의 풀이는 책 뒷부분에 따로 두었다. 이렇게 한 것은 주제와 관련된 내용을 읽고, 예제와 풀이를 공부한 후, 정답을 보지 않고 연습문제를 풀어 보도록 하기 위해서이다.

다양한 주제를 다루면서 오래된 문제들은 최대한 피하고자 하였다. 1990년 이전의 시험 문제들은 현재의 시험 응시자들이 태어나기 이전에 출제된 문제들이다.

처음 네 개 장은 비교적 쉬운 내용이고 문제도 어렵지 않다. 이 내용은 9학년 학생들이 쉽게 이해하도록 하였다. 삼각형에 대한 내용인 5장은 좀 더 어려운 문제를 포함하고 있다. 하지만 삼각형은 시험에서 매우 중요한 주제이기 때문에 원과 다각형에 관한 장에서 좀 더 다루었다.

8장과 9장은 개수를 세는 것과 확률 문제에 관한 것이다. 이 장에는 수준 높은 내용은 없지만 확률 문제 중 일부는 어렵다. 개수를 세는 것과 확률 문제에 대한 또 다른 내용은 뒤에 다시 나온다. 예를 들면, 이러한 개념을 포함하는 삼각함수와 삼차원 기하 문제가 있다.

10장과 11장은 정수와 관계된 문제들이다. 이러한 문제는 AMC에 자주 나오기 때문에, 10장은 대수학의 기본 정리와 관련된 문제들을 다루었고, 11장은 좀 더 어려운 내용인 법 연산과 진법에 대하여 다루었다. 이 내용은 모두 저학년이라도 관심 있는 학생은 이해할 수 있는 수준이다.

12장은 수열과 급수를 다루었는데 AMC에 자주 나오는 등차수열과 등비수열에 중점을 두었다. 점화식으로 주어진 수열도 다루었다. 왜냐하면 AMC의 수열 문제 중에서 등차수열이나 등비수열이 아닌 것은 대개 이런 형태이기 때문이다. 이 장의 내용과 13장에서의 통계와 관련된 내용은 저학년 학생들에게는 익숙한 내용이 아닐 수도 있다. 그러나 알아야 할 개념이 몇 개 되지 않고, 이러한 문제 중 일부는 AMC 10에 출제된다.

마지막 네 개 장은 AMC 10에는 포함되지 않는 내용이다. 삼각함수와 로그함수의 정의는 각각 14장과 17장에 나오는데, 이 개념을 처음 공부하는 학생들에게는 내용이 충분하지 않을 수도 있다. 15장은 삼차원 입체에 관한 내용이고, 16장은 함수를 어느 정도는 추상적인 방법으로 소개한다. 마지막 장은 복소수에 관한 내용으로, 간단한 개념 몇 가지만 알아도 AMC 12까지 해결할 수 있다.

이 책의 또 다른 목표는 학생들이 이 책의 내용을 순서대로 공부해 나갈 수 있도록 하는 것이다. 문제 풀이 능력이 향상됨에 따라 좀 더 어려운 개념이 포함되고 더 많은 창의성이 필요한 문제들이 나온다. 이 책을 보는 학생들은 일반 고등학교에서 상위 10~15 %에 속하는 학생들이라는 점을 기억하길 바란다. 좀 더 나이 든 독자가 있다면, 아마 이런 유형의 문제는 몇 년 동안 풀어 보지 않았지만 논리적으로 따져 보기를 좋아하거나, 문제 풀이 능력을 향상시키려는 학생들을 도와주려는 공학자나 과학자 들일 것이다.

감사의 글

그동안 연구와 관련된 책은 써 보아도, 많은 사람들이 출제한 AMC 문제를 골라서 이런 형식의 책을 쓴 것은 처음이다. 오래된 문제들은 누가 출제했는지도

모르지만, 여러 출제자들 덕분에 책을 쓸 수 있었다. 비교적 최근에는 데이비드 웰스(David Wells)와 함께 일해서 기뻤다. 그의 조언에 특별히 감사한다. 또한 미국 수학 경시대회 본부의 스티브 던바(Steve Dunbar)와 미국 수학 경시대회 위원장인 엘긴 존스턴(Elgin Johnston)은, 필요한 자료를 쉽게 얻을 수 있도록 도와주어 감사하다. 딕 기브스(Dick Gibbs), 제리 호이어(Jerry Heuer), 수전 와일드스트롬(Susan Wildstrom)은 실수가 있는 곳을 짚어 주고 책이 더 좋아지도록 많은 제안을 하였다.

마지막으로, 책을 편집한 니콜 커닝엄(Nicole Cunningham)에게 깊은 감사의 말을 전한다. 그녀는 영스타운 주립대학 학생이던 때부터 거의 4년간 나를 도와주었다.

더글러스 페어스
2006년 4월 3일

차례

역자 머리말 v

머리말 vii

제01장 비의 계산

1.1 서론 1
1.2 시간과 거리 문제 1
1.3 최소공배수 3
1.4 비례 문제 4
예제 4 • 연습문제 7

제02장 다항식과 근

2.1 서론 11
2.2 직선 12
2.3 이차 다항식 13
2.4 일반적인 다항식 15
예제 18 • 연습문제 20

제03장 지수와 제곱근

3.1 서론 23
3.2 지수와 밑 23
3.3 지수함수 24
3.4 지수 법칙 25

3.5 이항 정리 27
예제 29 • 연습문제 31

제04장 함수와 연산

4.1 서론 35
4.2 이항연산 35
4.3 함수 38
예제 39 • 연습문제 42

제05장 삼각형

5.1 서론 45
5.2 정의 45
5.3 직각삼각형의 기본 성질 48
5.4 삼각형의 넓이 50
5.5 삼각형의 기하학적 성질 53
예제 56 • 연습문제 59

제06장 원

6.1 서론 63
6.2 정의 63
6.3 원의 기본 성질 65
6.4 중심각과 관련된 성질 66
예제 72 • 연습문제 75

제07장 다각형

7.1 서론 81
7.2 정의 81
7.3 사각형의 성질 82
7.4 일반적인 다각형의 성질 87
예제 88 • 연습문제 91

제08장 개수 세기

8.1 서론 95
8.2 순열 95
8.3 조합 96
8.4 개수 세기 97
예제 100 • 연습문제 104

제09장 확률

9.1 서론 107
9.2 정의와 기본 개념 107
9.3 기본적인 결과 110
예제 112 • 연습문제 116

제10장 소인수분해

10.1 서론 119
10.2 정수론의 기본 정리 119
예제 122 • 연습문제 124

제11장 정수론

11.1 서론 127
11.2 진법과 모듈 산수 127
11.3 정수 나눗셈 성질 129
11.4 비둘기 집의 원리 133
예제 133 • 연습문제 137

제12장 수열과 급수

12.1 서론 139
12.2 정의 139
예제 143 • 연습문제 145

제13장 통계

13.1 서론 149
13.2 정의 149
13.3 성질 150
예제 152 • 연습문제 154

제14장 삼각함수

14.1 서론 157
14.2 정의와 성질 157
14.3 사인과 코사인의 중요한 성질 160
14.4 다른 삼각함수 162
예제 163 • 연습문제 167

제15장 삼차원 기하

15.1 서론 171
15.2 정의와 성질 171
예제 175 • 연습문제 178

제16장 함수

16.1 서론 183
16.2 정의 183
16.3 함수의 그래프 185
16.4 함수의 합성 189
예제 190 • 연습문제 193

제17장 로그

17.1 서론 197
17.2 정의와 성질 197
예제 199 • 연습문제 201

제18장 복소수

18.1 서론 205

18.2 정의 205

18.3 복소수의 중요한 성질 208

예제 211 • 연습문제 213

연습문제 풀이 217

끝맺는 말 321

연습문제 출처 323

찾아보기 329

제 01 장 비의 계산

1.1 서론

거의 모든 AMC에는 단순히 분수와 비를 이용하여 해결할 수 있는 문제가 있다. 이러한 문제에서 가장 어려운 점은 문장으로 주어진 정보를 방정식의 형태로 바꾸어 쓰는 것이다.

1.2 시간과 거리 문제

시간, 거리, 속력과 관계된 문제는 자주 나온다. 왜냐하면 이러한 문제를 푸는 데 필요한 지식은

$$\text{거리} = \text{속력} \cdot \text{시간}$$

이외에는 거의 필요하지 않기 때문이다. 그러나 문제의 형태에 따라 이 공식을 적절히 잘 이용하여야 한다. 다음 문제를 보자.

문제 1 60 mph의 속력으로 한 시간을 운전하고 40 mph의 속력으로 한 시간을 운전했다면, 운전한 시간 동안 평균속력은 얼마인가?

mph는 mile per hour의 약자로 '마일/시간'으로 나타내기도 한다. 마일/시간으로 나타내면 좀 더 쉽게 이해할 수 있다.

첫 번째 속력과 두 번째 속력에 대하여 거리 공식을 쓰면

$$60\text{ 마일} = 1\text{시간} \cdot 60\frac{\text{마일}}{\text{시간}}, \quad 40\text{ 마일} = 1\text{시간} \cdot 40\frac{\text{마일}}{\text{시간}}$$

이다. 따라서 전체 이동거리는 $60+40=100$ 마일이고, 전체 걸린 시간은 $1+1=2$시간이며, 평균속력은 다음과 같다.

$$\text{속력} = \frac{\text{거리}}{\text{시간}} = \frac{100\text{마일}}{2\text{시간}} = 50\frac{\text{마일}}{\text{시간}}$$ ■

정답이 50이라는 것을 쉽게 알 수 있고 이렇게 자세히 계산할 필요가 없다고 생각할 수도 있다. 그러나 다음과 같이 약간 변형된 문제를 생각해 보자.

문제 2 100마일을 운전하는 데 절반은 60 mph로 운전하고 나머지 절반은 40 mph로 운전한다고 하자. 평균속력은 얼마인가?

이 문제에서는 처음 50마일은 60마일/시간의 속력으로 운전하고 나머지 50마일은 40마일/시간의 속력으로 운전한다. 먼저 각 구간에서 걸린 시간 T_1과 T_2를 구하자. 처음 구간에서는

$$50\text{ 마일} = T_1\text{시간} \cdot 60\frac{\text{마일}}{\text{시간}}$$

이므로

$$T_1 = \frac{5}{6}\text{시간}$$

이고, 두 번째 구간에서는

$$50\text{ 마일} = T_2\text{시간} \cdot 40\frac{\text{마일}}{\text{시간}}$$

이므로

$$T_2 = \frac{5}{4}\text{시간}$$

이다. 따라서 전체 운전 시간은 $\frac{5}{6} + \frac{5}{4} = \frac{25}{12}$시간이고 평균속력은 다음과 같다.

$$\text{속력} = \frac{\text{거리}}{\text{시간}} = \frac{100\text{마일}}{25/12\text{시간}} = 48\frac{\text{마일}}{\text{시간}}$$ ■

두 문제의 차이는 문제 2에서는 운전 시간이 더 길어졌다는 것이다. 왜냐하면 각 속력으로 운전한 거리가 같기 때문이다. 문제 1에서는 시간이 같았다. 두 번째 유형의 문제가 AMC에서 볼 수 있는 문제이고, 50마일/시간이라고 잘못 답하기 쉽다.

1.3 최소공배수

몇 개의 자연수들의 **최소공배수**(least common multiple)는 lcm이라고도 나타내는데 그 자연수들의 배수 중에서 가장 작은 수를 의미한다. 발생하는 시간이 서로 다른 몇 개의 사건이 동시에 일어나는 경우를 최소공배수를 이용하여 계산할 수 있다. 예를 들면, 세 명의 학생 A, B, C가 각각 3일, 4일, 5일에 한 번씩은 숙제를 해 가지 못한다고 하자. 세 학생 모두 숙제를 하지 못하는 날은 언제일까?

각 학생이 숙제를 해 가지 못하는 날은 다음과 같다.

A: 3, 6, 9, 12, 15, 18, 21, 24, 27, 30, 33, 36, 39, 42, 45, 48, 51, 54, 57, 60, ⋯

B: 4, 8, 12, 16, 20, 24, 28, 32, 36, 40, 44, 48, 52, 56, 60, ⋯

C: 5, 10, 15, 20, 25, 30, 35, 40, 45, 50, 55, 60, ⋯

3, 4, 5의 배수가 되는 가장 작은 수는 60이다. 따라서 $60 = \text{lcm}\{3,\ 4,\ 5\}$일마다 세 학생 모두 숙제를 해 가지 못하게 된다. 10장에서 소인수분해를 공부하면 최소공배수를 쉽게 구하는 방법을 알 수 있다.

1.4 비례 문제

어떤 두 가지 양이 각각 얼마인지는 모르지만, 그 비가 주어진 문제가 많이 있다. 이때에는 각각의 양이 주어진 비를 만족하도록 적당한 숫자라고 생각하면 간단히 풀 수 있다. 다음 첫 번째 예제가 그런 문제이다.

● 제01장 예제

첫 번째 예제는 2000년 AMC 10의 8번 문제이다.

예제 1 올림픽 고등학교에서 일 학년의 2/5와 이 학년의 4/5가 AMC 10 시험에 응시한다. 일 학년과 이 학년의 응시자 수는 같다면 다음 중 반드시 옳은 것은?

(A) 이 학년 학생 수는 일 학년 학생 수의 5배이다.
(B) 이 학년 학생 수는 일 학년 학생 수의 2배이다.
(C) 일 학년 학생 수와 이 학년 학생 수는 같다.
(D) 일 학년 학생 수는 이 학년 학생 수의 2배이다.
(E) 일 학년 학생 수는 이 학년 학생 수의 5배이다.

정답 (D) 일 학년 학생 수가 100명이라고 해 보자. 그러면 40명의 일 학년과 40명의 이 학년 학생들이 시험을 치른다. 또 40명의 이 학년은 이 학년 전체 학생의 4/5이다. 따라서

$$40 = \frac{4}{5} \cdot \text{이 학년 학생 수}$$

이므로

$$\text{이 학년 학생 수} = \frac{5}{4} \cdot 40 = 50$$

이다. 일 학년은 100명이고 이 학년은 50명이므로 정답은 (D)이다. ■

일 학년 학생 수가 특정한 수라고 생각하여 문제를 풀면 편리하긴 하지만, 반드시 이렇게 해야 하는 것은 아니다. 일 학년 학생 수가 F명이라고 가정하고 이 학년 학생 수가 $F/2$명임을 밝혀도 된다. 우리는 일 학년 학생 수가 100명이라고 했지만 다른 수를 택해도 된다. 선택한 수를 이용해서 필요한 계산을 했을 때 결과가 모두 자연수가 되면 풀이가 간단해진다. 따라서 분모가 5인 분수가 있으므로 100을 택한 것은 잘한 것이다. 그러나 분모가 6이거나 7일 때 100을 선택하는 것은 좋지 않다.

두 번째 예제는 2004년 AMC 10A의 17번과 2004년 AMC 12A의 15번 문제이다.

예제 2 브렌다와 샐리는 원 모양의 트랙에서 지름의 양 끝에 해당하는 지점으로부터 서로 반대 방향으로 달린다. 두 사람은 각각 일정한 속력으로 달리고, 브렌다가 100미터 달린 후에 처음으로 만난다. 또 처음 만난 후 샐리가 150미터 달렸을 때 두 번째로 만난다. 트랙의 길이는 몇 미터인가?

(A) 250 (B) 300 (C) 350 (D) 400 (E) 500

정답(C) 이것은 거리=속력·시간 문제이지만 좀 더 복잡한 형태이다. 우선 문제를 풀 수 있는 형태로 변형하기 위하여 다음과 같이 변수들을 정하자.

- 트랙의 길이 L
- 샐리의 속력 R_s
- 브렌다의 속력 R_b
- 두 사람이 첫 번째 만날 때까지 걸린 시간 T_1
- 처음 만난 후 두 번째 만날 때까지 걸린 시간 T_2

두 사람이 트랙의 반대 지점에서 출발하고 반대 방향으로 달리기 때문에 두 사람의 달린 거리의 합이 $L/2$인 곳에서 처음으로 만난다. 브렌다가 T_1시간 동안 100미터를 달렸으므로

$$100 = T_1 \cdot R_b$$

이다. 두 번째로 만났을 때 두 사람이 첫 번째로 만난 지점으로부터 달린 거리의

합은 L이다. 두 사람의 속력이 일정하고 T_1시간 동안 달린 거리의 합이 $L/2$이므로, $T_2 = 2T_1$이다. 또 샐리는 T_2시간 동안 150미터를 달렸으므로 트랙의 길이는 다음과 같다.

$$L = T_2 \cdot R_s + T_2 \cdot R_b = 150 + 2T_1 \cdot R_b = 150 + 2 \cdot 100 = 350\text{미터}$$ ■

마지막 예제는 2002년 AMC 10B의 21번과 2002년 AMC 12B의 17번 문제이다.

예제 3 앤디네 잔디밭 넓이는 베스네 잔디밭의 두 배이고 칼로스네 잔디밭의 세 배이다. 칼로스네 잔디 깎는 기계의 속도는 베스네 기계 속도의 절반이고 앤디네 기계 속도의 1/3이다. 세 사람이 동시에 잔디를 깎기 시작했다면 누가 제일 먼저 깎겠는가?

(A) 앤디 (B) 베스 (C) 칼로스

(D) 앤디와 칼로스 (E) 세 사람 모두 동시에 마친다.

정답 (B) 예제 2에서와 마찬가지로 다음과 같이 몇 개의 변수를 정하여 문제를 수식으로 표현하자.

- 앤디네 잔디밭의 넓이 A_a, 속도 R_a, 걸린 시간 T_a
- 베스네 잔디밭의 넓이 A_b, 속도 R_b, 걸린 시간 T_b
- 칼로스네 잔디밭의 넓이 A_c, 속도 R_c, 걸린 시간 T_c

그러면 문제에 의하여

$$A_b = \frac{1}{2}A_a, \quad A_c = \frac{1}{3}A_a, \quad R_b = 2R_c, \quad R_a = 3R_c$$

이다. 세 사람이 잔디 깎는 데 걸린 시간을 A_a/R_c를 이용하여 표현해 보자. 물론 다른 형태의 A/R를 이용하여 표현할 수도 있다. 거리=속력·시간 문제와 비슷하게 계산하면

$$T_a = \frac{A_a}{R_a} = \frac{A_a}{3R_c} = \frac{1}{3}\frac{A_a}{R_c}$$

$$T_b = \frac{A_b}{R_b} = \frac{(1/2)A_a}{2R_c} = \frac{1}{4}\frac{A_a}{R_c}$$

$$T_c = \frac{A_c}{R_c} = \frac{(1/3)A_a}{R_c} = \frac{1}{3}\frac{A_a}{R_c}$$

이다. 따라서 베스가 가장 빨리 끝내고, 앤디와 칼로스는 같은 시간이 걸린다.

별해 예제 1에서와 같이 좀 더 구체적으로 풀 수도 있다. 문제에 2와 3의 배수가 포함되어 있으므로 앤디네 잔디밭에 대하여 다음과 같이 가정하자.

앤디 : 넓이는 6에이커, 걸리는 시간은 1시간, 속도는 $6\frac{\text{에이커}}{\text{시간}}$

앤디네 잔디밭은 칼로스네 잔디밭의 세 배이고 잔디 깎는 기계의 속도도 세 배이므로

칼로스 : 넓이는 2에이커, 속도는 $2\frac{\text{에이커}}{\text{시간}}$, 걸리는 시간은 1시간

마지막으로, 베스네 잔디밭은 앤디네 잔디밭의 절반이고 잔디 깎는 기계의 속도는 칼로스네 기계 속도의 두 배이므로

베스 : 넓이는 3에이커, 속도는 $4\frac{\text{에이커}}{\text{시간}}$, 걸리는 시간은 $\frac{3}{4}$시간

따라서 베스가 가장 빨리 끝내고, 앤디와 칼로스는 같은 시간이 걸린다. ■

제01장 연습문제

1. 제니는 매일 아침에 항아리에 남아 있는 콩사탕의 20 %를 먹는다. 둘째 날 저녁에 항아리에는 콩사탕이 32개 남아 있었다면, 처음에는 콩사탕이 몇 개 있었겠는가?

   (A) 40 (B) 50 (C) 55 (D) 60 (E) 75

2. 수학 질문 방에 A, B, C, D 네 명의 지도교사가 있는데 이들의 담당 시간은 다음과 같다. A는 3일째 되는 수업일마다 질문 방에 있고, B는 4일째

되는 수업일마다, C는 6일째 되는 수업일마다, 그리고 D는 7일째 되는 수업일마다 질문 방에 있다. 오늘은 네 명 모두 질문 방에 있다면 오늘로부터 며칠째 되는 날에 다시 네 명이 모두 있겠는가?

(A) 42 (B) 84 (C) 126 (D) 178 (E) 252

3. 홉, 스킵, 점프는 길이의 단위인데 b홉은 c스킵과 같고, d점프는 e홉과 같고, f점프는 g미터와 같다고 하자. 그러면 1미터는 몇 스킵과 같은가?

(A) $\frac{bdg}{cef}$ (B) $\frac{cdf}{beg}$ (C) $\frac{cdg}{bef}$ (D) $\frac{cef}{bdg}$ (E) $\frac{ceg}{bdf}$

4. 원기둥 모양의 통에 땅콩버터를 넣어 파는 회사가 있다. 시장 조사에 의하면 더 넓은 통에 땅콩버터를 넣어 팔면 더 많이 팔린다고 한다. 통의 지름을 25 % 크게 하고 부피는 그대로이게 하려면 높이를 몇 퍼센트 줄여야 하는가?

(A) 10 (B) 25 (C) 36 (D) 50 (E) 60

5. 버드 씨는 매일 아침 8시 정각에 집에서 나와 회사로 출근한다. 평균속력 40마일/시로 운전하면 회사에 3분 늦고, 평균속력 60마일/시로 운전하면 3분 일찍 도착한다고 하자. 제 시간에 회사에 출근하려면 평균속력 얼마로 운전해야 하는가?

(A) 45 (B) 48 (C) 50 (D) 55 (E) 58

6. 구 모양의 바닐라 아이스크림이 수직 원뿔 위에 놓여 있는 아이스크림콘이 있다. 구의 반지름과 원뿔의 윗면의 반지름은 같고, 아이스크림이 녹으면 원뿔을 가득 채운다고 하자. 아이스크림이 녹으면 부피는 얼었을 때의 75% 가 된다면 원뿔의 높이와 반지름의 비는?

(A) 2 : 1 (B) 3 : 1 (C) 4 : 1 (D) 16 : 3 (E) 6 : 1

7. 카산드라는 정오에 시간이 정확하게 맞도록 시계를 맞추어 놓았다. 실제 시각이 오후 1시일 때 카산드라의 시계는 12시 57분 36초를 가리키고 있었

다. 이 속도로 시계가 계속 돌아간다면, 카산드라의 시계가 처음으로 오후 10시를 가리키고 있을 때 실제 시각은?

(A) 오후 10시 22분 24초 (B) 오후 10시 24분
(C) 오후 10시 25분 (D) 오후 10시 27분
(E) 오후 10시 30분

8. 잭과 질은 10 km를 달리기로 한다. 같은 장소에서 출발하여 언덕길을 5 km 달려 올라가고 같은 길을 따라 출발 장소로 돌아오는데, 잭이 출발한 지 10분 후부터 시간을 측정하기로 하자. 언덕길을 올라갈 때 잭은 15 km/h의 속력으로, 내려갈 때는 20 km/h의 속력으로 뛰고, 질은 올라갈 때 16 km/h의 속력으로, 내려갈 때는 22 km/h의 속력으로 뛴다고 하자. 두 사람이 서로 반대 방향으로 뛰면서 마주치는 지점은 언덕 위로부터 얼마나 떨어진 지점인가?

(A) $\frac{5}{4}$ km (B) $\frac{35}{27}$ km (C) $\frac{27}{20}$ km (D) $\frac{7}{3}$ km (E) $\frac{28}{9}$ km

9. 사라는 8온스 용량의 컵 두 개 중 하나에는 4온스의 커피를 넣고 다른 하나에는 4온스의 크림을 넣었다. 그리고 첫 번째 컵에 있는 커피의 절반을 두 번째 컵에 붓고 완전히 섞어서 다시 두 번째 컵에 있는 것의 절반을 첫 번째 컵에 부었다. 첫 번째 컵에 있는 용액에서 크림의 양은 용액 전체의 몇 분의 몇인가?

(A) $\frac{1}{4}$ (B) $\frac{1}{3}$ (C) $\frac{3}{8}$ (D) $\frac{2}{5}$ (E) $\frac{1}{2}$

10. h미터 달리기를 하는데, 샘은 결승점을 통과할 때 월트보다 d미터를 앞섰다. 다음번 경주에서 월트는 원래의 출발 지점에서 출발하였고, 샘은 월트보다 d미터 뒤에서 출발하였다. 두 사람은 처음 경주에서와 같은 일정한 속력으로 달리기를 하였다. 결승점을 통과할 때 우승자는 뒤에 오는 사람보다 몇 미터 앞서겠는가?

(A) $\frac{d}{h}$ (B) 0 (C) $\frac{d^2}{h}$ (D) $\frac{h^2}{d}$ (E) $\frac{d^2}{h-d}$

제 02 장 다항식과 근

2.1 서론

가장 기본적인 수는 정수이다. 마찬가지로 가장 기본적인 함수는 다항식이다. 다항식은 여러 곳에 응용되고 비교적 다루기가 쉽기 때문에 AMC의 많은 문제에서 볼 수 있다.

정의 1 n차 **다항식(polynomial of degree n)**은 다음과 같은 형태이다.

$$P(x) = a_n x^n + a_{n-1}x^{n-1} + \cdots + a_1 x + a_0$$

여기서 a_0, a_1, $\cdots$, a_n은 상수이고, a_n은 **선행계수(leading coefficient)**라 하는데 0이 아니다. 이 상수들은 모두 실수라 하자.

다항식과 관련된 가장 중요한 것 중의 하나는 $P(x)=0$이 되는 x 값에 관한 것이다.

정의 2 다항식 $P(x)$에 대하여 $P(r)=0$이 되는 r를 $P(x)$의 **영점(zero)**이라 한다. 다항식의 영점은 방정식 $P(x)=0$의 **근(root)**이라고도 한다.

r가 다항식 $P(x)$의 영점일 필요충분조건은 $P(x)$가 $(x-r)$를 인수로 갖는 것

이다. 또 이 인수의 개수가 영점의 중복도를 나타낸다.

정의 3 다항식 $P(x)$에 대하여

$$P(x) = (x-r)^m Q(x)$$

이고 $Q(x)$는 $Q(r) \neq 0$인 다항식일 때, 다항식 $P(x)$의 영점 r의 **중복도**(multiplicity)가 m이라 한다. 중복도가 $m=1$인 영점을 **단순 영점**(simple zero)이라 한다.

예를 들면,

$$P(x) = x^2 - 4 = (x-2)(x+2)$$

이므로 2는 $P(x)$의 단순 영점이고,

$$Q(x) = x^4 - 6x^3 + 12x^2 - 8x = x(x-2)^3$$

이므로 2는 $Q(x)$의 중복도가 3인 영점이다.

2.4절에서 일반적인 다항식과 영점에 대한 몇 가지 결과들을 살펴볼 것이다. 먼저 거의 모든 AMC 10과 AMC 12에 출제되는 일차와 이차 다항식에 대하여 살펴보자.

2.2 직선

가장 기본적인 다항식은 직선의 방정식이다. 수직이 아닌 직선의 방정식은 그 직선 위의 한 점 (x_1, y_1)과 기울기(slope) m을 이용하여 다음과 같이 나타낼 수 있다.

$$y - y_1 = m(x - x_1)$$

또는

$$y = mx + b$$

이고 여기서 $b = y_1 - mx_1$이다. $y = mx + b$ 형태를 직선의 **기울기 절편형**(slopeintercept form)이라 부른다. 왜냐하면 b가 이 직선이 y축과 만나는 절편을 나타내기 때문이다. 서로 다른 두 점 (x_1, y_1)과 (x_2, y_2)를 이용하면 직선의 기울기를 다음과 같이 구할 수 있다.

$$m = \frac{y_2 - y_1}{x_2 - x_1}$$

직선에 대해서는 모두 잘 알고 있을 것이므로 다음 두 가지만 이야기하고 넘어가기로 하자.

- 수직이 아닌 두 직선이 서로 평행할 필요충분조건은 기울기가 같은 것이다.
- 수직이 아닌 두 직선이 서로 직교할 필요충분조건은 두 기울기의 곱이 -1인 것이다.

2.3 이차 다항식

이차 다항식(quadratic polynomial) $P(x) = ax^2 + bx + c$, $a \neq 0$에 대한 성질 중 AMC 문제를 푸는 데 자주 이용되는 것들이 몇 가지 있다. 첫 번째 성질은 다항식의 영점과 계수들 사이의 관계에 대한 것이다.

성질 1 이차 다항식의 영점-계수 관계(zero-coefficient relationship for quadratic polynomials) : r_1과 r_2가 이차 다항식 $P(x) = x^2 + bx + c$의 영점이라 하면,

$$x^2 + bx + c = (x - r_1)(x - r_2) = x^2 - (r_1 + r_2)x + r_1 r_2$$

이므로 $c = r_1 r_2$이고 $b = -(r_1 + r_2)$이다.

성질 2 완전제곱(completing the square) : 이차 다항식을 완전제곱으로 만들면 일차항이 없는 식이 된다. 이 방법은 여러 곳에 응용되는데, 문제를 출제하는 사람들이 이 방법을 이용하여 문제를 만들기도 한다.

예를 들어, $P(x) = ax^2 + bx + c$라 하면 다음과 같이 변형할 수 있다.

$$ax^2+bx+c=a\left(x^2+\frac{b}{a}x\right)+c$$

괄호 안에 $(b/(2a))^2$을 더해 주어 완전제곱으로 만들고, 괄호 밖에서 $a(b/(2a))^2$을 빼 주면 다음과 같다.

$$\begin{aligned} ax^2+bx+c &= a\left(x^2+\frac{b}{a}x+\left(\frac{b}{2a}\right)^2\right)+c-a\left(\frac{b}{2a}\right)^2 \\ &= a\left(x+\frac{b}{2a}\right)^2+\frac{4ac-b^2}{4a} \end{aligned}$$

이차 방정식의 그래프는 포물선인데, 꼭짓점은 x좌표가 위의 식에서 제곱 항이 0이 되는 점일 때 생긴다. 즉,

$$x=-\frac{b}{2a}$$

일 때 꼭짓점이 생기고, 이때 y좌표는

$$P\left(-\frac{b}{2a}\right)=\frac{4ac-b^2}{4a}$$

이다.

- $a>0$일 때 포물선은 위로 오목하고 꼭짓점에서의 y 값이 $P(x)$의 최솟값
- $a<0$일 때 포물선은 아래로 오목하고 꼭짓점에서의 y 값이 $P(x)$의 최댓값
- a의 절댓값이 클수록 포물선의 그래프는 폭이 좁아짐

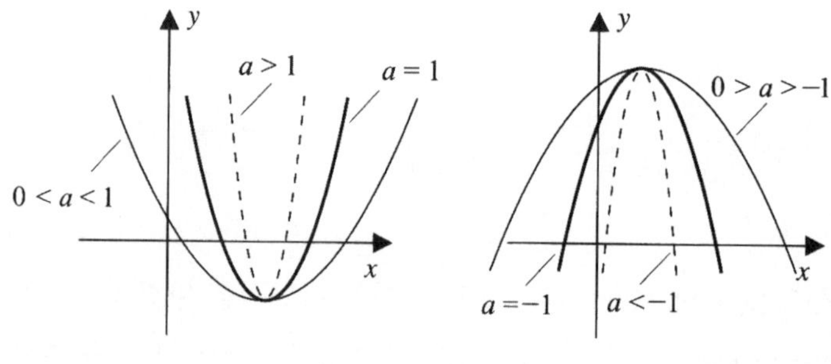

성질 3 근의 공식(quadratic formula) : 이차 다항식

$$P(x)=ax^2+bx+c$$

를 완전제곱으로 만들면 근의 공식을 구할 수 있다. 즉 $P(x)=0$이면

$$x=\frac{-b\pm\sqrt{b^2-4ac}}{2a}$$

이다. 여기서 b^2-4ac는 **판별식**(discriminant)이라 부르는데, 근의 형태를 알려 준다.

- $b^2-4ac>0$이면 서로 다른 두 실수 근을 갖는다.
- $b^2-4ac=0$이면 하나의 근을 갖는다.
- $b^2-4ac<0$이면 서로 켤레복소수인 두 개의 복소수 근을 갖는다.

이차 다항식 $P(x)=ax^2+bx+c$의 그래프는 다음 그림에서와 같이, 직선 $x=-b/(2a)$를 중심으로 좌우 대칭이다.

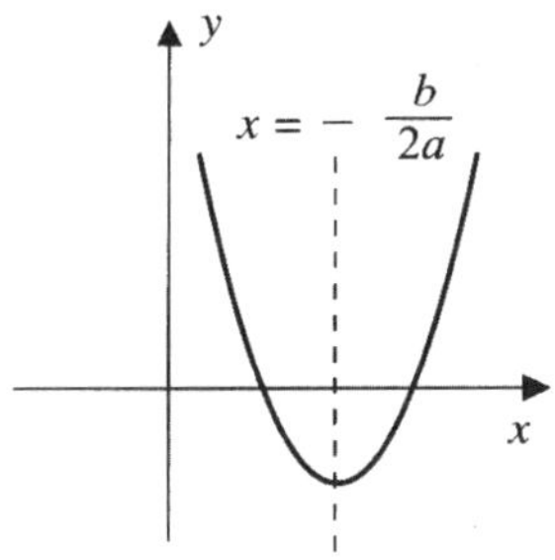

2.4 일반적인 다항식

일반적인 다항식에 대해서 몇 가지 편리한 성질들을 소개하자.

성질 1 인수 정리(linear factor theorem) : $P(x)$가 n차 다항식일 때 $x-c$로 나누면

$$P(x)=(x-c)Q(x)+P(c)$$

이다. 여기서 $Q(x)$는 $n-1$차 다항식이다. 일차식 $x-c$가 $P(x)$의 인수일 필요충분조건은 $P(c)=0$인 것이다.

성질 2 일반적인 인수 정리(general factor theorem) : n차 다항식 $P(x)$를 $m<n$차 다항식 $D(x)$로 나누면

$$P(x) = D(x) \cdot Q(x) + R(x)$$

로 나타낼 수 있다. 여기서 $Q(x)$는 $n-m$차 다항식이고 나머지 $R(x)$는 차수가 m보다 작은 다항식이다.

성질 3 유리수 영점 판정법(rational zero test) : a_0, a_1, $\cdots$, a_n이 정수이고 $a_n \neq 0$이며 p/q가

$$P(x) = a_n x^n + a_{n-1} x^{n-1} + \cdots + a_1 x + a_0$$

의 유리수 영점이면, p는 a_0의 약수이고 q는 a_n의 약수이다.

성질 4 일반적인 다항식의 영점-계수 관계(zeros-coefficient relationship for general polynomials) : n차 다항식

$$P(x) = x^n + a_{n-1} x^{n-1} + \cdots + a_2 x^2 + a_1 x + a_0$$

의 영점-계수 관계는 이차 다항식의 영점-계수 관계와 비슷하다. 즉, $P(x)$의 n개의 영점이 r_1, r_2, $\cdots$, r_n이면

$$x^n + a_{n-1} x^{n-1} + \cdots + a_2 x^2 + a_1 x + a_0 = (x - r_1)(x - r_2) \cdots (x - r_n)$$

이다. 양변에서 동류항끼리 비교하면

$$\begin{aligned} -a_{n-1} &= r_1 + r_2 + \cdots + r_n = \text{모든 영점의 합} \\ a_{n-2} &= r_1 r_2 + r_1 r_3 + \cdots + r_{n-1} r_n = \text{영점 두 개의 모든 곱들의 합} \\ (-1)^n a_0 &= r_1 r_2 \cdots r_n = \text{모든 영점의 곱} \end{aligned}$$

이다. 이것들이 가장 많이 이용되는 식이지만, 다음 식은 일반적인 결과이다. $i = 0$, 1, $\cdots$, n에 대하여

$$\begin{aligned} (-1)^i a_{n-i} &= r_1 r_2 r_3 \cdots r_i + r_1 r_2 r_4 \cdots r_{i+1} + \cdots + r_{n-i+1} \cdots r_{n-2} r_{n-1} r_n \\ &= \text{영점 } i\text{개의 모든 곱들의 합} \end{aligned}$$

성질 5 다항식 $P(x)=a_nx^n+a_{n-1}x^{n-1}+\cdots+a_1x+a_0$에 대한 또 다른 성질들로는 다음과 같은 것들이 있다.

- $P(0)$은 $P(x)$의 상수항이다.

$$P(0)=a_0+a_1\cdot 0+a_2\cdot 0^2+\cdots+a_n\cdot 0^n=a_0$$

- $P(1)$은 $P(x)$의 모든 계수들의 합이다.

$$P(1)=a_0+a_1+a_2+\cdots+a_n$$

- $P(-1)$은 $P(x)$의 계수들의 부호를 교대로 바꿔 합한 것이다.

$$P(-1)=a_0-a_1+a_2+\cdots+(-1)^n a_n$$

성질 6 데카르트의 부호 규칙(Descarte's rule of signs) : $P(x)$는 계수가 실수인 다항식이라 하자. 그러면 다음이 성립한다.

- $P(x)$의 양수인 영점의 개수는 $P(x)$에서 항의 부호가 바뀌는 횟수와 같거나 또는 그것보다 짝수 개가 적다.
- $P(x)$의 음수인 영점의 개수는 $P(-x)$에서 항의 부호가 바뀌는 횟수와 같거나 또는 그것보다 짝수 개가 적다.

예를 들어, 다항식 $P(x)=x^5+4x^4-x^3-2x^2+3x-1$의 양수인 영점은 3개 또는 1개이며, $P(-x)=-x^5+4x^4+x^3-2x^2-3x-1$이므로 $P(x)$의 음수인 영점은 2개 또는 0개이다.

다항식의 영점과 관련된 마지막 성질은 위대한 수학자 중 한 사람인 가우스(C.F. Gauss)가 처음 증명한 것이다. 이 장에서는 실수인 영점만 생각하기로 하자. 18장에서 복소수인 영점까지 알아보기로 한다.

성질 7 대수학의 기본 정리(fundamental theorem of algebra) : 다항식

$$P(x) = a_n x^n + a_{n-1} x^{n-1} + \cdots + a_1 x + a_0$$

의 차수가 $n > 0$이고 계수는 실수 또는 복소수라 하자. 그러면 $P(x)$는 적어도 하나의 실수 또는 복소수 영점을 갖는다.

대수학의 기본 정리를 좀 더 자세히 설명하면 다음과 같다.

- 중복도가 m인 영점을 m개로 간주하면 $P(x)$의 영점의 개수는 정확히 n이다.
- $P(x)$의 계수가 모두 실수이고 z가 중복도가 m인 복소수 영점이면, 켤레복소수인 $\bar{z}$도 중복도가 m인 영점이다.

● 제02장 예제

첫 번째 예제는 1988년 AHSME의 5번 문제이다.

예제 1 b와 c가 상수이고

$$(x+2)(x+b) = x^2 + cx + 6$$

이라 할 때 c의 값은?

(A) -5 (B) -3 (C) -1 (D) 3 (E) 5

정답 (E) 인수분해되어 있는 식을 보면 이 다항식의 영점은 -2와 $-b$임을 알 수 있다. 2.3절의 성질 1에 의하여 영점의 곱인 $2b$는 다항식의 상수항과 같으므로 6이다. 또 일차항의 계수인 c는 영점들의 합에 음의 부호를 붙인 것이다. 따라서

$$c = -(-2-b) = 2+b = 2+3 = 5$$

이다. ■

두 번째 예제는 1986년 AHSME의 13번 문제이다.

예제 2 포물선 $y = ax^2 + bx + c$의 꼭짓점이 $(4, 2)$이고, $(2, 0)$은 포물선 위의 점일 때 abc의 값은?

(A) -12 (B) -6 (C) 0 (D) 6 (E) 12

정답 (E) 두 가지 방법으로 풀어 보자. 첫 번째 방법은 꼭짓점이 $(4, 2)$라는 사실을 이용하는 것이다. 완전제곱으로 만들면

$$y = a(x-4)^2 + 2$$

여야 한다. $x = 2$일 때 $y = 0$이므로

$$0 = a(2-4)^2 + 2 = 4a + 2$$

이다. 따라서 $a = -\frac{1}{2}$이고

$$y = -\frac{1}{2}(x-4)^2 + 2 = -\frac{1}{2}x^2 + 4x - 6$$

이다. $a = -\frac{1}{2}$, $b = 4$, $c = -6$이므로 $abc = 12$이다.

별해 두 번째 방법은, 이차식의 그래프는 꼭짓점을 지나는 수직선에 대하여 좌우 대칭이라는 사실을 이용하는 것이다. $(2, 0)$이 포물선 위의 점이고 $x = 4$가 꼭짓점을 지나므로, 점 $(6, 0)$도 포물선 위에 있다.

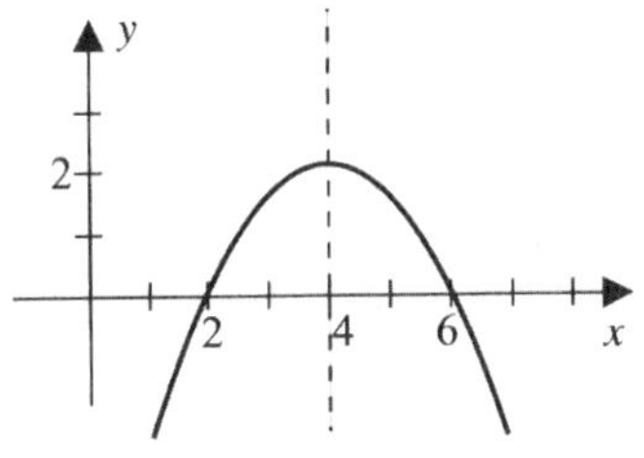

2와 6이 이차식의 영점이므로 포물선의 방정식은

$$y = a(x-2)(x-6)$$

이다. 그런데 $x = 4$일 때 $y = 2$이므로

$$2 = a(4-2)(4-6)$$

이고 $a=-\frac{1}{2}$이다. 따라서

$$y=-\frac{1}{2}(x-2)(x-6)=-\frac{1}{2}x^2+4x-6$$

이고 $abc=-\frac{1}{2}\cdot 4\cdot(-6)=12$이다. ■

마지막 예제는 1988년 AHSME의 15번 문제이다.

예제 3 a와 b가 정수이고 x^2-x-1이 ax^3+bx^2+1의 약수일 때 b의 값은?

(A) -2 (B) -1 (C) 0 (D) 1 (E) 2

정답 (A) ax^3+bx^2+1을 x^2-x-1로 나누면

$$ax^3+bx^2+1=(ax+a+b)(x^2-x-1)+(2a+b)x+(a+b+1)$$

이므로 나머지는

$$(2a+b)x+(a+b+1)$$

이다. 그런데 x^2-x-1이 ax^3+bx^2+1의 약수라 했으므로 나머지가 0이 되어야 한다. 따라서 나머지의 일차항과 상수항이 0이 되어야 한다. 즉,

$$2a+b=0, \quad a+b+1=0$$

이다. 따라서 $b=-2a$이고 $0=a-2a+1=1-a$이므로

$$a=1, \quad b=-2\cdot 1=-2$$

이다. ■

제02장 연습문제

1. $P(x)$가 일차 다항식이고 $P(6)-P(2)=12$일 때 $P(12)-P(2)$의 값은?

   (A) 12 (B) 18 (C) 24 (D) 30 (E) 36

2. $x_1 \neq x_2$이고 $3x_1^2 - hx_1 = b$, $3x_2^2 - hx_2 = b$일 때 $x_1 + x_2$의 값은?

(A) $-\frac{h}{3}$ (B) $\frac{h}{3}$ (C) $\frac{b}{3}$ (D) $2b$ (E) $-\frac{b}{3}$

3. $x^{51} + 51$을 $x+1$로 나누었을 때 나머지는?

(A) 0 (B) 1 (C) 49 (D) 50 (E) 51

4. 최고차항의 계수가 1인 서로 다른 두 사차 다항함수 $y = P(x)$와 $y = Q(x)$의 그래프의 교점은 최대 몇 개인가?

(A) 1 (B) 2 (C) 3 (D) 4 (E) 8

5. 꼭짓점이 (h, k)인 포물선 $y(x) = ax^2 + bx + c$를 직선 $y = k$에 대하여 대칭 이동시킨 포물선의 방정식이 $y_r(x) = dx^2 + ex + f$라 하자. 이때 $a+b+c+d+e+f$의 값은?

(A) $2b$ (B) $2c$ (C) $2a+2b$ (D) $2h$ (E) $2k$

6. 다항식 $P(x)$를 $x-19$로 나누었을 때의 나머지는 99이고, $x-99$로 나누었을 때의 나머지는 19이다. $P(x)$를 $(x-19)(x-99)$로 나누었을 때의 나머지는?

(A) $-x+80$ (B) $x+80$ (C) $-x+118$
(D) $x+118$ (E) 0

7. 다항식 $P(x) = x^3 + ax^2 + bx + c$에서 모든 영점들의 평균, 모든 영점들의 곱, 계수들의 합이 같은 값이라 하자. 또 $y = P(x)$의 그래프의 y절편이 2라 할 때 b는?

(A) -11 (B) -10 (C) -9 (D) 1 (E) 5

8. $P(x/3) = x^2 + x + 1$이라 할 때, $P(3x) = 7$이 되는 모든 x들의 합은?

(A) $-\frac{1}{3}$ (B) $-\frac{1}{9}$ (C) 0 (D) $\frac{5}{9}$ (E) $\frac{5}{3}$

9. 두 방정식 $0=x^2+ax+1$과 $0=x^2-x-a$가 같은 실수해를 갖기 위한 a의 값은 몇 개인가?

(A) 0　　(B) 1　　(C) 2

(D) 3　　(E) 무한히 많다.

10. 방정식 $x^2+px+q=0$의 해가 방정식 $x^2+mx+n=0$의 해의 세제곱일 때 다음 중 참인 것은?

(A) $p=m^3+3mn$　　(B) $p=m^3-3mn$　　(C) $p=3mn-m^3$

(D) $p+q=m^3$　　(E) $\left(\frac{m}{n}\right)^3=\frac{p}{q}$

제 03 장 지수와 제곱근

3.1 서론

AMC에서 지수와 관련된 문제를 풀 때 알아야 할 것이 몇 가지 있다. 지수에 관한 정의와 성질을 알고 응용할 수 있어야 한다는 것이다. 그러나 이 주제를 일부 학생들은 어렵게 생각한다. 대부분의 AMC 문제에서는 지수에 관한 지식이 필요하다.

3.2 지수와 밑

첫 번째 단계는 지수를 정의하는 것이다.

- n이 양의 정수이고 a가 실수일 때

$$a^n = \overbrace{a \cdot a \cdots a}^{n\text{번}}$$

  으로 나타낸다. 즉, a^n은 a를 n번 곱한 것을 의미한다. a^n에서 a를 **밑**(base)이라 하고 n을 **지수**(exponent, power)라 한다.

- n이 양의 정수일 때 실수 a의 n**제곱근**(nth root)은 기호로는 $a^{1/n} = \sqrt[n]{a}$라 나타내며 $a = b^n$을 만족하는 가장 큰 실수 b를 의미한다. 이 값은 $a \geq 0$이면 모든 양의 정수 n에 대하여 존재하지만 $a < 0$이면 n이 홀수인 양의 정수일 때만 존재한다.

$n=2$일 때 $\sqrt[2]{a}$는 간단히 $\sqrt{a}$라 나타내고 a의 **제곱근**(square root)이라 한다. 또 $n=3$일 때 $\sqrt[3]{a}$는 a의 **세제곱근**(cube root)이라 한다.

- p, q가 서로소인 양의 정수이고 $n=p/q$일 때 $\sqrt[q]{a}$가 정의되면 a^n은 다음과 같다.

$$a^n = a^{p/q} = (\sqrt[q]{a})^p$$

- n이 양의 유리수이고, a^n이 정의되고 0이 아니면 a^{-n}은 다음과 같다.

$$a^{-n} = \frac{1}{a^n}$$

3.3 지수함수

지수함수(exponential function)를 정의하기 위해서는 지수 a^n에서 n이 임의의 실수 값을 가질 때도 의미를 가질 수 있도록 정의를 확장하여야 한다. 이 과정을 상세히 설명하려면 미적분학을 알아야 하기 때문에, 여기에서는 이에 대한 설명은 생략하고 그렇게 되도록 정의를 확장할 수 있다고 가정하고 넘어가기로 하자. 음수는 제곱근을 취하는 데 문제가 있으므로 지수함수를 다룰 때 밑 a는 항상 양수라 하자. 또 $a \neq 1$이라 하자.

이렇게 하면 지수함수의 그래프는 아래 그림과 같다. 왼쪽은 $a>1$인 경우, 즉 $f(x)=2^x$의 그래프이고, 오른쪽은 $a<1$인 경우, 즉 $f(x)=3^{-x}=(1/3)^x$의 그래프이다.

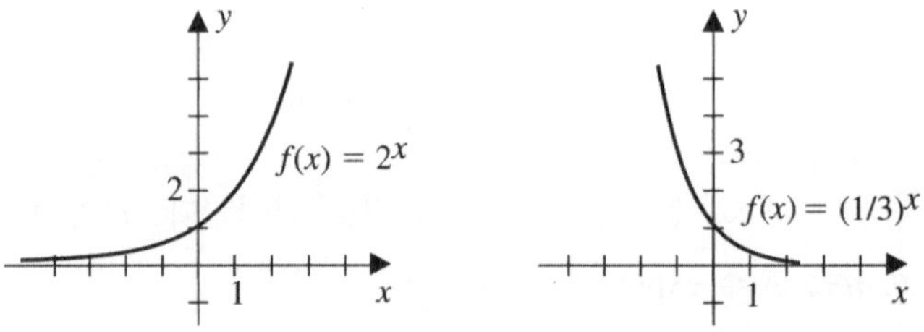

3.4 지수 법칙

지수 법칙은 AMC 문제를 푸는 데 자주 이용된다. 왜냐하면 어떤 문제들은 처음에는 좀 어려워 보이지만 지수 법칙을 이용하면 간단한 방정식으로 변형할 수 있기 때문이다. 이 성질과 유사한 성질들이 로그에 대해서도 성립하는데 이에 대해서는 17장에서 공부하자.

성질 1 $a>0$이고 $b>0$이면 모든 실수 x와 y에 대하여 다음이 성립한다.

- $a^0=1$
- $a^{-x}=\dfrac{1}{a^x}$
- $a^x \cdot a^y = a^{x+y}$
- $(a^x)^y = a^{xy}$
- $\dfrac{a^x}{a^y}=a^{x-y}$
- $\left(\dfrac{a}{b}\right)^x = \dfrac{a^x}{b^x}$

제곱근에 대한 다음 성질은 지수 법칙으로부터 쉽게 얻을 수 있다.

성질 2 $a>0$이고 $b>0$이면 양의 정수 n에 대하여 다음이 성립한다.

- $\sqrt[n]{ab}=\sqrt[n]{a}\sqrt[n]{b}$
- $\sqrt[n]{\dfrac{a}{b}}=\dfrac{\sqrt[n]{a}}{\sqrt[n]{b}}$
- $\sqrt[m]{\sqrt[n]{a}}=\sqrt[mn]{a}$
- $\sqrt[n]{a^m}=a^{m/n}$

지수와 제곱근을 이용할 때 다음과 같은 점을 주의해야 한다.

- $a=0$이고 $x>0$일 때 $a^x=0$이라 정의한다. 하지만 a와 x가 모두 0이면 a^x은 정의되지 않는다. 그 이유는 미적분학에서 공부하게 되는데, 모든 양의 실수 x에 대하여 $0^x=0$이지만 $x^0=1$임을 생각해 보면 0^0을 정의하는 데 문제가 있다는 것을 알 수 있다.
- $a<0$일 때 a^x은 실수로 정의되기도 하지만 항상 그런 것은 아니다. x가 정수라면 a^x은 항상 실수이다. x가 유리수라면 a^x은 x의 분모에 따라 실수이기도 하고 아니기도 하다. 특히 $x=p/q$이고 p와 q가 서로소이면 다음과 같다.

$$a^{p/q} = \begin{cases} \sqrt[q]{a^p} = (\sqrt[q]{a})^p, & q\text{가 홀수일 때} \\ \text{정의되지 않음}, & q\text{가 짝수일 때} \end{cases}$$

예를 들어, $(-8)^{2/3} = (\sqrt[3]{(-8)})^2 = (-2)^2 = 4$이지만 $(-8)^{3/2}$은 음수의 제곱근이 필요하기 때문에 실수로 정의되지 않는다. 18장에서 복소수의 집합에 대하여 공부하면 이것도 정의할 수 있다. 그때까지 우리는 실수만 다루기로 하자.

마지막으로 기호에 대하여 한 가지 알아 두자.

$$a^{b^c} = a^{(b^c)}$$

이다. 따라서

$$2^{3^4} = 2^{(3^4)} = 2^{81}\text{이지만,} \qquad (2^3)^4 = 2^{3 \cdot 4} = 2^{12}$$

이다.

또한 분수에 제곱근이 있을 경우에는 관습적으로 분모에 제곱근이 없도록 나타낸다. 이 과정을 분모의 유리화라 한다. 예를 들면,

$$\frac{\sqrt{3}}{\sqrt{3}-\sqrt{2}} = \frac{\sqrt{3}}{\sqrt{3}-\sqrt{2}} \cdot \frac{\sqrt{3}+\sqrt{2}}{\sqrt{3}+\sqrt{2}} = \frac{3+\sqrt{6}}{3-2} = 3+\sqrt{6}$$

이고

$$\frac{\sqrt{a}+\sqrt{b}}{\sqrt{a}-\sqrt{b}} = \frac{\sqrt{a}+\sqrt{b}}{\sqrt{a}-\sqrt{b}} \cdot \frac{\sqrt{a}+\sqrt{b}}{\sqrt{a}+\sqrt{b}} = \frac{a+2\sqrt{ab}+b}{a-b}$$

이다.

분모에 다른 제곱근이 있을 경우에도 분모를 유리화할 때 이용되는 공식들이 있지만 자주 사용되지는 않는다. 그중에서 하나만 소개하기로 하자.

$$(a+b)(a^2-ab+b^2) = a^3+b^3$$

이므로 다음과 같이 계산할 수 있다.

$$\frac{\sqrt[3]{2}}{\sqrt[3]{2}+\sqrt[3]{3}} = \frac{\sqrt[3]{2}}{\sqrt[3]{2}+\sqrt[3]{3}} \cdot \frac{(\sqrt[3]{2})^2-\sqrt[3]{2}\sqrt[3]{3}+(\sqrt[3]{3})^2}{(\sqrt[3]{2})^2-\sqrt[3]{2}\sqrt[3]{3}+(\sqrt[3]{3})^2}$$

$$= \frac{(\sqrt[3]{2})^3 - (\sqrt[3]{2})^2 \sqrt[3]{3} + \sqrt[3]{2}(\sqrt[3]{3})^2}{(\sqrt[3]{2})^3 + (\sqrt[3]{3})^3}$$

$$= \frac{2 - \sqrt[3]{12} + \sqrt[3]{18}}{2+3}$$

$$= \frac{2 - \sqrt[3]{12} + \sqrt[3]{18}}{5}$$

지수를 포함한 문제는, 단순히 변수들에 값을 대입해서는 해를 구하기 어려운 문제들이 대부분이다.

3.5 이항 정리

이 절에서는 두 항의 합의 거듭제곱을 전개하는 식에 대하여 알아보자.

성질 1 이항 정리(binomial theorem) : a와 b가 실수이고 n이 양의 자연수일 때

$$(a+b)^n = \binom{n}{0}a^n b^0 + \binom{n}{1}a^{n-1}b^1 + \cdots + \binom{n}{k}a^{n-k}b^k + \cdots + \binom{n}{n}a^0 b^n$$

이다. 여기서

$$\binom{n}{k} = \frac{n!}{k!(n-k)!}$$

을 이항계수(binomial coefficient)라 한다. 이것은 n개의 물건 중에서 k개를 선택하는 방법의 수를 의미한다. 위의 전개식을 정리하면 다음과 같다.

$$(a+b)^n = a^n + na^{n-1}b + \frac{n(n-1)}{2}a^{n-2}b^2 + \cdots$$
$$+ \frac{n!}{k!(n-k)!}a^{n-k}b^k + \cdots + b^n$$

예를 들어, $n=3$이면

$$(a+b)^3 = \binom{3}{0}a^3 + \binom{3}{1}a^2 b + \binom{3}{2}ab^2 + \binom{3}{3}b^3$$
$$= \frac{3!}{3!\cdot 0!}a^3 + \frac{3!}{2!\cdot 1!}a^2 b + \frac{3!}{1!\cdot 2!}ab^2 + \frac{3!}{0!\cdot 3!}b^3$$

$$= \frac{6}{6 \cdot 1} a^3 + \frac{6}{2 \cdot 1} a^2 b + \frac{6}{1 \cdot 2} ab^2 + \frac{6}{1 \cdot 6} b^3$$

$$= a^3 + 3a^2 b + 3ab^2 + b^3$$

이다. 이 전개식은 2장 연습문제 10번 풀이에 이용된다.

이항 정리가 왜 성립하는지 알아보자. $a+b$의 n제곱을 다음과 같이 나타내자.

$$(a+b)^n = \overbrace{(a+b)(a+b)(a+b) \cdots (a+b)}^{n\text{번}}$$

우변의 인수분해된 각 인수에서 a 또는 b를 각각 하나씩 선택하여 곱한 후 모두 더하면 우변을 전개한 식이 된다. 예를 들어, 각 인수에서 모두 a를 택하고 b를 하나도 택하지 않으면 a^n이 되고, 어느 하나의 인수에서 b를 택하고 나머지 인수에서는 모두 a를 택하면 $a^{n-1}b$가 되는데 이러한 경우는 n가지가 있다. 비슷한 방법으로 $a^{n-k}b^k$ 형태의 항의 개수는 n개의 인수 중에서 b를 k개 선택하는 방법의 수와 같다. 이항계수가 이러한 항의 개수를 나타낸다.

이항계수는 몇 가지 흥미로운 성질을 갖고 있다. 정의에 의하여 다음을 알 수 있다.

$$\binom{n}{k} = \frac{n!}{k!(n-k)!} = \binom{n}{n-k}$$

또 $k < n$일 때

$$\binom{n}{k} + \binom{n}{k+1} = \binom{n+1}{k+1}$$

이 성립한다. 왜냐하면

$$\begin{aligned} \binom{n}{k} + \binom{n}{k+1} &= \frac{n!}{k!(n-k)!} + \frac{n!}{(k+1)!(n-k-1)!} \\ &= \frac{n!((k+1)+(n-k))}{(k+1)!(n-k)!} \\ &= \frac{n!(n+1)}{(k+1)!((n+1)-(k+1))!} \end{aligned}$$

$$= \frac{(n+1)!}{(k+1)!((n+1)-(k+1))!} = \binom{n+1}{k+1}$$

이기 때문이다.

이 관계식을 이용하면 **파스칼의 삼각형**(Pascal's triangle)을 만들 수 있다. 이 삼각형의 k번째 줄은 $(a+b)^k$의 전개식에서 계수를 나타낸다.

$$\begin{array}{ll}
(a+b)^0: & \quad\quad\quad 1 \\
(a+b)^1: & \quad\quad 1 \quad 1 \\
(a+b)^2: & \quad 1 \quad 2 \quad 1 \\
(a+b)^3: & \; 1 \quad 3 \quad 3 \quad 1 \\
(a+b)^4: & 1 \quad 4 \quad 6 \quad 4 \quad 1 \\
 & \quad\quad\quad \vdots
\end{array}$$

가끔 이용되는 특별한 경우는

$$\binom{2n}{n} = 2^n \frac{(2n-1)(2n-3)\cdots 3 \cdot 1}{n!}$$

이지만 기억할 필요는 없다.

제03장 예제

첫 번째 예제는 1998년 AHSME의 7번 문제인데 계산을 잘해야 한다.

예제 1 $N > 1$이라 할 때 $\sqrt[3]{N\sqrt[3]{N\sqrt[3]{N}}}$ 을 간단히 하면?

(A) $N^{1/27}$ (B) $N^{1/9}$ (C) $N^{1/3}$ (D) $N^{13/27}$ (E) N

정답 (D) 지수로 표현하면 다음과 같다.

$$\begin{aligned}
\sqrt[3]{N\sqrt[3]{N\sqrt[3]{N}}} &= (N(N \cdot N^{1/3})^{1/3})^{1/3} \\
&= N^{1/3} N^{(1/3)(1/3)} N^{(1/3)(1/3)(1/3)}
\end{aligned}$$

$$= N^{1/3} \cdot N^{1/9} \cdot N^{1/27} = N^{1/3+1/9+1/27}$$

그런데

$$\frac{1}{3} + \frac{1}{9} + \frac{1}{27} = \frac{13}{27}$$

이므로

$$\sqrt[3]{N\sqrt[3]{N\sqrt[3]{N}}} = N^{13/27}$$

이다. ■

두 번째 예제는 1974년 AHSME의 3번 문제이다.

예제 2 $(1+2x-x^2)^4$을 전개한 다항식에서 x^7의 계수는?

(A) -12 (B) -8 (C) 6 (D) 8 (E) 12

정답 (B) 우선 다음과 같이 써 보자.

$$(1+2x-x^2)^4 = (1+2x-x^2) \cdot (1+2x-x^2) \cdot (1+2x-x^2) \cdot (1+2x-x^2)$$

최고차항은 x^8인데 이것은 각 인수에서 $-x^2$을 택하여 곱했을 때 생긴다. x^7은 세 개의 $-x^2$과 하나의 $2x$를 택하여 곱했을 때 생긴다. 이렇게 택하는 방법은 네 가지가 있고, 따라서 x^7항은

$$4 \cdot 2x \cdot (-x^2)^3 = -8x^7$$

이다.

별해 1 이항 정리를 이용하여 다음과 같이 계산할 수도 있다.

$$\begin{aligned}(1+2x-x^2)^4 &= ((1+2x)+(-x^2))^4 \\ &= (1+2x)^4 + 4(1+2x)^3(-x^2) + 6(1+2x)^2(-x^2)^2 \\ &\quad + 4(1+2x)(-x^2)^3 + (-x^2)^4\end{aligned}$$

여기서 x^7을 포함하고 있는 항은 $4(1+2x)(-x^2)^3 = -4x^6 - 8x^7$뿐이다. 따라서

정답은 -8이다.

별해 2 다항식의 영점-계수 관계식에 의해 8차 다항식인 이 다항식에서 x^7의 계수는 $P(x)=(1+2x-x^2)^4=(x^2-2x-1)^4$의 영점들의 합에 음의 부호를 붙인 것이다. x^2-2x-1에서 영점들의 합은 일차항의 계수의 부호를 바꾼 값이므로 2이다. 따라서 $P(x)$의 영점들의 합은

$$-4 \cdot 2 = -8$$

이고 x^7의 계수도 -8이다. ■

마지막 예제는 1985년 AHSME의 15번 문제이다. 이 문제는 지수함수가 조금 어려운 문제에 어떻게 이용되는지 보여준다. 또한 정답이, 적어도 저자가 보기에는, 얼핏 보기에는 정답 같아 보이지 않는 문제이다.

예제 3 a와 b가 양수이고 $a^b=b^a$이며 $b=9a$를 만족할 때 a의 값은?

(A) 9 (B) $\frac{1}{9}$ (C) $\sqrt[9]{9}$ (D) $\sqrt[3]{9}$ (E) $\sqrt[4]{3}$

정답 (E) a의 값을 구해야 하기 때문에 $a^b=b^a$을 $a=b^{a/b}$으로 나타내자. $b=9a$를 대입하면

$$a=b^{a/b}=(9a)^{a/(9a)}=(9a)^{1/9}$$

이므로 $a^9=9a$이다. 따라서 $a^8=9$이고

$$a=9^{1/8}=(3^2)^{1/8}=3^{2/8}=3^{1/4}=\sqrt[4]{3}$$

이다. ■

제03장 연습문제

1. $4^4 \cdot 9^4 \cdot 4^9 \cdot 9^9$을 간단히 하면?

(A) 13^{13}　(B) 13^{36}　(C) 36^{13}　(D) 36^{36}　(E) 1296^{26}

2. $\dfrac{15^{30}}{45^{15}}$을 간단히 하면?

(A) $\left(\dfrac{1}{3}\right)^{15}$　(B) $\left(\dfrac{1}{3}\right)^{2}$　(C) 1　(D) 3^{15}　(E) 5^{15}

3. $2^{2007}-2^{2006}-2^{2005}+2^{2004}=k\cdot 2^{2004}$일 때 k의 값은?

(A) 1　(B) 2　(C) 3　(D) 4　(E) 5

4. $x>y>0$이라 하자. 다음 중 $\dfrac{x^y y^x}{y^y x^x}$과 같은 것은?

(A) $(x-y)^{y/x}$　(B) $\left(\dfrac{x}{y}\right)^{x-y}$　(C) 1

(D) $\left(\dfrac{x}{y}\right)^{y-x}$　(E) $(x-y)^{x/y}$

5. $\sqrt{\dfrac{8^{10}+4^{10}}{8^4+4^{11}}}$의 값은?

(A) $\sqrt{2}$　(B) 16　(C) 32　(D) $12^{2/3}$　(E) 512.5

6. $f(x)=x^{x+1}(x+2)^{x+3}$이라 할 때 $f(0)+f(-1)+f(-2)+f(-3)$의 값은?

(A) $-\dfrac{8}{9}$　(B) 0　(C) $\dfrac{8}{9}$　(D) 1　(E) $\dfrac{10}{9}$

7. 다음 식을 만족하는 x의 값은?

$$25^{-2}=\frac{5^{48/x}}{5^{26/x}\cdot 25^{17/x}}$$

(A) 2　(B) 3　(C) 5　(D) 6　(E) 9

8. $a > 0$이고 $b > 0$이라 하자. a^b에서 밑과 지수가 모두 세 배가 되었을 때의 값을 r라 하자. $r = a^b \cdot x^b$이라 나타내었을 때 x를 구하면?

(A) 3 (B) $3a^2$ (C) $27a^2$ (D) $2a^{3b}$ (E) $3a^{2b}$

9. $(2^x - 4)^3 + (4^x - 2)^3 = (4^x + 2^x - 6)^3$을 만족하는 실수 x들을 모두 더한 값은?

(A) $\frac{3}{2}$ (B) 2 (C) $\frac{5}{2}$ (D) 3 (E) $\frac{7}{2}$

10. $60^a = 3$이고 $60^b = 5$라 할 때 $12^{(1-a-b)/(2-2b)}$의 값은?

(A) $\sqrt{3}$ (B) 2 (C) $\sqrt{5}$ (D) 3 (E) $\sqrt{12}$

제 04 장 함수와 연산

4.1 서론

이 장의 내용과 관련된 AMC 문제들을 풀기 위해서는 주어진 식이나 성질을 잘 다루어야 한다. 때로는 정의를 잘 응용하기만 해도 문제가 풀리기도 하는데, 이 정의들은 익숙하지 않은 것이라 하더라도 이해하기 그리 어렵지는 않다.

4.2 이항연산

수 집합에서 두 수에 대하여 또 다른 수를 대응시키는 것을 **이항연산**(binary operation)이라 한다. 시험 문제에서 이항연산은 §와 같은 특별한 기호를 이용하여 나타내기도 한다. 두 수 a와 b에 대하여 이항연산 §를 적용한 결과는 $\S(a, b)$ 또는 $a\S b$라 나타낸다.

예를 들면, 우리가 알고 있는 덧셈, 뺄셈, 곱셈, 나눗셈은 이항연산이다. 이 연산들은 각각 이항연산 표현으로 다음과 같이 표현할 수도 있다.

$$\clubsuit(a, b)=a+b, \quad \diamondsuit(a, b)=a-b, \quad \heartsuit(a, b)=a\cdot b, \quad \spadesuit(a, b)=\frac{a}{b}$$

이 이항연산들은 모두 실수 두 개에 대해서 또 다른 실수를 대응시킨다. 다만, 나눗셈의 경우에는 0으로 나누는 것은 정의되지 않으므로 $\spadesuit(a, b)=a/b$에서 $b=0$이 아니다.

이항연산과 관련된 정의와 성질은 여러 가지가 있다.

§가 집합 S의 두 수에 대하여 정의된 이항연산이라 하자.

정의 1 a와 b가 S의 원소일 때는 항상 $\S(a, b)$도 S의 원소가 되면, 이항연산 § 는 S에서 **닫혀 있다**(closed)고 한다.

예를 들어, S가 정수의 집합이거나 유리수의 집합 또는 실수의 집합이면 덧셈은 S에서 닫혀 있다. 곱셈도 S에서 닫혀 있다. 뺄셈은 정수의 집합이나 유리수의 집합 또는 실수의 집합에서는 닫혀 있지만, 양의 정수의 집합에서는 닫혀 있지 않다. 왜냐하면 두 양의 정수의 뺄셈이 항상 양의 정수인 것은 아니기 때문이다. 마찬가지로 나눗셈은 정수의 집합에서는 닫혀 있지 않지만, 영을 제외한 유리수의 집합과 영을 제외한 실수의 집합에서는 닫혀 있다.

정의 2 S의 임의의 원소 a, b에 대하여

$$\S(a, b) = \S(b, a)$$

가 성립하면, 이항연산 §는 S에서 **교환법칙**(commutative)이 성립한다고 한다.

예를 들어, 덧셈과 곱셈은 모두 교환법칙이 성립한다. 모든 실수에 대하여 $a+b=b+a$이고 $a \cdot b = b \cdot a$이기 때문이다. 반면에 뺄셈과 나눗셈은 교환법칙이 성립하지 않는다. 왜냐하면 일반적으로 $a-b \neq b-a$이고 $a/b \neq b/a$이기 때문이다.

정의 3 S의 임의의 세 원소 a, b, c에 대하여

$$\S(\S(a, b), c) = \S(a, \S(b, c))$$

가 성립하면 이항연산 §는 S에서 **결합법칙**(associative)이 성립한다고 한다.

덧셈과 곱셈은 결합법칙이 성립한다. 왜냐하면

$$(a+b)+c=a+(b+c), \quad (a\cdot b)\cdot c=a\cdot(b\cdot c)$$

이기 때문이다. 그러나 뺄셈은 결합법칙이 성립하지 않는다. 왜냐하면

$$(a-b)-c=a-b-c \text{이지만} \quad a-(b-c)=a-b+c$$

이기 때문이다. 나눗셈도 결합법칙이 성립하지 않는다. 왜냐하면

$$\frac{a/b}{c}=\frac{a}{bc} \text{이지만} \quad \frac{a}{b/c}=\frac{ac}{b}$$

이기 때문이다.

정의 4 ▍ S의 모든 원소 a에 대하여

$$\S(a, e)=a \text{이고} \quad \S(e, a)=a$$

를 만족하는 e가 S에 존재하면 e를 이항연산 §의 **항등원**(identity)이라 한다. 항등원이 존재하면 항등원은 유일하다는 것을 증명할 수 있다.

실수에서는 0이 덧셈에 대한 항등원이고, 1이 곱셈에 대한 항등원이다. 하지만 뺄셈에 대한 항등원은 없다. 왜냐하면 항등원이 존재한다면 모든 실수 a에 대하여 $a-e=a$가 되어야 하므로, $e=0$이다. 그런데 $e-a=0-a=a$도 성립해야 하는데 이것은 $a=0$일 때만 성립하기 때문이다. 비슷한 이유로 나눗셈에 대한 항등원도 없다.

정의 5 ▍ S에서 §의 항등원이 e일 때, S의 원소 a에 대하여

$$\S(a, \hat{a})=e \text{이고} \quad \S(\hat{a}, a)=e$$

를 만족하는 S의 원소 $\hat{a}$를 a의 **역원**(inverse)이라 한다.

정수의 집합, 유리수의 집합, 실수의 집합에서 모든 원소는 덧셈에 대한 역원을 갖는다. 그러나 S가 음 아닌 정수의 집합이면 항등원인 0만 덧셈에 대한 역원을 갖는다.

영 아닌 유리수의 집합에서 모든 원소는 곱셈에 대한 역원을 갖는다. 그러나 정수의 집합에서는 1과 -1만 곱셈에 대한 역원을 갖는다.

오래전 시험에서는 특별한 이항연산을 주고 이 연산이 어떤 성질을 갖는지를 물어보는 문제가 자주 출제되었다. 예제에 그런 문제가 있다. 최근에는 이항연산을 정의하는 문제가 자주 나오지는 않지만 비슷한 문제는 자주 출제된다.

과거에 출제된 이항연산 문제는 연산을 반복해서 적용하거나 때로는 연산을 거꾸로 해 나가는 문제들이었다.

4.3 함수

함수와 그래프에 관한 일반적인 내용은 16장에서 공부하기로 하고 여기서는 정의에 대해서만 간단히 알아보자.

정의 1 **함수**(function) f란 **정의역**(domain)이라 부르는 한 집합의 모든 원소에 대하여 또 다른 집합의 원소를 하나씩 대응시키는 규칙을 말한다. f의 정의역에 있는 모든 원소들을 대응시킨 두 번째 집합의 원소들로 이루어진 집합을 **치역**(range)이라 한다.

대부분의 경우에 함수의 정의역과 치역은 같은 집합의 부분집합이다. 예를 들어, f가 제곱한 값을 대응시키는 함수라면

$$f(x)=x^2$$

이라 나타내는데, 특별히 다른 설명이 없으면 실수 전체의 집합을 정의역으로 한다. 이때 치역은 음 아닌 실수의 집합이다. 이 장에서는 함수 기호에 대입하여 계산하는 것만 할 수 있으면 된다. 16장에서는 기초 미적분학에서 필요한 내용까지 다룰 것이다.

세제곱 함수, 즉 $f(x)=x^3$을 생각해 보자. 다음 식을 만족하는 x 값이 몇 개인지 구한다고 생각해 보자.

$$f(x^2+1)=(f(x))^2+1$$

이 문제의 목적은 함수 기호를 제대로 이용할 수 있는지 알아보는 것이다. f는 세제곱 함수이므로

$$f(x^2+1)=(x^2+1)^3=(x^2)^3+3(x^2)^2+3x^2+1=x^6+3x^4+3x^2+1$$

이고

$$(f(x))^2+1=(x^3)^2+1=x^6+1$$

이다. 따라서

$$x^6+3x^4+3x^2+1=x^6+1$$

을 만족하는 x의 개수를 구하면 된다. 그런데

$$0=3x^4+3x^2=3x^2(x^2+1)$$

이므로 해는 $x=0$ 하나뿐이다.

● 제04장 예제

첫 번째 예제는 1971년 AHSME의 6번 문제이다.

예제 1 S가 영 아닌 실수 전체의 집합일 때 S에서 이항연산 $*$를 다음과 같이 정의하자. 임의의 두 수 a, b에 대하여 $*(a, b)=a*b=2ab$이다. 이때 다음 중 거짓인 명제는?

(A) $*$는 S에서 교환법칙이 성립한다.

(B) $*$는 S에서 결합법칙이 성립한다.

(C) S에서 $*$에 대한 항등원은 $\frac{1}{2}$이다.

(D) S의 모든 원소는 $*$에 대한 역원을 갖는다.

(E) S에서 a의 $*$에 대한 역원은 $\frac{1}{2a}$이다.

정답 (E) 곱셈은 교환법칙이 성립하므로

$$a * b = 2ab = 2ba = b * a$$

이고 (A)는 참임을 알 수 있다. 모든 실수 a에 대하여

$$a * \frac{1}{2} = 2a \cdot \frac{1}{2} = a$$

이므로 (C)도 참이다. (B)와 (D)는 (E)보다 복잡해 보이므로 (E)를 먼저 생각해 보자. 만약 (E)가 참이라면 $a \neq 0$과 $\frac{1}{2a}$을 $*$ 연산한 결과는 항등원인 $\frac{1}{2}$이 되어야 한다. 그런데

$$a * \frac{1}{2a} = 2a \cdot \frac{1}{2a} = 1$$

이고 $1 \neq \frac{1}{2}$이므로 (E)는 거짓이다. (B)는

$$\begin{aligned}(a * b) * c &= (2ab) * c = 2(2ab)c = 4abc \\ &= 2a(2bc) = a * (2bc) \\ &= a * (b * c)\end{aligned}$$

이므로 참이고, 모든 $a \in S$에 대하여

$$a * \frac{1}{4a} = \frac{1}{2}$$

이고 $\frac{1}{2}$은 항등원이므로 a의 역원은 $\frac{1}{4a}$이다. ■

두 번째 예제는 1996년 AHSME의 14번 문제이다.

예제 2 함수 $E(n)$은 자연수 n에 대하여 n의 각 자릿수에서 짝수들의 합이다. 예를 들면, $E(5681) = 6 + 8 = 14$이다. $E(1) + E(2) + \cdots + E(100)$의 값은?

(A) 200 (B) 300 (C) 400 (D) 900 (E) 2250

정답 (C) $E(n)$의 값을 각각 구하기보다는 00, 01, 02, $\cdots$, 99에 사용된 0, 1, $\cdots$, 9의 개수가 모두 같다는 사실을 이용하자. 여기에는 모두 $2 \cdot 100 = 200$개의 자릿수가 있으므로 0, 1, $\cdots$, 9는 각각 20번씩 사용되었다. 따라서 모든 짝수 자릿수의 합은

$$E(0)+E(1)+E(2)+\cdots+E(99)=20(0+2+4+6+8)=400$$

이다. $E(0)=0$이고 $E(100)=0$이므로 구하는 답은 400이다. ■

마지막 예제는 1981년 AHSME의 17번 문제이다.

예제 3 함수 f는 모든 영 아닌 실수 x에 대하여

$$f(x)+2f\left(\frac{1}{x}\right)=3x$$

를 만족한다고 하자. 방정식 $f(x)=f(-x)$의 0 아닌 실근의 개수는?

(A) 0 (B) 1 (C) 2

(D) 0 아닌 실수 전부 (E) 무한히 많지만 0 아닌 실수 전부는 아님

정답 (C) 주어진 방정식에서 $f(1/x)$항을 소거해 보자. 그러면 $f(x)$와 $f(-x)$를 비교할 수 있다. 주어진 식에서 x 자리에 $1/x$을 대입하면,

$$f\left(\frac{1}{x}\right)+2f(x)=\frac{3}{x}$$

이므로

$$f\left(\frac{1}{x}\right)=\frac{3}{x}-2f(x)$$

이다. $f(1/x)$을 원래 식에 대입하면

$$f(x)+2\left(\frac{3}{x}-2f(x)\right)=3x$$

이므로

$$-3f(x)+\frac{6}{x}=3x$$

이고

$$f(x)=-\frac{1}{3}\left(3x-\frac{6}{x}\right)=-x+\frac{2}{x}=\frac{2-x^2}{x}$$

이다. 만약 $f(x)=f(-x)$이고 $x\neq 0$이라면

$$\frac{2-x^2}{x}=\frac{2-(-x)^2}{-x}$$

이므로

$$2x-x^3=-2x+x^3$$

이다. 따라서

$$0=2x^3-4x=2x(x^2-2)$$

이므로 0 아닌 실근은 $x=\pm\sqrt{2}$ 이다. ■

제04장 연습문제

1. 연산 $\circ$를 모든 실수 x, y에 대하여 $x \circ y=4x-3y+xy$로 정의하자. 그러면 $12=3 \circ y$를 만족하는 y의 개수는?

   (A) 0　(B) 1　(C) 3　(D) 4　(E) 4개 초과

2. $c \neq 0$에 대하여 $[a,\ b,\ c]=\dfrac{a+b}{c}$라 할 때 다음 값을 구하면?

$$[[60,\ 30,\ 90],\ [2,\ 1,\ 3],\ [10,\ 5,\ 15]]$$

   (A) 0　(B) 0.5　(C) 1　(D) 1.5　(E) 2

3. 연산 $x*y$를 $x*y=(x+1)(y+1)-1$로 정의할 때 다음 중 거짓인 것은?

   (A) 모든 실수 x, y에 대하여 $x*y=y*x$이다.

   (B) 모든 실수 x, y, z에 대하여 $x*(y+z)=(x*y)+(x*z)$이다.

   (C) 모든 실수 x에 대하여 $(x-1)*(x+1)=(x*x)-1$이다.

   (D) 모든 실수 x에 대하여 $x*0=x$이다.

   (E) 모든 실수 x, y, z에 대하여 $x*(y*z)=(x*y)*z$이다.

4. 실수 x와 y에 대하여 $x \heartsuit y = |x-y|$라 정의할 때 다음 중 거짓인 것은?

(A) 모든 x, y에 대하여 $x \heartsuit y = y \heartsuit x$이다.

(B) 모든 x, y에 대하여 $2(x \heartsuit y) = 2x \heartsuit 2y$이다.

(C) 모든 x에 대하여 $x \heartsuit 0 = x$이다.

(D) 모든 x에 대하여 $x \heartsuit x = 0$이다.

(E) $x \neq y$이면 $x \heartsuit y > 0$이다.

5. $P(n)$과 $S(n)$은 각각 정수 n의 각 자릿수의 곱과 합을 나타낸다고 하자. 예를 들면, $P(23)=6$이고 $S(23)=5$이다. N이 두 자리 정수이고 $N=P(N)+S(N)$이라 할 때 N의 일의 자릿수는?

(A) 2 (B) 3 (C) 6 (D) 8 (E) 9

6. $\clubsuit(n)$은 양의 정수 n의 각 자릿수의 합을 나타낸다고 하자. 예를 들면, $\clubsuit(8)=8$이고 $\clubsuit(123)=1+2+3=6$이다. $\clubsuit(\clubsuit(n))=3$을 만족하는 두 자리 자연수의 개수는?

(A) 3 (B) 4 (C) 6 (D) 9 (E) 10

7. 함수 f가 모든 양의 실수 x, y에 대하여 $f(xy)=f(x)/y$이고 $f(500)=3$이라 할 때 $f(600)$의 값은?

(A) 1 (B) 2 (C) $\frac{5}{2}$ (D) 3 (E) $\frac{18}{5}$

8. 임의의 실수 a와 자연수 k에 대하여

$$\binom{a}{k} = \frac{a(a-1)(a-2)\cdots(a-(k-1))}{k(k-1)(k-2)\cdots(2)(1)}$$

이라 정의할 때 다음 값을 구하면?

$$\binom{-\frac{1}{2}}{100} \Big/ \binom{\frac{1}{2}}{100}$$

(A) -199 (B) -197 (C) -1 (D) 197 (E) 199

9. 치역이 실수인 함수 f의 함숫값이 항상 0인 것은 아니라고 하자. 또 임의의 실수 a, b에 대하여 다음 식이 성립한다고 하자.

$$f(a+b)+f(a-b)=2f(a)+2f(b)$$

다음 중 반드시 참인 것은?

(A) $f(0)=1$　　(B) $f(-x)=-f(x)$

(C) $f(-x)=f(x)$　　(D) $f(x+y)=f(x)+f(y)$

(E) $f(x+T)=f(x)$를 만족하는 $T>0$가 존재한다.

10. 모든 x에 대하여 $f(x)>0$이고, 모든 x와 y에 대하여 $f(x+y)=f(x)f(y)$라 할 때 다음 중 참인 명제를 고른 것은?

Ⅰ. $f(0)=1$

Ⅱ. 모든 x에 대하여 $f(-x)=\dfrac{1}{f(x)}$

Ⅲ. 모든 x에 대하여 $f(x)=\sqrt[3]{f(3x)}$

Ⅳ. 모든 x에 대하여 $f(x)\geq 1$

(A) Ⅲ, Ⅳ　　(B) Ⅰ, Ⅲ, Ⅳ　　(C) Ⅰ, Ⅱ, Ⅳ

(D) Ⅰ, Ⅱ, Ⅲ　　(E) 모두 참

제 05 장 삼각형

5.1 서론

모든 AMC에는 삼각형과 관련된 기하 문제가 중간 수준부터 어려운 수준까지 출제된다. 난이도가 높은 문제의 답을 구하기 위해서는 적절한 작도가 필요하다. 이 문제들을 풀기 위한 기본 개념들은 학교 수학 시간에 대부분 배우지만, 모든 문제를 풀기에는 부족하다.

5.2 정의

점, 선, 각도와 같은 기하학의 기본 개념들은 알고 있다고 가정하고, 여기서는 삼각형부터 시작하자.

삼각형과 관련된 개념이 몇 가지 있다. 대부분의 책들이 삼각형을 다룰 때 사용하는 기호는 비슷하다.

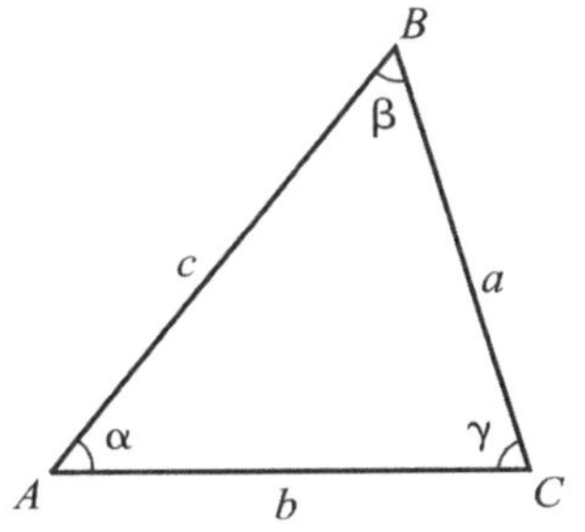

대부분의 AMC 문제들이 각도를 나타낼 때 도를 이용하지만 때로는 라디안으로 나타내야 할 때도 있다. 이것은 180도가 π라디안과 같다는 사실을 이용하면 쉽게 변환할 수 있다. 따라서

$$1\text{도} = \frac{\pi}{180}\text{라디안}, \quad 1\text{라디안} = \frac{180}{\pi}\text{도}$$

이다. 각도와 관련된 가장 기본적인 성질은

$$\alpha + \beta + \gamma = 180°$$

이고, 세 변과 관련된 가장 기본적인 성질은

$$a < b + c, \quad b < a + c, \quad c < a + b$$

인데 이를 삼각부등식(triangle inequality)이라 부른다. 다른 방법으로 다음과 같이 나타내기도 한다.

$$BC < AC + AB, \quad AC < BC + AB, \quad AB < BC + AC$$

이 장에서 사용할 몇 가지 정의는 다음과 같다.

정의 1 두 변의 길이가 같은 삼각형을 이등변삼각형(isosceles triangle)이라 한다. 이등변삼각형의 두 밑각은 같다.

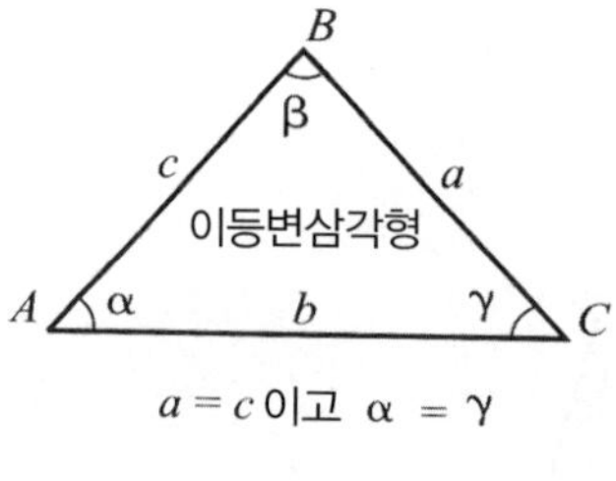

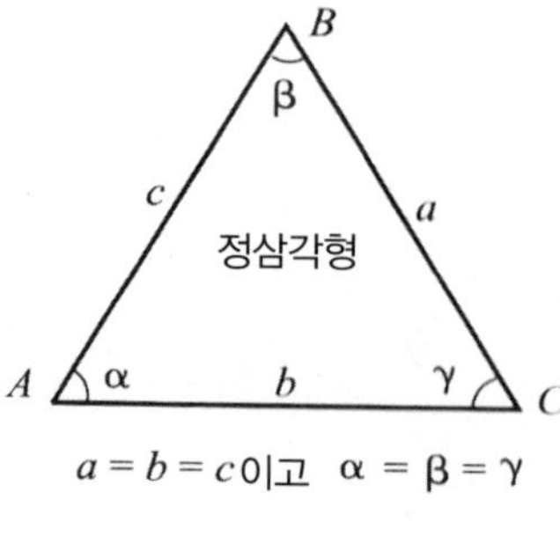

정의 2 세 변의 길이가 같은 삼각형을 정삼각형(equilateral triangle)이라 한다. 어떤 삼각형이 정삼각형일 필요충분조건은 세 각이 같은 것이다.

정의 3 ▍ 대응되는 각의 크기가 같은 두 삼각형은 **닮은 삼각형**(similar triangle)이라 한다.

다음 그림에서 $\angle A = \angle D$, $\angle B = \angle E$, $\angle C = \angle F$ 이므로 $\triangle ABC$와 $\triangle DEF$는 닮은 삼각형이다.

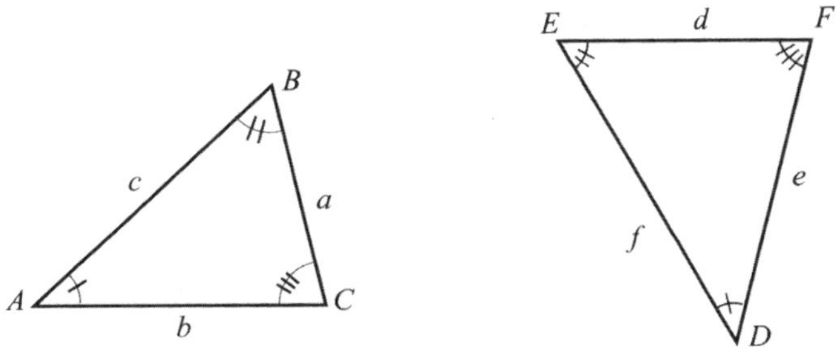

닮은 삼각형의 성질 중 자주 이용되는 것은 다음과 같다.

- 대응되는 두 쌍의 각이 같은 두 삼각형은 닮은 삼각형이다.
- 닮은 삼각형에서 대응되는 변의 비는 일정하다. 즉, 삼각형 ABC와 DEF에서 다음이 성립한다.

$$\frac{a}{d} = \frac{b}{e} = \frac{c}{f} \quad \text{또는} \quad \frac{BC}{EF} = \frac{AC}{DF} = \frac{AB}{DE}$$

정의 4 ▍ 대응되는 각의 크기가 같고, 대응되는 변의 길이가 같은 두 삼각형은 **합동**(congruent)이라 한다.

다음 그림에서 $a = d$, $b = e$, $c = f$ 이므로 $\triangle ABC$와 $\triangle DEF$는 닮은 삼각형이고 서로 합동이다.

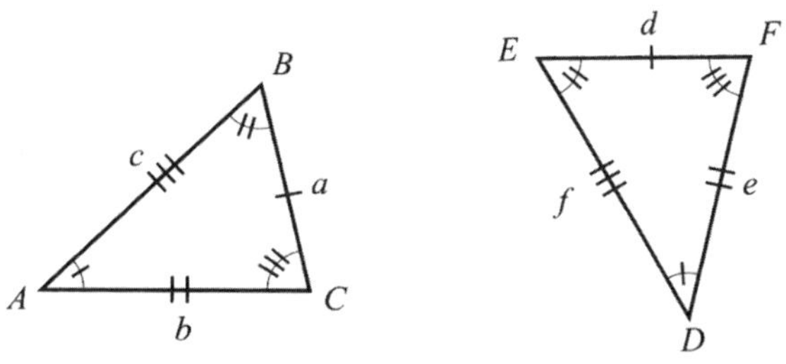

합동인 삼각형에 대한 다음 성질들은 기하학에서 가장 기본적인 성질들이다.

- 대응되는 세 변의 길이가 같은 두 삼각형은 합동이다(SSS 합동).
- 대응되는 두 변의 길이와 사잇각이 같은 두 삼각형은 합동이다(SAS 합동).
- 대응되는 한 변의 길이와 양 끝 각이 같은 두 삼각형은 합동이다(ASA 합동).

정의 5 ▌ 삼각형의 한 꼭짓점에서 마주 보는 변의 중점을 연결한 선분을 **중선**(median)이라 한다.

정의 6 ▌ 삼각형의 한 꼭짓점에서 마주 보는 변의 연장선에 수직으로 그은 선을 **높이**(altitude) 또는 **수선**이라 한다.

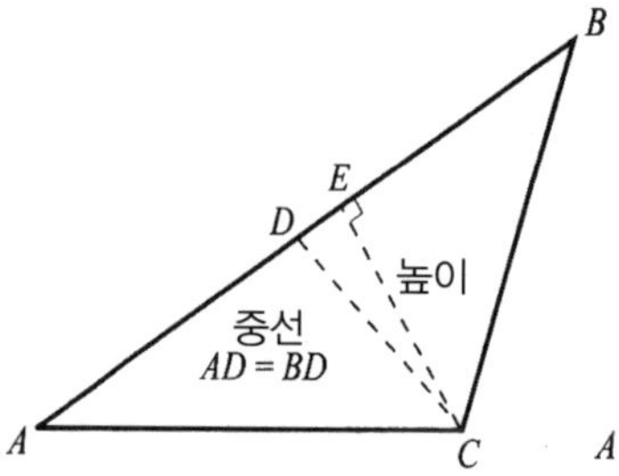

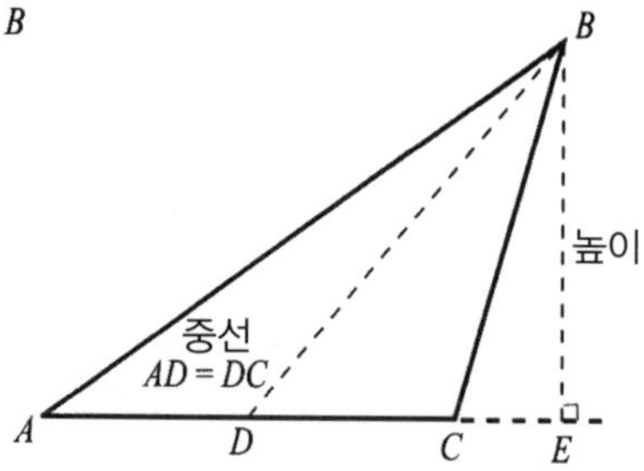

5.3 직각삼각형의 기본 성질

직각삼각형(right triangle)은 하나의 각이 $90°$인 삼각형이다. AMC에 나오는 삼각형 문제 중 상당수가 직각삼각형에 대한 것이거나 풀이 과정에서 직각삼각형을 이용한다. 가장 기본적인 성질 몇 개를 살펴보자. 이 절에서 직각삼각형 ABC는 다음 그림과 같은 모양이라고 하자. 여기서 c는 $\triangle ABC$의 **빗변**(hypotenuse)이라 하고 a와 b는 직각을 낀 변이라 한다.

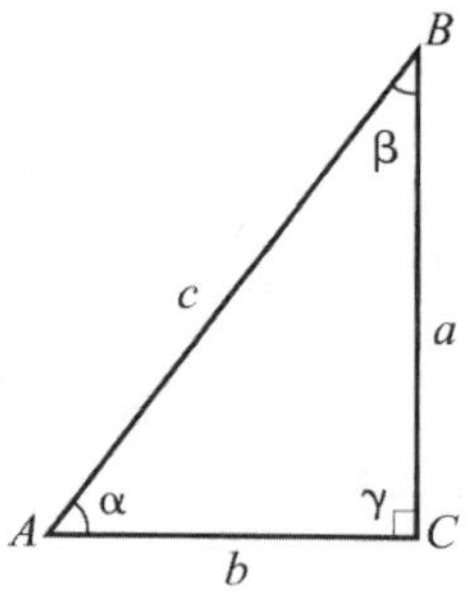

직각삼각형의 가장 기본적인 성질은 **피타고라스 정리**(Pythagorean theorem)이다.

$$a^2 + b^2 = c^2$$

특별한 삼각형에 대한 성질 몇 가지를 보자.

특별한 직각삼각형 :

성질 1 $\angle\alpha = 45°$이고 $\angle\beta = 45°$이면 $\triangle ABC$는 $45-45-90°$삼각형이라 한다. 이때 다음이 성립한다.

$$\frac{a}{c} = \frac{b}{c} = \frac{\sqrt{2}}{2}, \quad \frac{a}{b} = 1$$

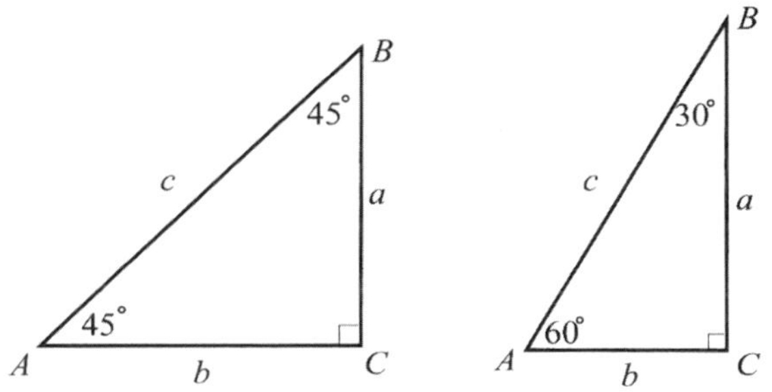

성질 2 $\angle\alpha = 60°$이고 $\angle\beta = 30°$이면 $\triangle ABC$는 $30-60-90°$삼각형이라 한다. 이때 다음이 성립한다.

$$\frac{a}{c} = \frac{\sqrt{3}}{2}, \quad \frac{b}{c} = \frac{1}{2}, \quad \frac{a}{b} = \sqrt{3}$$

성질 3 직각삼각형의 수선 정리(right triangle altitude theorem) : 직각삼각형 ABC의 직각 C에서 변 AB에 수선을 내리고 그 교점을 D라 하면 $\triangle ABC$, $\triangle ACD$, $\triangle CBD$는 닮은 삼각형이다. 따라서 다음 관계식이 성립한다.

$$\frac{a}{b} = \frac{e}{f} = \frac{f}{d}, \quad \frac{a}{c} = \frac{e}{a} = \frac{f}{b}, \quad \frac{b}{c} = \frac{f}{a} = \frac{d}{b}$$

또는

$$\frac{BC}{AC}=\frac{BD}{CD}=\frac{CD}{AD},\quad \frac{BC}{AB}=\frac{BD}{BC}=\frac{CD}{AC},\quad \frac{AC}{AB}=\frac{CD}{BC}=\frac{AD}{AC}$$

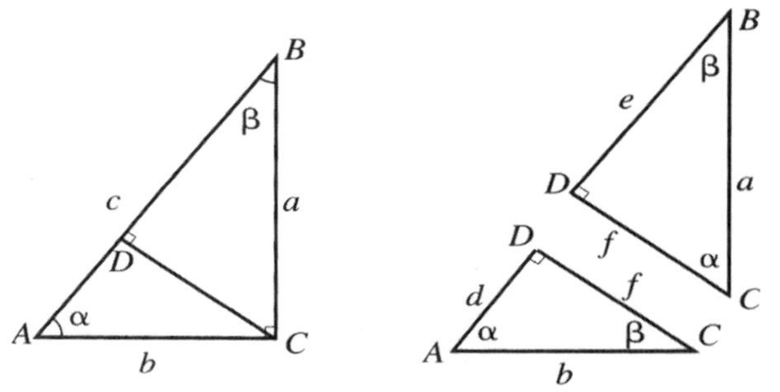

성질 4 직각삼각형의 중선 정리(right triangle median theorem) : 직각삼각형 ABC에서 $\angle BCE=\beta$가 되도록 선분 $\overline{AB}$ 위에 점 E를 잡으면 $\angle ECA=\alpha$이다. 따라서 $\triangle AEC$와 $\triangle BEC$는 이등변삼각형이고 $AE=BE=CE$이다.

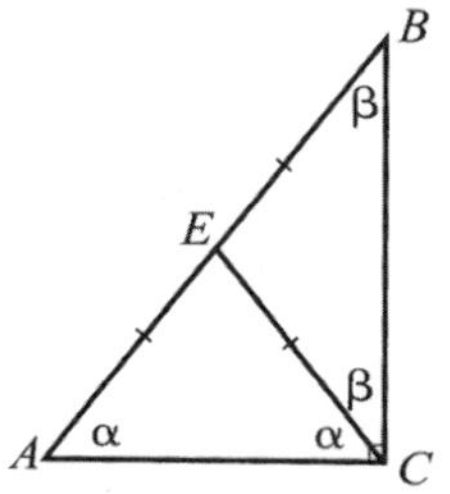

5.4 삼각형의 넓이

삼각형의 넓이를 구하는 방법은 몇 가지가 있다. 어떤 문제는 삼각형의 넓이를 나타내는 서로 다른 공식을 적용하고 그 값이 같음을 이용하여 답을 구하기도 한다. 삼각형의 넓이를 구하는 가장 일반적인 방법은 밑변과 높이를 이용하는 것이다.

성질 1 $\triangle ABC$의 밑변의 길이가 b이고 높이가 h이면 삼각형의 넓이는 다음과 같다.

$$\triangle ABC\text{의 넓이}=\frac{1}{2}bh$$

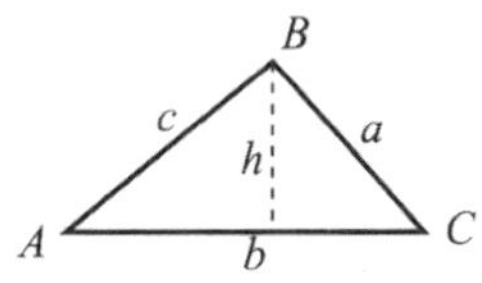

삼각형의 어느 변을 밑변으로 해도 된다. 이때 높이는 밑면에서부터 마주 보는 꼭짓점까지 수직으로 연결한 선분의 길이이다. 따라서 아래의 그림으로부터 다음 식을 얻을 수 있다.

$$\triangle ABC\text{의 넓이} = \frac{1}{2}ah_a = \frac{1}{2}bh_b = \frac{1}{2}ch_c$$

이 식으로부터 $ah_a = bh_b = ch_c$임을 알 수 있다.

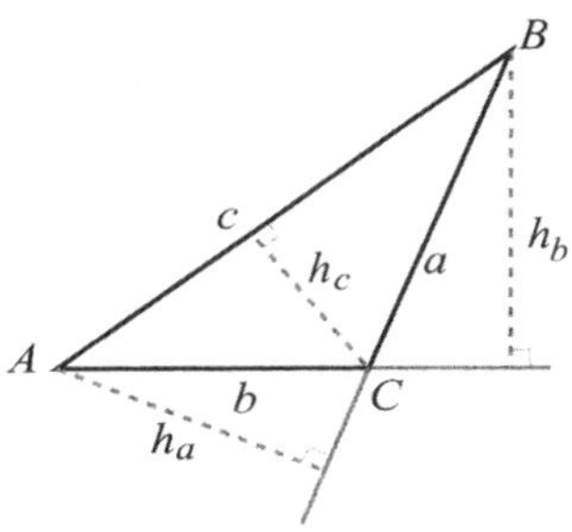

$45-45-90°$, $60-60-60°$, $30-60-90°$ 삼각형은 자주 나오므로, 다음 그림에서 주어진 이들 삼각형의 넓이는 기억해 두는 것이 좋다.

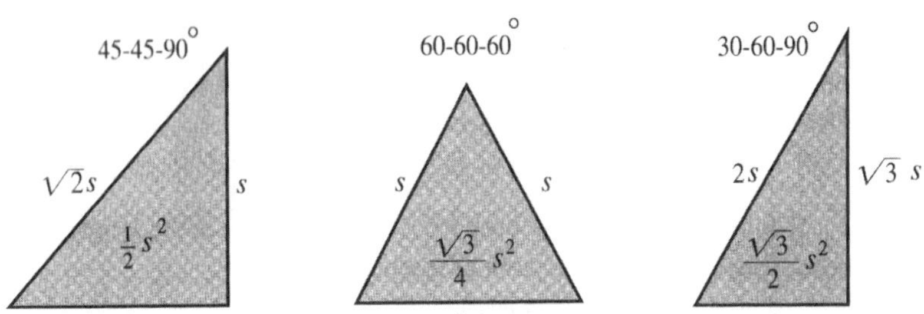

다음 공식은 변의 길이만을 이용해 삼각형의 넓이를 구할 수 있게 해 준다.

성질 2 헤론의 공식(Heron's formula) : $\triangle ABC$의 둘레 길이의 절반을 반 둘레(semi-perimeter)라 하고 s라 나타낸다. 즉,

$$s=\frac{1}{2}(a+b+c)$$

이다. 반 둘레와 세 변의 길이를 이용하여 삼각형의 넓이를 나타내면 다음과 같다.

$$\triangle ABC\text{의 넓이}=\sqrt{s(s-a)(s-b)(s-c)}$$

성질 3 꼭짓점의 좌표가 $A(x_1,\ y_1)$, $B(x_2,\ y_2)$, $C(x_3,\ y_3)$인 삼각형의 넓이를 구하는 쉬운 방법이 있다. 행렬식에 대하여 알고 있으면 쉽게 기억할 수 있다.

$$\begin{aligned}\triangle ABC\text{의 넓이}&=\frac{1}{2}|x_1(y_2-y_3)+x_2(y_3-y_1)+x_3(y_1-y_2)|\\&=\frac{1}{2}\left|\det\begin{pmatrix}x_1 & y_1 & 1\\ x_2 & y_2 & 1\\ x_3 & y_3 & 1\end{pmatrix}\right|\end{aligned}$$

넓이에 관한 마지막 성질은 닮은 삼각형의 넓이의 비에 관한 것이다. 닮은 두 삼각형의 높이의 비는 변의 비와 같으므로 닮은 두 삼각형의 넓이의 비는 변의 비(또는 높이의 비)의 제곱과 같다.

성질 4 $\triangle ABC$와 $\triangle DEF$가 닮은 삼각형이면 다음이 성립한다.

$$\frac{\triangle ABC\text{의 넓이}}{\triangle DEF\text{의 넓이}}=\left(\frac{a}{d}\right)^2=\left(\frac{b}{e}\right)^2=\left(\frac{c}{f}\right)^2=\left(\frac{a'}{d'}\right)^2=\left(\frac{b'}{e'}\right)^2=\left(\frac{c'}{f'}\right)^2$$

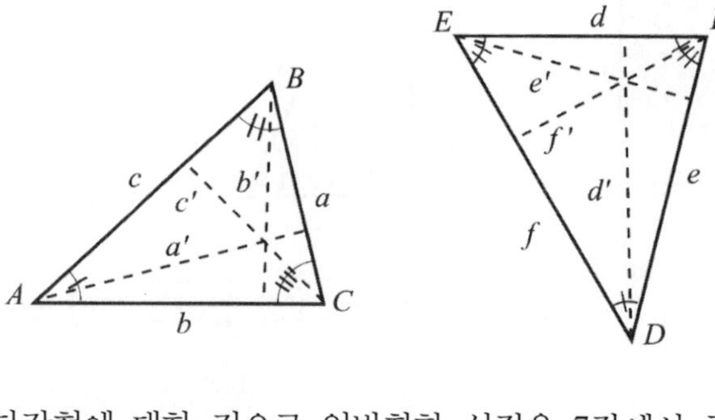

이 성질을 다각형에 대한 것으로 일반화한 성질은 7장에서 공부한다.

5.5 삼각형의 기하학적 성질

다음 성질들은 삼각형 관련 기하 문제를 푸는 데 자주 이용된다.

성질 1 외각정리(exterior angle theorem) : $\triangle ABC$에서 $\overline{AC}$의 연장선 위의 점을 D라 하면 $\angle DCB = \angle ABC + \angle CAB$이다.

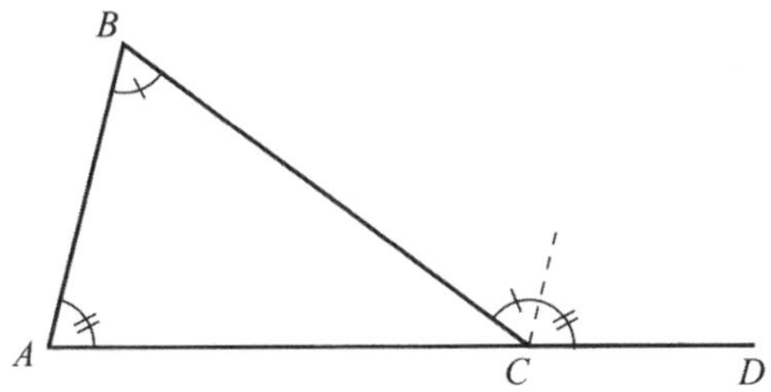

성질 2 삼각형의 평행선 정리(side-splitter theorem) : $\triangle ABC$에서 $\overline{AB}$ 위에 D가 있고 $\overline{BC}$ 위에 E가 있다. 그러면 DE가 AC와 평행할 필요충분조건은 다음과 같다.

$$\frac{BE}{BD} = \frac{BA}{BC}$$

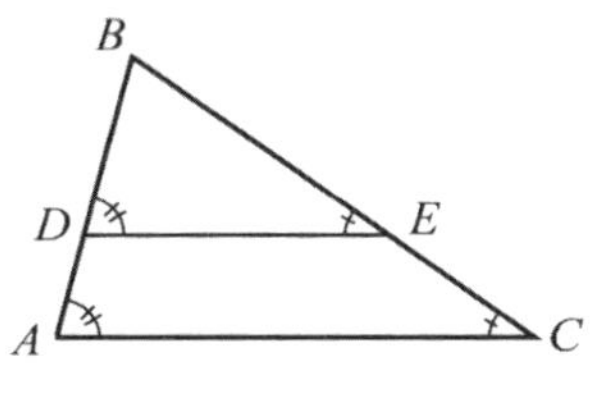

성질 3 각이등분 정리(angle-bisector theorem) : $\triangle ABC$에서 $\overline{AC}$ 위에 D가 있을 때 BD가 $\angle ABC$를 이등분할 필요충분조건은 다음과 같다.

$$\frac{AB}{CD} = \frac{AB}{BC}$$

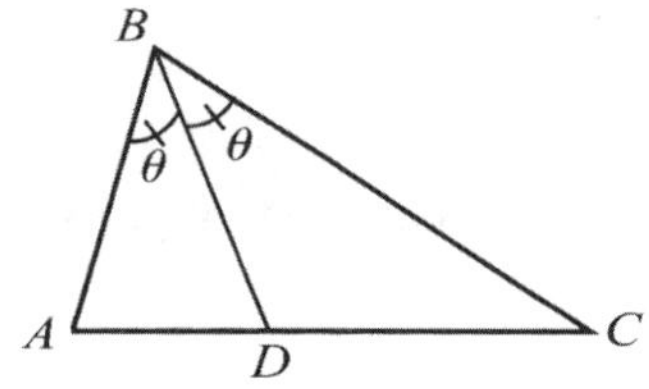

다음 성질은 고등학교 기하 시간에는 거의 다루지 않지만 AMC 문제에서는 가끔 이용되기도 한다. 이 장에서도 몇 번 이용될 것이고 6장의 원이나 7장의 다각형 문제에서도 이용될 것이다.

성질 4 체바의 정리(Ceva's theorem) : $\triangle ABC$에서 $\overline{BC}$ 위에 점 D, $\overline{AB}$ 위에 점 E, $\overline{AC}$ 위에 점 F를 잡자. 직선 AD, CE, BF가 한 점에서 만날 필요충분조건은 다음과 같다.

$$AF \cdot CD \cdot BE = FC \cdot DB \cdot EA$$

셋 또는 그 이상의 직선이 한 점에서 만날 때 **공점을 갖는다**(concurrent)고 한다.

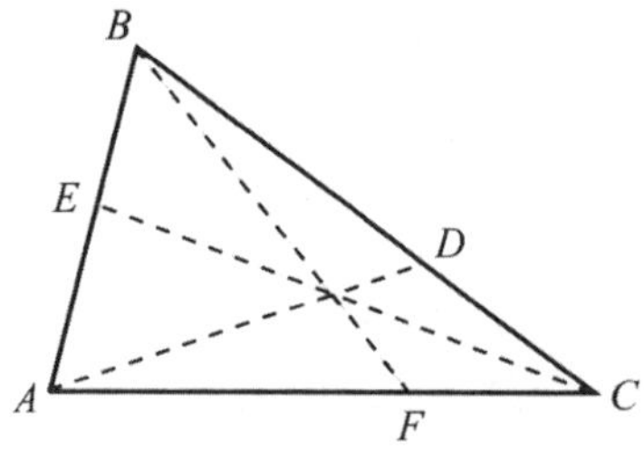

다음 중 어느 하나가 성립하면 AD, CE, BF가 한 점에서 만난다는 것을 체바의 정리를 이용하여 증명할 수 있다.

- AD, CE, BF가 $\triangle ABC$의 중선이다.
- AD, CE, BF가 $\triangle ABC$의 세 각의 이등분선이다.
- AD, CE, BF가 $\triangle ABC$의 높이이다.

또한 체바의 정리에 의하면 다음이 성립한다.

• $\triangle ABC$의 세 변의 수직이등분선은 한 점에서 만난다.

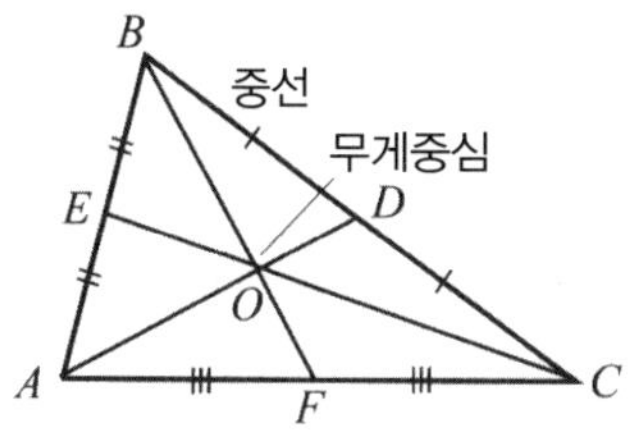

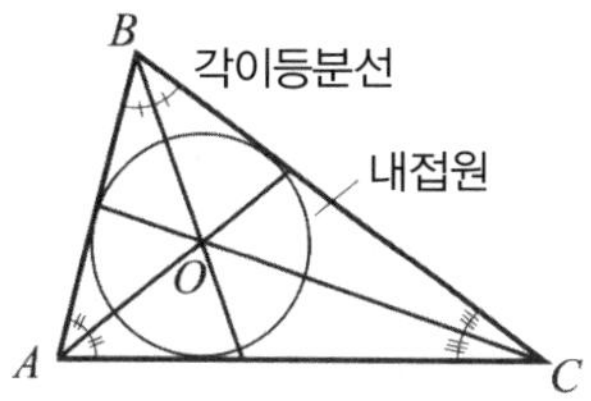

$AO=2OD,\ \ BO=2OF,\ \ CO=2OE$

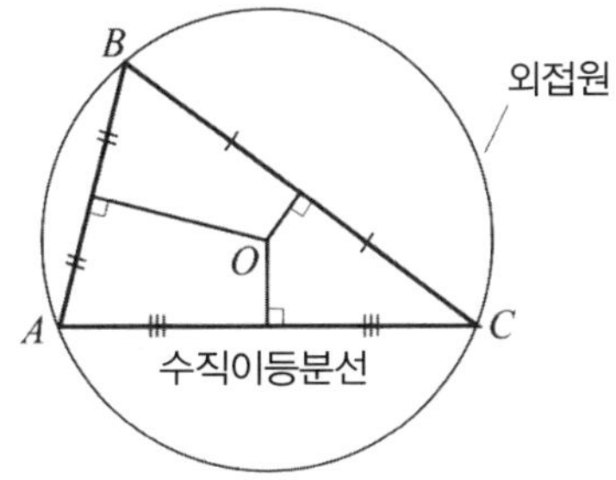

성질 5 위의 그림에서 알 수 있는 $\triangle ABC$ 의 공점에 관한 중요한 성질로는 다음과 같은 것들이 있다.

• $\triangle ABC$ 의 세 중선은 **무게중심**(centroid) 또는 질량중심에서 만나고, 중심은 각 중선을 2 : 1로 나눈다. 따라서 위의 왼쪽 그림에서

$$AO=2OD=\frac{2}{3}AD,\quad BO=2OF=\frac{2}{3}BF$$

이고

$$CO=2OE=\frac{2}{3}CE$$

이다.

• $\triangle ABC$ 의 세 각의 이등분선은 **내접원**(inscribed circle)의 중심에서 만나고, $\triangle ABC$ 의 세 변에 모두 접하는 원은 내접원뿐이다.

• $\triangle ABC$ 의 세 변의 수직이등분선은 **외접원**(circumscribed circle)의 중심에서 만나고, $\triangle ABC$ 의 세 꼭짓점을 모두 지나는 원은 외접원뿐이다.

● 제05장 예제

첫 번째 예제는 2000년 AMC 10의 7번 문제이다.

예제 1 직사각형 $ABCD$에서 $AD=1$이고, P는 $\overline{AB}$ 위의 점이며, $\overline{DB}$와 $\overline{DP}$는 $\angle ADC$를 삼등분한다. 이때 $\triangle BDP$의 둘레의 길이는?

(A) $3+\frac{\sqrt{3}}{3}$ (B) $2+\frac{4\sqrt{3}}{3}$ (C) $2+2\sqrt{2}$

(D) $\frac{3+3\sqrt{5}}{2}$ (E) $2+\frac{5\sqrt{3}}{3}$

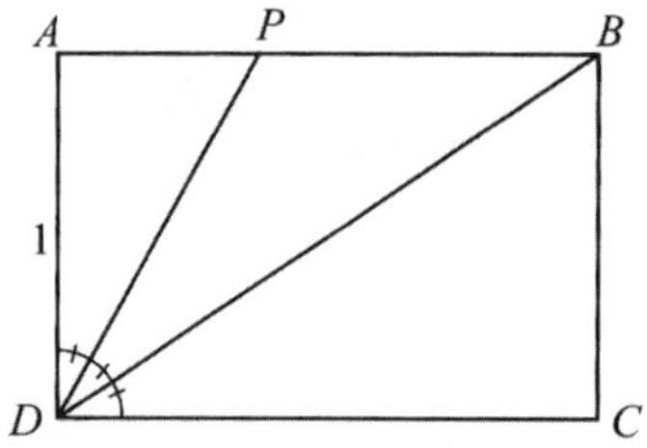

정답 (B) $\overline{BD}$와 $\overline{DP}$가 $\angle ADC$를 삼등분하므로

$$\angle CDB = \angle BDP = \angle PDA = 30°$$

이고, 따라서 $\triangle DAP$와 $\triangle DAB$는 $30-60-90°$ 삼각형이다. 그런데 $AD=1$이므로

$$AP=\frac{\sqrt{3}}{3},\quad DP=\frac{2\sqrt{3}}{3},\quad AB=\sqrt{3},\quad DB=2$$

이고 $DC=AB=\sqrt{3}$이다. 따라서

$$\begin{aligned} BD+DP+PB &= BD+DP+(AB-AP) \\ &= \frac{2\sqrt{3}}{3}+2+\left(\sqrt{3}-\frac{\sqrt{3}}{3}\right) \end{aligned}$$

이므로 $\triangle BDP$의 둘레의 길이는 $2+\frac{4\sqrt{3}}{3}$이다. ■

두 번째 예제는 2003년 AMC 10B의 20번 문제와 AMC 12B의 14번 문제이다.

예제 2 직사각형 $ABCD$에서 $AB=5$, $BC=3$이라 하자. 점 F와 G는 $\overline{CD}$ 위에 있고 $DF=1$, $GC=2$이며, 직선 AF와 BG는 점 E에서 만날 때 $\triangle AEB$의 넓이는?

(A) 10 (B) $\frac{21}{2}$ (C) 12 (D) $\frac{25}{2}$ (D) 15

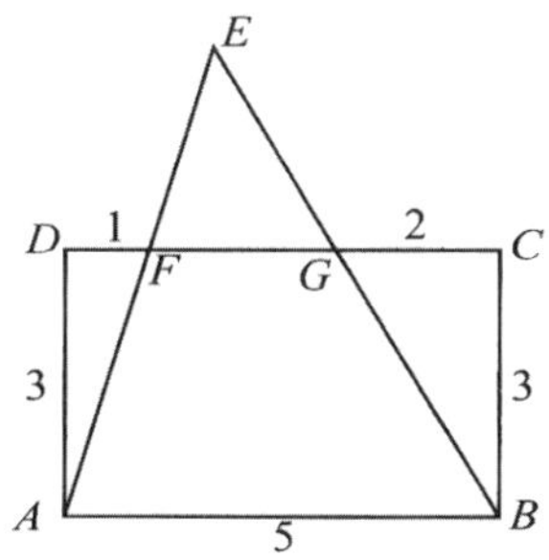

정답 (D) H는 직선 AB 위의 점이고 $EH\perp AB$라 하자. 또 EH와 DC의 교점을 I라 하자.

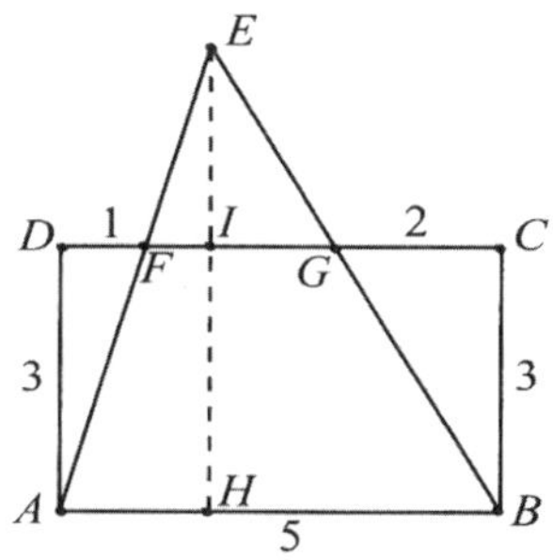

$DC=AB=5$이므로 $FG=5-DF-GC=2$이고, 삼각형의 평행선 정리에 의하여

$$\frac{2}{5}=\frac{FG}{AB}=\frac{EI}{EH}=\frac{EI}{EI+IH}=\frac{EI}{EI+3}$$

이다. 이 등식의 제일 왼쪽과 제일 오른쪽 식에서

$$2EI+6=5EI$$

이므로 $EI=2$이다. 따라서 $EH=EI+IH=2+3=5$이므로 $\triangle AEB$의 넓이는 다음과 같다.

$$\frac{1}{2}AB \cdot EH=\frac{5 \cdot 5}{2}=\frac{25}{2}$$ ■

마지막 문제는 1997년 AHSME의 15번 문제이다.

예제 3 $\triangle ABC$의 중선 BD와 CE가 수직이고 $BD=8$, $CE=12$라 할 때, $\triangle ABC$의 넓이는?

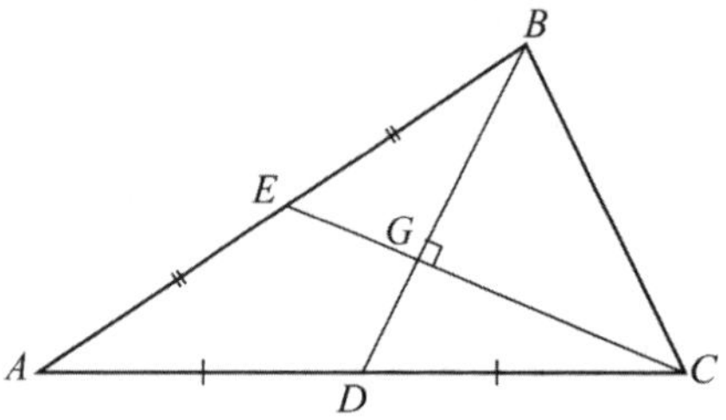

(A) 24 (B) 32 (C) 48 (D) 64 (E) 96

정답 (D) 이 문제는 삼각형의 중선의 교점에 관한 내용인 5.5절의 성질 5를 알아야 한다. 이 성질을 이용하지 않으면 풀기 어렵다. 직선 BD와 CE의 교점을 G라 하자. BD와 CE는 중선이므로

$$BG=\frac{2}{3}BD=\frac{16}{3},\quad GD=\frac{1}{3}BD=\frac{8}{3},\quad CG=\frac{2}{3}CE=8$$

이고 $GE=\frac{1}{3}CE=4$이다.

$\triangle ABC$의 밑변 AC의 길이는 $\triangle DBC$의 밑변 DC의 길이의 두 배이고, 두 삼각형의 높이의 길이는 같다. 따라서 $\triangle ABC$의 넓이는 $\triangle DBC$의 넓이의 두 배이다. $\angle CGB$는 직각이므로 CG는 $\triangle DBC$의 높이이고 따라서 $\triangle ABC$의 넓이는 다음과 같다.

$$\triangle ABC\text{의 넓이}=2\triangle DBC\text{의 넓이}=2\left(\frac{1}{2}\cdot BD\cdot CG\right)=8\cdot 8=64$$ ■

제05장 연습문제

1. 그림에서 $\triangle ABC$는 C가 직각인 직각삼각형이고 $\angle A = 20°$이며 BD는 $\angle ABC$의 이등분선일 때 $\angle BDC$는?

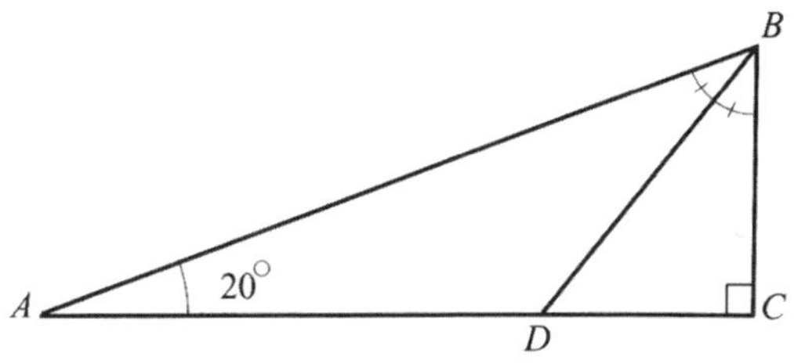

(A) 40° (B) 45° (C) 50° (D) 55° (E) 60°

2. 화살표 모양의 도형에서 꼭짓점 A, C, D, E, F에서는 직각이고 $BC = FG = 5$, $CD = FE = 20$, $DE = 10$, $AB = AG$이다. 다음 중 이 다각형의 넓이에 가장 가까운 것은?

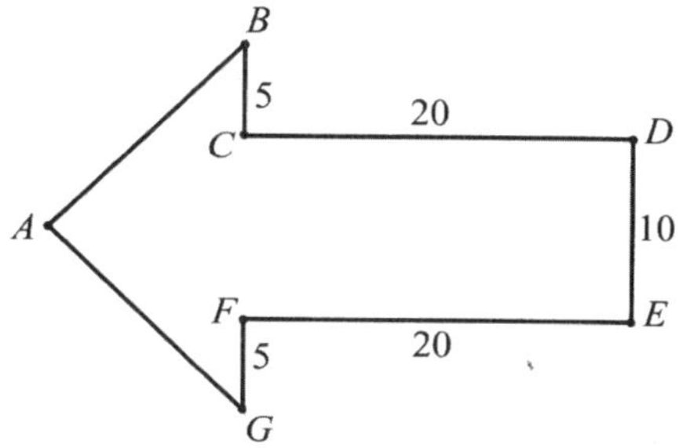

(A) 288 (B) 291 (C) 294 (D) 297 (E) 300

3. 삼각형의 세 변의 길이가 각각 15, 20, 25일 때, 가장 짧은 높이의 길이는?

(A) 6 (B) 12 (C) 12.5 (D) 13 (E) 15

4. 한 변의 길이가 $2\sqrt{3}$ 인 정삼각형 다섯 개가 그림과 같이 한 변을 같은 직선 위에 두고 있다. 이 삼각형들의 밑변의 중점이 다른 삼각형의 꼭짓점일 때, 그림의 영역의 넓이는?

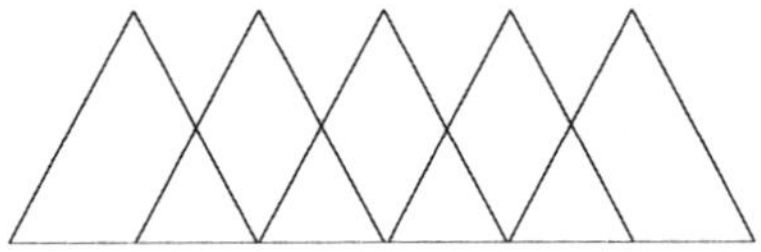

(A) 10 (B) 12 (C) 15 (D) $10\sqrt{3}$ (E) $12\sqrt{3}$

5. $\triangle ABC$에서 $AB=5$, $BC=7$, $AC=9$이다. D는 $\overline{AC}$ 위의 점이고 $BD=5$일 때 $\dfrac{AD}{DC}$는?

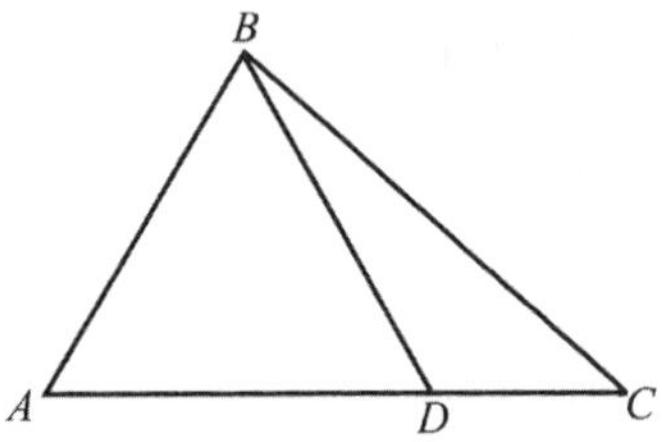

(A) $\dfrac{4}{3}$ (B) $\dfrac{7}{5}$ (C) $\dfrac{11}{6}$ (D) $\dfrac{13}{5}$ (E) $\dfrac{19}{8}$

6. 정삼각형 DEF가 정삼각형 ABC에 내접하고 있고 $DE \perp BC$라 하자. $\triangle DEF$의 넓이와 $\triangle ABC$의 넓이의 비는?

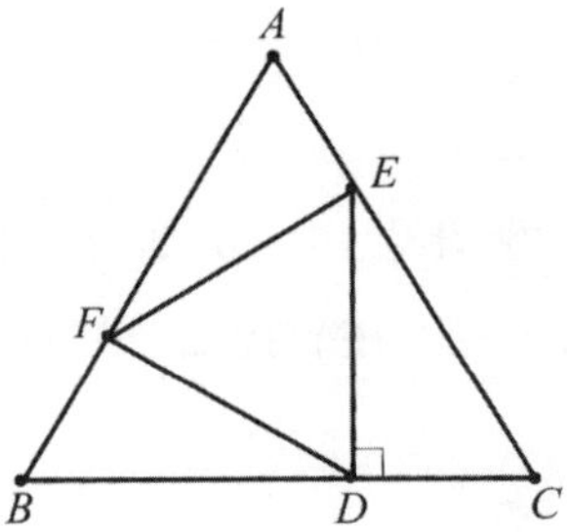

(A) $\dfrac{1}{6}$ (B) $\dfrac{1}{4}$ (C) $\dfrac{1}{3}$ (D) $\dfrac{2}{5}$ (E) $\dfrac{1}{2}$

7. $\overline{AB}$가 빗변인 직각삼각형에서 $AC=15$이다. 그림과 같이 $\overline{CD}$는 수선이고 $DB=16$일 때, $\triangle ABC$의 넓이는?

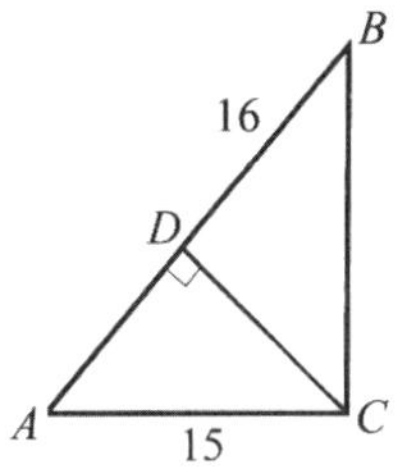

(A) 120 (B) 144 (C) 150 (D) 216 (E) $144\sqrt{5}$

8. 직사각형 $ABCD$에서 $AB=8$, $BC=9$, H는 $\overline{BC}$ 위에서 $BH=6$ 되는 점, E는 $\overline{AD}$ 위에서 $DE=4$ 되는 점이며, 직선 EC와 직선 AH는 G에서 만나고 F는 직선 AD 위에서 $GF\perp AF$ 되는 점이다. 이때 GF의 길이는?

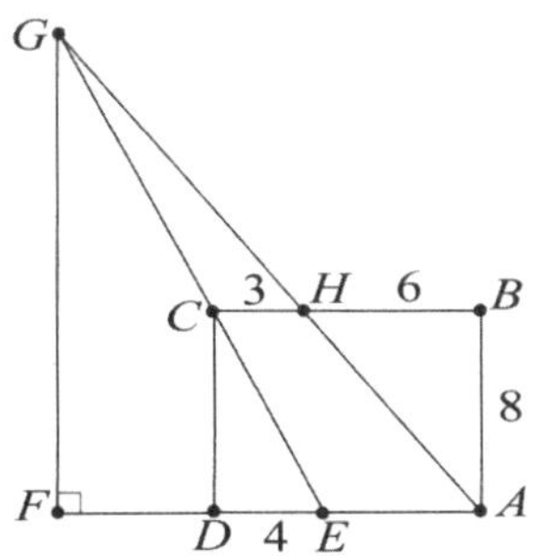

(A) 16 (B) 20 (C) 24 (D) 28 (E) 30

9. $\triangle ABC$는 C가 직각인 직각삼각형이다. M과 N은 각각 AC와 BC의 중점이고 $AN=19$, $BM=22$라 할 때 AB는?

(A) 24 (B) 26 (C) 28 (D) 30 (E) 32

10. $\triangle ABC$에서 $AB=3$, $AC=6$이고 D는 BC 위의 점으로 $\angle CAD=\angle DAB=60°$를 만족할 때, AD의 길이는?

(A) 2 (B) 2.5 (C) 3 (D) 3.5 (E) 4

제 06 장 원

6.1 서론

이 장에서는 평면 기하에 관하여 계속 다룬다. 원을 이용하는 문제는 여러 유형이 있는데 어떤 문제는 원과 삼각형을 동시에 이용하기도 한다. 원과 관련된 많은 문제들은 원의 방정식을 이용하면 쉽게 풀리기도 하지만 이 방법에 관해서는 나중에 공부하기로 하자. 여기서는 평면 기하에 관한 문제만 다루기로 하자.

원과 관련된 정의와 성질이 많이 있는데, 기호와 함께 완전하게 이해하고 있어야 한다.

6.2 정의

원과 관련된 문제를 푸는 데 필요한 기본적인 정의와 용어에 대하여 알아보자. 가장 기본적이고 자주 이용되는 것은 원의 넓이와 둘레에 대한 것이다.

정의 1 ▌ 원

- **원**(circle)이란 한 점으로부터 일정한 거리에 있는 점들의 모임이다.
- 그 한 점이 원의 **중심**(center)이다.
- 중심으로부터 그 일정한 거리를 갖는 선분을 **반지름**(radius)이라 한다.

반지름은 중심으로부터 원 위의 점까지의 거리를 나타내기도 한다. 반지름에 대한 두 의미가 혼동되기도 하지만 곧 이해될 것이다.

정의 2 ▌ 직선과 원

- 원과 오직 한 점에서만 만나는 직선을 원의 **접선**(tangent line)이라 한다.
- 원과 두 점에서 만나는 직선을 **할선**(secant line)이라 한다. 할선에서 원 위의 두 점을 연결하는 선분을 **현**(chord)이라 한다.
- 원의 중심을 지나는 현을 **지름**(diameter)이라 한다.

지름의 길이를 간단히 지름이라 하기도 하는데, 지름은 반지름 길이의 두 배이다. 원에서의 기하와 삼각형에서의 기하를 연결하는 가장 기본적인 방법은 꼭짓점이 원의 중심인 각을 이용하는 것이다.

정의 3 ▌ 꼭짓점이 원의 중심인 각을 **중심각**(central angle)이라 한다. 중심각은 원을 두 부분으로 나눈다. 이때 큰 부분과 작은 부분을 각각 **큰 호**, **작은 호**라 한다. 원 위의 두 점 A와 B를 연결하는 두 호 중에서 작은 것을 $\overset{\frown}{AB}$라 나타낸다. 이 기호는 호의 크기를 나타내기도 하는데 호의 크기는 중심각의 크기와 같다.

원에서 현이 주어지면 중심각이 생기고 반대로 중심각이 주어지면 현이 생기기 때문에 현에 의하여 나누어진 원의 두 부분을 각각 큰 호, 작은 호라 하기도 한다. 지름은 원을 같은 크기의 두 부분으로 나누는데 이것을 **반원**(semicircle)이라 한다.

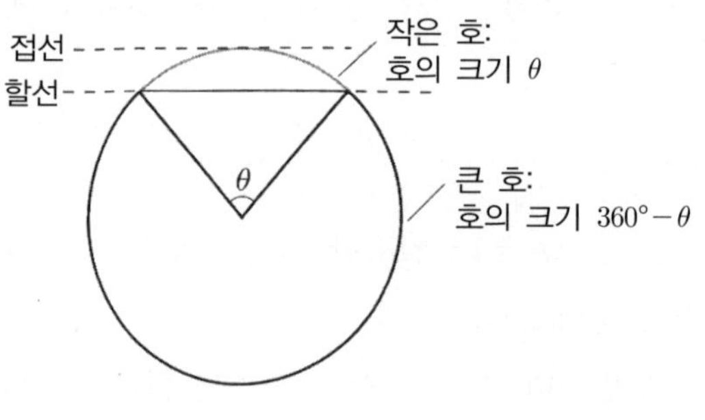

원과 관련된 또 다른 각도 있는데 가장 자주 쓰이는 것은 원주각이다.

정의 4 꼭짓점이 원 위에 있고 두 변이 각각 원과 만날 때의 각을 **원주각**(inscribed angle)이라 한다.

정의 5 원의 두 할선이 만나서 생기는 각을 **시컨트 각**(secant angle)이라 한다.

중심각과 원주각은 시컨트 각이다. 또 두 할선이 원의 내부에서 만나서 생기는 각이나 원의 외부에서 만나서 생기는 각이나 모두 시컨트 각이다. 다음 그림에서의 모든 각이 시컨트 각이다.

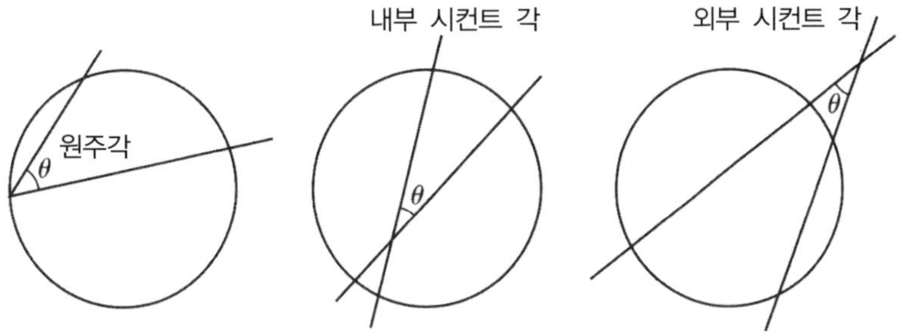

6.3 원의 기본 성질

중요한 수인 π는 원의 넓이뿐만 아니라 둘레와 관련이 있다. 이 수는 무리수이고 대수적인 수(계수가 정수인 다항식의 근)가 아니다. 근삿값은

$$\pi \approx 3.14159265 \cdots$$

이다.

성질 1 반지름이 r인 원의 넓이는 πr^2이다.

성질 2 반지름이 r인 원의 둘레는 $2\pi r$이다.

성질 1과 2에 의하면 원의 넓이와 둘레의 비는 $r/2$이다. 주어진 원의 중심이 어디인지 찾아야 할 경우가 있다. 다음 두 성질을 이용하면 중심을 찾을 수 있다.

성질 3 할선이 원의 중심을 지날 필요충분조건은 이 직선이 원과의 각 교점에서 원의 접선과 수직인 것이다.

성질 4 현과 수직인 할선이 원의 중심을 지날 필요충분조건은 그 할선이 현을 이등분하는 것이다.

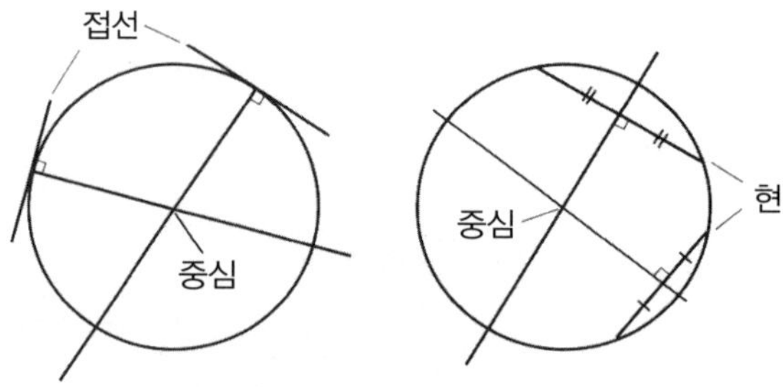

성질 5 점 P는 중심이 O인 원의 외부에 있는 점이라 하자.

- P를 지나고 원에 접하는 직선은 반드시 두 개 있다.
- P에서 원의 접점까지의 선분의 길이는 같다.
- 직선 OP는 P와 원의 접점까지의 선분이 이루는 각을 이등분한다.

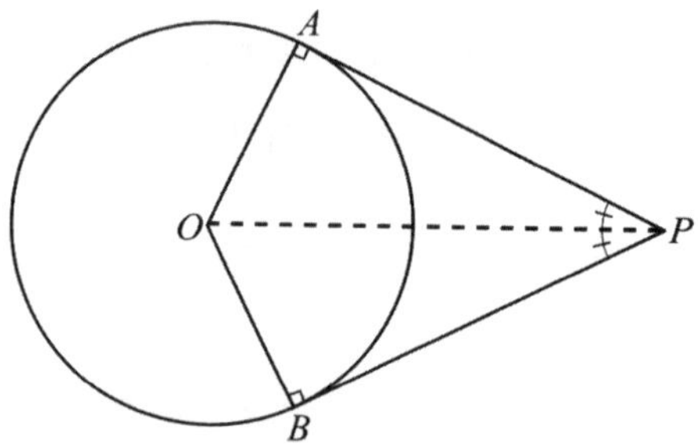

6.4 중심각과 관련된 성질

중심각과 접선과 할선 사이의 관계로부터 얻을 수 있는 많은 성질들이 원과 관련된 문제를 푸는 데 필요하다. 먼저 접선과 관련된 성질을 보자.

성질 1 접선–현 정리(tangent-chord theorem) : 원에서 지름이 아닌 현에 의하여 결정된 중심각은 원과 현의 한쪽 끝에서의 접선 사이의 각의 두 배이다. 즉, 다음 그림에서 $\theta = 2\alpha$ 이다.

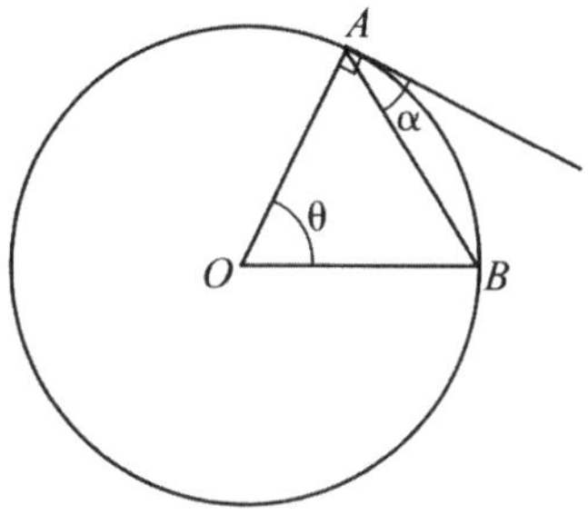

왜 이 성질이 참인지 알아보자. 조만간 여러 가지 할선과 관련된 비슷한 성질을 공부하게 된다. 다음 그림과 같이 중심각을 θ라 하고 현과 접선이 이루는 각을 α라 하자. 반지름 OA와 OB의 길이는 같으므로 $\triangle AOB$는 이등변삼각형이다. 밑각을 β라 하면, 접선은 OA와 수직이므로

$$\theta + 2\beta = 180^\circ, \quad \beta + \alpha = 90^\circ$$

이고 따라서 $\theta = 2\alpha$ 이다.

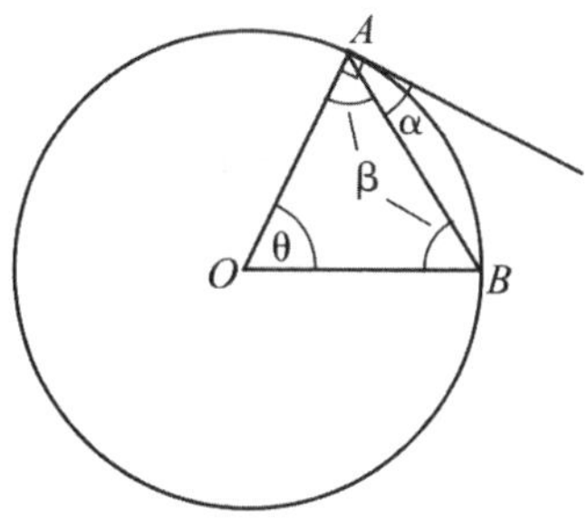

이 절에서 가장 중요한 성질은 원에서 같은 호를 갖는 중심각과 원주각의 관계이다. 이 성질을 이용하여 여러 중요한 성질들을 얻을 수 있다.

성질 2 중심각 정리(central angle theorem) : 원주각의 크기는 같은 호를 갖는 원주각의 크기의 절반이다.

중심각 정리는 여러 가지 성질을 얻는 데 꼭 필요한 성질이므로 어떻게 증명하

는지 알아보자. 다음과 같이 두 가지 경우를 생각할 수 있다.

- 경우 Ⅰ : 원주각의 양변이 중심각의 양변과 만나지 않는 경우
- 경우 Ⅱ : 원주각의 변이 중심각의 변과 만나는 경우

경우 Ⅰ

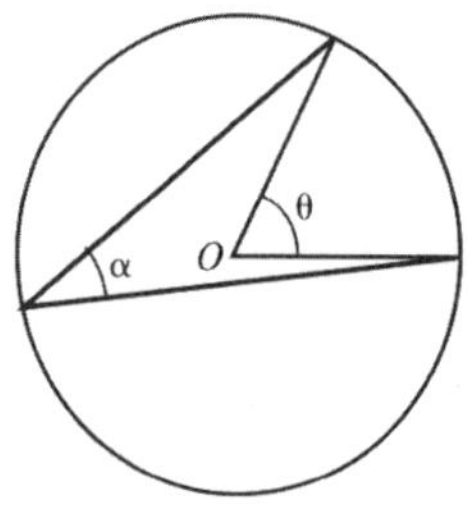

경우 Ⅱ

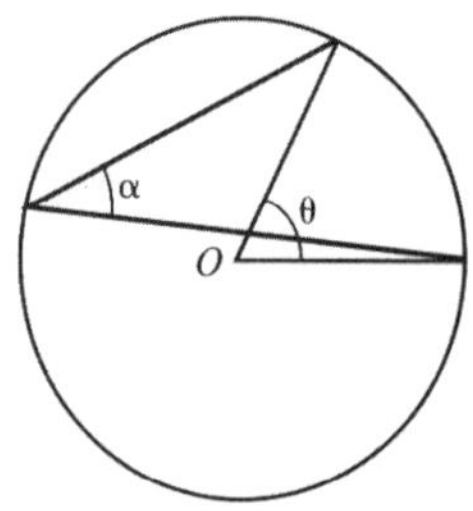

경우 Ⅰ 일 때는 직선 OP를 그리고 이등변삼각형 $\triangle POA$와 $\triangle POB$를 생각하자. $\angle B$의 크기가 γ라면 $\angle A$의 크기는 $\alpha-\gamma$이다. 또한 $\triangle POA$와 $\triangle POB$의 외각의 합이 θ이므로 두 삼각형에 외각 정리를 적용하면

$$\theta = 2(\alpha-\gamma)+2\gamma = 2\alpha$$

이다.

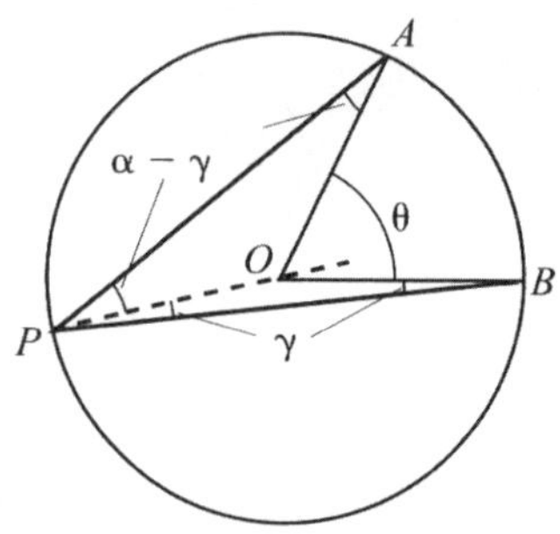

경우 Ⅱ 일 때도 직선 OP를 그리고 다음 그림과 같이 중심각의 변과 원주각의 변이 만나는 점을 C라 하자. $\triangle PCA$와 $\triangle OCB$의 점 C에서의 각이 같기 때문에 이 두 삼각형에서 다른 두 각의 합들도 같아야 한다. 따라서

$$\alpha+(\alpha+\gamma) = \theta+\gamma$$

이고 $\theta = 2\alpha$이다.

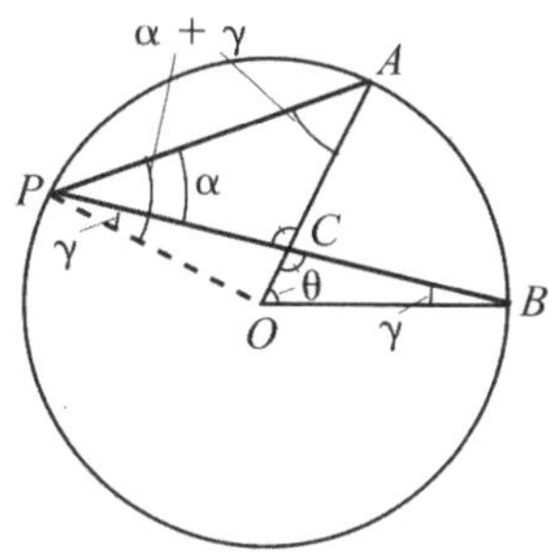

중심각 정리는 문제를 풀 때 자주 이용되기도 하지만, 다른 성질을 증명할 때도 이용된다. 이러한 성질 중에서 가장 중요한 것은 다음에 나와 있는 직각 원주각에 관한 것이다.

성질 3 원주각이 직각일 필요충분조건은 이 각에 대한 중심각이 180°인 것이다.

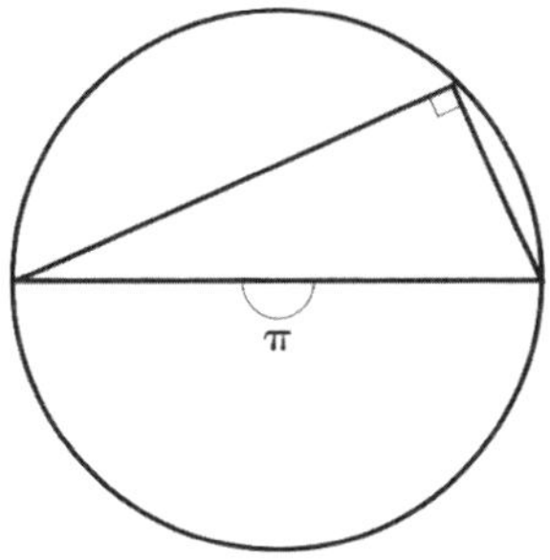

성질 4 내부할선 정리(internal secant theorem) : 두 개의 할선이 그림과 같이 원 내부의 점 P에서 만난다고 하자. 그러면 $AP \cdot PB = CP \cdot PD$이다.

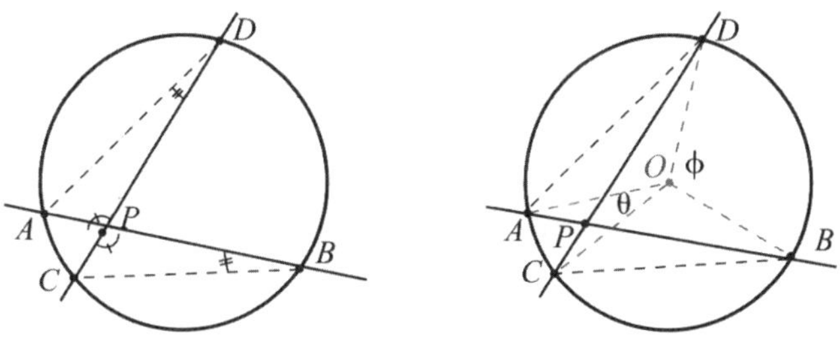

또 이 할선들에 의해 만들어진 두 호의 중심각의 합은 두 할선의 교각의 두 배와 같다. 즉,

$$\angle APC = \angle BPD = \frac{1}{2}(\phi + \theta) = \frac{1}{2}(\widehat{BD} + \widehat{AC})$$

이다.

내부할선 정리에서 길이에 관한 성질은 $\angle DAB = \angle DCB$임을 이용하면 증명할 수 있는데, 이 두 각은 모두 호 $\widehat{BD}$에 대한 원주각이기 때문에 같다. $\angle DPA = \angle BPC$이므로 $\triangle APD$와 $\triangle CPB$는 닮은 삼각형이다. AP와 CP의 비와 PB와 PD의 비를 같게 놓으면 $AP \cdot PB = CP \cdot PD$이다.

각에 관한 성질은 $\angle BPD$가 $\angle APD$의 외각이라는 사실을 이용하면 증명할 수 있다. $\angle APC = \angle BPD$이므로

$$\angle APC = \angle PAD + \angle ADP = \angle BAD + \angle ADC$$

이다. 그런데 $\angle BAD$와 $\angle ADC$는 각각 중심각 ϕ와 θ에 대응되는 원주각이므로

$$\angle APC = \angle BAD + \angle ADC = \frac{1}{2}\phi + \frac{1}{2}\theta = \frac{1}{2}(\phi + \theta)$$

이다.

성질 5 외부할선 정리(external secant theorem) : 두 개의 할선이 그림과 같이 원 외부의 점 P에서 만난다고 하자. 그러면 $PA \cdot PB = PC \cdot PD$이다. 또 이 할선들에 의해 만들어진 두 호의 중심각의 차의 절댓값은 두 할선의 교각의 두 배와 같다. 즉, 다음과 같다.

$$\angle DPB = \frac{1}{2}(\phi - \theta) = \frac{1}{2}(\widehat{BD} - \widehat{AC})$$

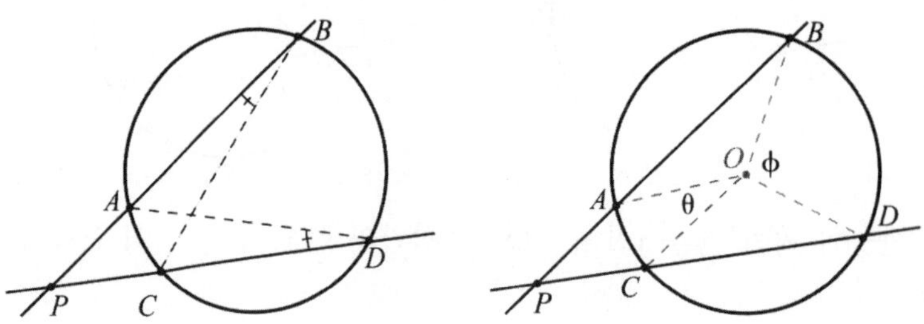

외부할선 정리에서 길이에 관한 성질은 $\angle DAB = \angle DCB$ 임을 이용하면 증명할 수 있는데, 이 두 각은 모두 호 $\overset{\frown}{BD}$ 에 대한 원주각이기 때문에 같다. $\angle DPB$는 $\triangle APC$와 $\triangle BPD$에서 공통이므로 이 두 삼각형은 닮은 삼각형이다. PA와 PC의 비와 PB와 PD의 비를 같게 놓으면 $PA \cdot PB = PC \cdot PD$이다.

각에 관한 성질은 $\angle DCB$가 $\triangle PCB$의 외각이기 때문에

$$\angle DCB = \angle PBC + \angle CPB = \angle ABC + \angle DPB$$

이고 $\angle DPB = \angle DCB - \angle ABC$이다. $\angle DCB$와 $\angle ABC$는 각각 중심각 ϕ와 θ에 대응되는 원주각이므로

$$\angle DPB = \angle DCB - \angle ABC = \frac{1}{2}\phi - \frac{1}{2}\theta = \frac{1}{2}(\phi - \theta)$$

이다.

성질 6 $\angle APB$는 현 $\overline{AB}$ 에 대한 원주각이고, 점 A에서 원의 접선과 $\overline{PB}$ 의 연장선과의 교점을 C라 하자. 그러면 $\triangle ABC$와 $\triangle PAC$는 닮은 삼각형이고 $AC^2 = BC \cdot PC$이다.

이 성질은 중심각 정리와 접선과 현이 이루는 각에 대한 성질로부터 얻을 수 있다. 이 결과들에 따르면 다음 그림에서 $\angle CAB = \angle BPA = \frac{1}{2}\angle BOA$이다.

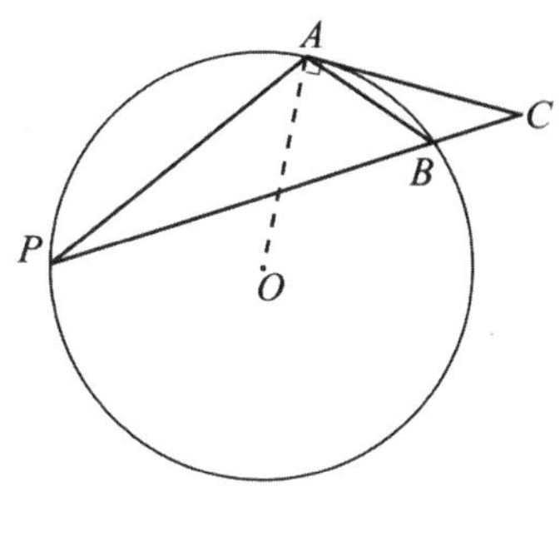

● 제06장 예제

첫 번째 예제는 1998년 AHSME의 16번 문제이다.

예제 1 다음 그림은 지름이 각각 a와 b이고 중심이 한 직선 위에 있는 원과 반원을 그린 것이다. 색칠한 부분과 색칠하지 않은 부분의 넓이의 비는?

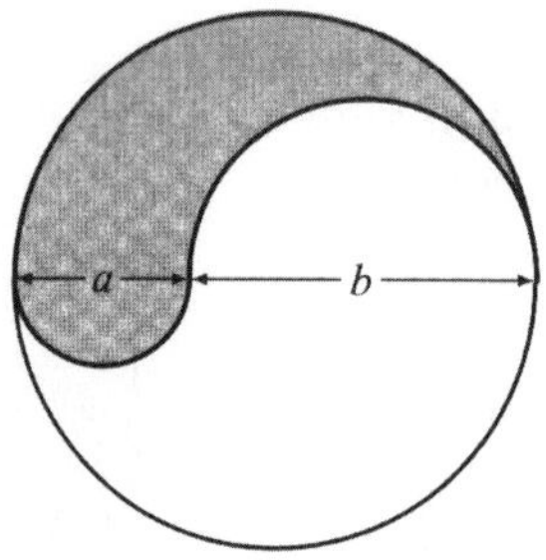

(A) $\sqrt{\dfrac{a}{b}}$　　(B) $\dfrac{a}{b}$　　(C) $\dfrac{a^2}{b^2}$

(D) $\dfrac{a+b}{2b}$　　(E) $\dfrac{a^2+2ab}{b^2+2ab}$

정답 (B) 색칠한 부분은 지름이 $a+b$인 반원과 지름이 a인 반원의 합에서 지름이 b인 반원을 뺀 것이다. 따라서

$$\begin{aligned}\text{색칠한 부분의 넓이} &= \frac{1}{2}\left(\pi\left(\frac{a+b}{2}\right)^2+\pi\left(\frac{a}{2}\right)^2-\pi\left(\frac{b}{2}\right)^2\right)\\ &= \frac{\pi}{8}(a^2+2ab+b^2+a^2-b^2)=\frac{a}{4}(a+b)\pi\end{aligned}$$

이고, 대칭에 의하여 (a와 b의 역할이 바뀌었으므로) 색칠하지 않은 부분의 넓이는 $b(a+b)\pi/4$이다. 따라서 비는 다음과 같다.

$$\frac{\text{색칠한 부분의 넓이}}{\text{색칠하지 않은 부분의 넓이}}=\frac{a(a+b)\pi/4}{b(a+b)\pi/4}=\frac{a}{b}$$ ■

예제 2 예각 이등변삼각형 ABC가 원에 내접하고 있다. B와 C에서 원의 접선이 점 D에서 만나고 $\angle ABC = \angle ACB = 2\angle CDB$라 할 때 $\angle BAC$는 몇 라디안인가?

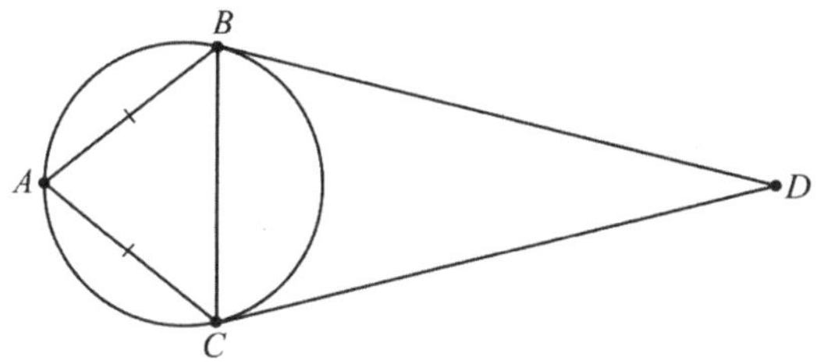

(A) $\frac{3}{7}\pi$ (B) $\frac{4}{9}\pi$ (C) $\frac{5}{11}\pi$ (D) $\frac{6}{13}\pi$ (E) $\frac{7}{15}\pi$

정답 (A) 현 BC에 의해 만들어지는 중심각을 θ라 하자.

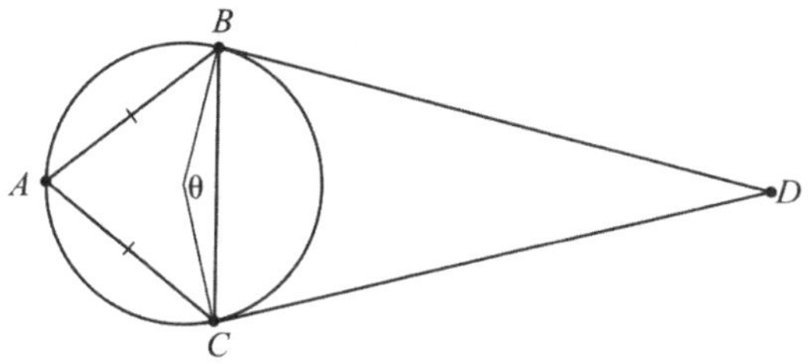

접선-현 정리에 의해 $\angle DBC = \theta/2$이고, 원주각 정리에 의해 $\angle BAC = \theta/2$이다. 따라서

$$\angle DBC = \angle BAC$$

이다. $\triangle BAC$가 이등변삼각형이고, $\triangle BDC$ 역시 이등변삼각형이다. 왜냐하면 BD와 CD가 점 D에서 만나는 접선이기 때문이다. $\angle ABC = 2\angle BDC$이므로

$$\begin{aligned}\pi &= \angle BAC + \angle ABC + \angle ACB \\ &= \angle BAC + 2\angle ABC = \angle BAC + 4\angle BDC\end{aligned}$$

이고

$$\begin{aligned}\pi &= \angle BDC + \angle DBC + \angle DCB \\ &= \angle BDC + 2\angle DBC = \angle BDC + 2\angle BAC\end{aligned}$$

이다. 따라서 $\angle BDC = \pi - 2\angle BAC$이고

$$\begin{aligned}\pi &= \angle BAC + 4\angle BDC \\ &= \angle BAC + 4(\pi - 2\angle BAC) = 4\pi - 7\angle BAC\end{aligned}$$

이므로 $\angle BAC = 3\pi/7$임을 알 수 있다. ■

마지막 문제는 1995년 AHSME의 28번 문제이다.

예제 3 원에서 평행한 두 현의 길이가 각각 10, 14이고 두 현 사이의 거리는 6이다. 두 현의 가운데에 있고 평행한 현의 길이 a는?

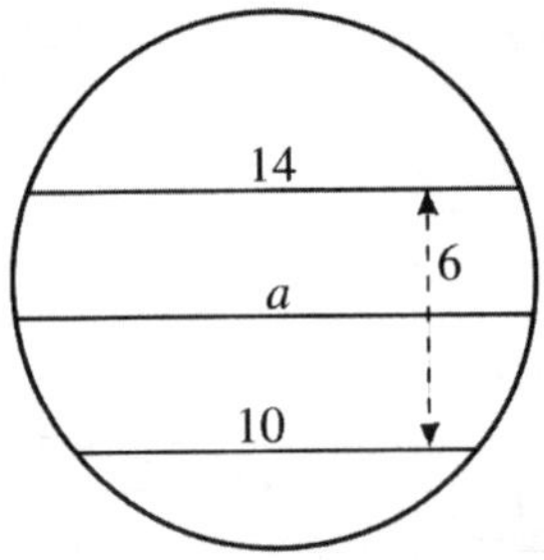

(A) 12 (B) $2\sqrt{39}$ (C) $2\sqrt{42}$ (D) $4\sqrt{11}$ (E) $2\sqrt{46}$

정답(E) 다음 그림과 같이 주어진 현들을 수직 이등분하여 지름 $\overline{AB}$를 그리자.

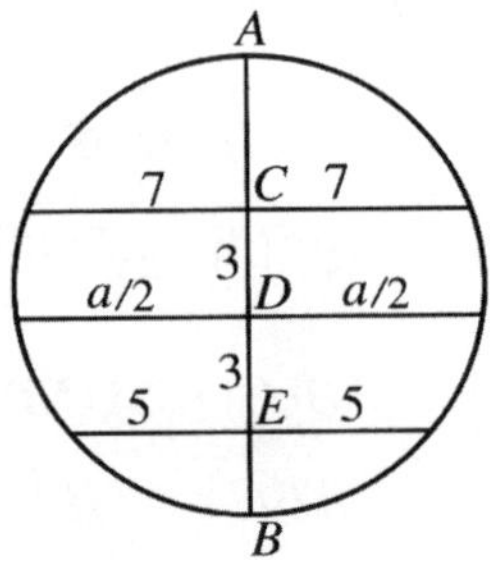

그러면 세 현은 중점이 각각 C, D, E인 할선이다. 내부할선 정리를 이용하면

$$AC \cdot CB = 7^2 = 49, \quad AD \cdot DB = \left(\frac{a}{2}\right)^2 = \frac{a^2}{4}$$

이고 $AE \cdot EB = 5^2 = 25$이다. 그런데

$$AD = AC + 3, \quad AE = AC + 6, \quad DB = CB - 3, \quad EB = CB - 6$$

이므로

$$\begin{aligned} 25 = AE \cdot EB &= (AC+6)(CB-6) \\ &= AC \cdot CB + 6(CB - AC) - 36 \\ &= 13 + 6(CB - AC) \end{aligned}$$

이고 $CB - AC = 2$이다. 따라서

$$\begin{aligned} \frac{a^2}{4} &= (AC+3)(CB-3) \\ &= AC \cdot CB + 3(CB - AC) - 9 = 40 + 3 \cdot 2 = 46 \end{aligned}$$

이고 $a = \sqrt{4 \cdot 46} = 2\sqrt{46}$ 이다. ■

제06장 연습문제

1. 아케이드 게임에서 '괴물'은 그림과 같이 반지름이 1 cm 인 원에서 부채꼴 모양이다. 빠진 부분(입)의 중심각이 60° 일 때 괴물의 둘레의 길이는 몇 cm 인가?

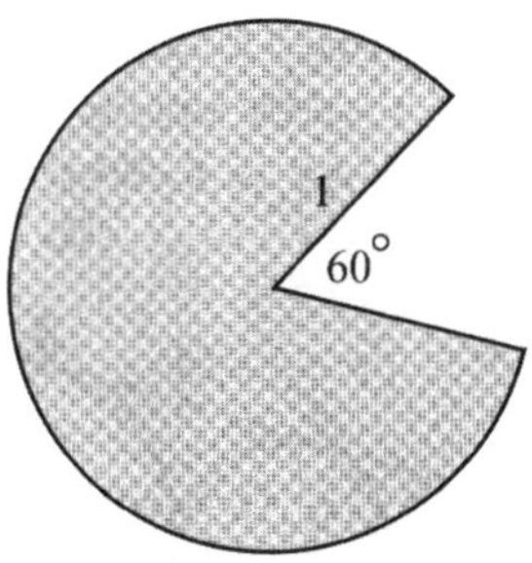

(A) $\pi + 2$ (B) 2π (C) $\frac{5}{3}\pi$ (D) $\frac{5}{6}\pi + 2$ (E) $\frac{5}{3}\pi + 2$

2. 그림에서 $\angle E = 40°$이고 $\overset{\frown}{AB}$, $\overset{\frown}{BC}$, $\overset{\frown}{CD}$의 길이는 같을 때 $\angle ACD$는?

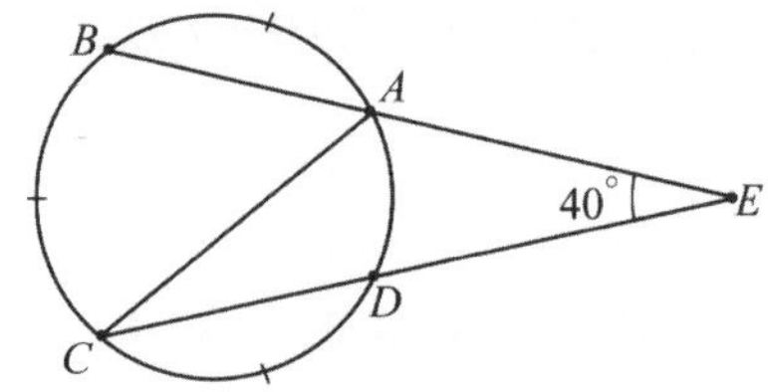

(A) $10°$ (B) $15°$ (C) $20°$ (D) $22.5°$ (E) $30°$

3. 그림에서 $\overline{AB}$와 $\overline{CD}$는 중심이 O인 원의 지름이고 AB와 CD는 수직이다. 현 $\overline{DF}$가 $\overline{AB}$와 만나는 점을 E라 하자. $DE = 6$이고 $EF = 2$일 때 원의 넓이는?

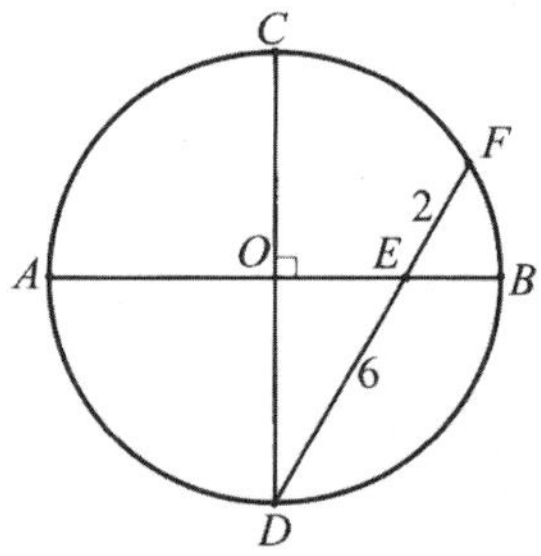

(A) 23π (B) $\frac{47}{2}\pi$ (C) 24π (D) $\frac{49}{2}\pi$ (E) 25π

4. 그림에서 두 원이 외접하고 있다. 직선 PAB와 $PA'B'$은 작은 원 위의 점 A와 A', 큰 원 위의 점 B와 B'에서의 접선이다. $PA = AB = 4$일 때 작은 원의 넓이는?

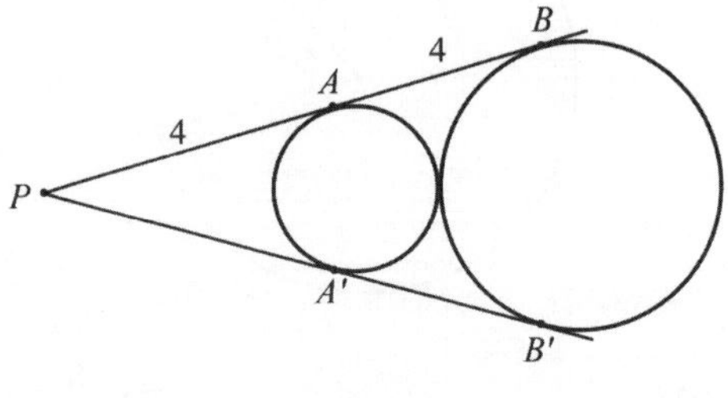

(A) 1.44π (B) 2π (C) 2.56π (D) $\sqrt{8}\pi$ (E) 4π

5. 그림에서 두 중심원의 반지름의 비는 $1:3$이고, $\overline{AC}$는 큰 원의 지름, $\overline{BC}$는 작은 원에 접하는 큰 원의 현, 그리고 $AB = 12$이다. 이때 큰 원의 반지름은?

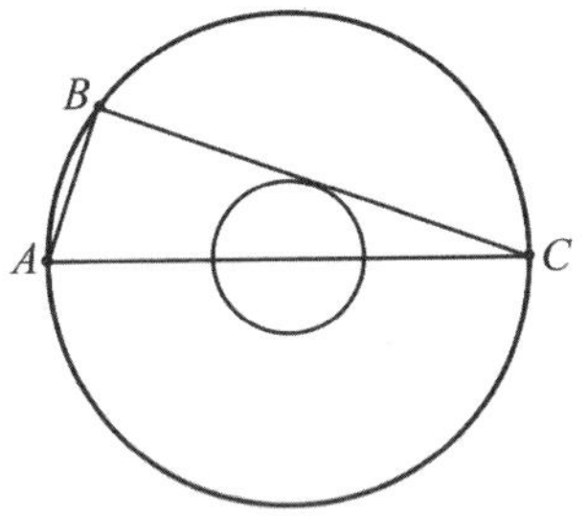

(A) 13　(B) 18　(C) 21　(D) 24　(E) 26

6. 지름 1인 반원이 그림과 같이 지름 2인 반원 위에 놓여 있다. 작은 반원의 내부이면서 큰 반원의 외부에 있는 색칠한 영역인 활꼴의 넓이는?

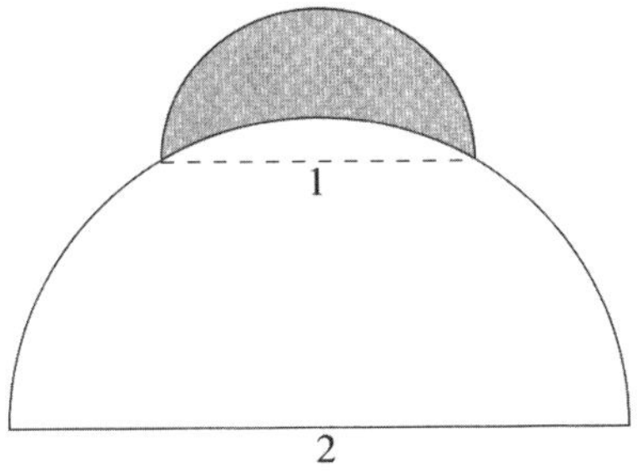

(A) $\frac{1}{12}(2\pi - 3\sqrt{3})$　(B) $\frac{1}{12}(3\sqrt{3} - \pi)$　(C) $\frac{1}{24}(6\sqrt{3} - \pi)$
(D) $\frac{1}{24}(6\sqrt{3} + \pi)$　(E) $\frac{1}{12}(3\sqrt{3} + \pi)$

7. 중심이 O인 원에서 $\overline{AD}$는 지름, ABC는 현, $BO = 5$, $\angle ABO = \overset{\frown}{CD} = 60°$일 때 BC는?

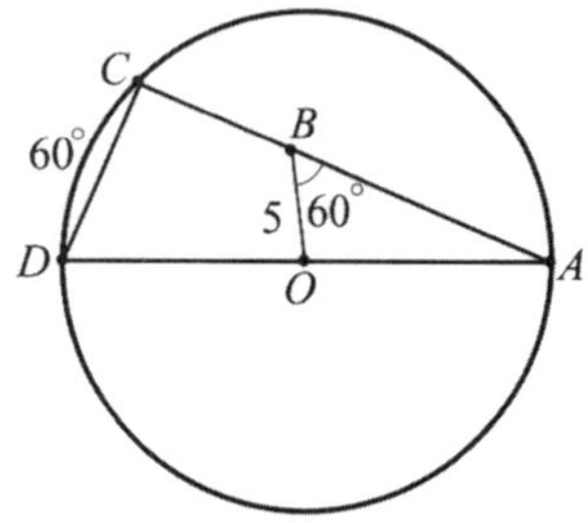

(A) 3 (B) $5-\sqrt{3}$ (C) $3+\sqrt{3}$ (D) $5-\frac{\sqrt{3}}{2}$ (E) 5

8. 그림에서 호 $\overset{\frown}{AC}$와 $\overset{\frown}{BC}$의 중심은 각각 B와 A이다. 또 원은 $\overset{\frown}{AC}$, $\overset{\frown}{BC}$와 $\overline{AB}$에 접한다. $\overset{\frown}{BC}$의 길이가 12일 때 원 둘레는?

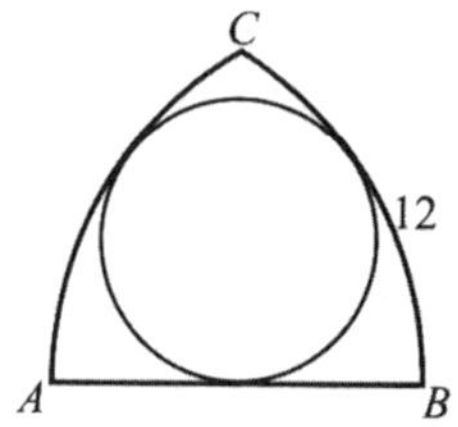

(A) 24 (B) 25 (C) 26 (D) 27 (E) 28

9. 점 P는 A와 B에서 같은 거리에 있고 $\angle APB=2\angle ACB$이며 $\overline{AC}$와 $\overline{BP}$의 교점은 D, $PB=3$, $DB=1$일 때 $AD\cdot CD$는?

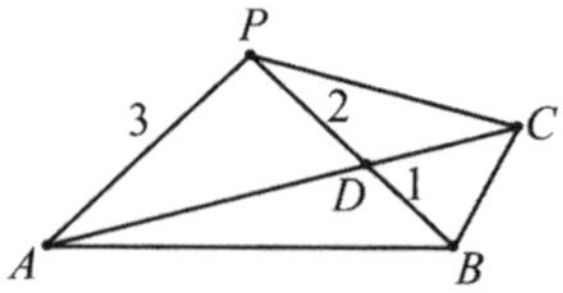

(A) 5 (B) 6 (C) 7 (D) 8 (E) 9

10. 반지름 r인 원에서 현 $\overline{AB}$의 길이는 10, $\overline{CD}$의 길이는 7이고, 이 두 현의 연장선은 원 외부의 점 P에서 만난다. 또 $\angle APD=60°$이고 $BP=8$일 때 r^2은?

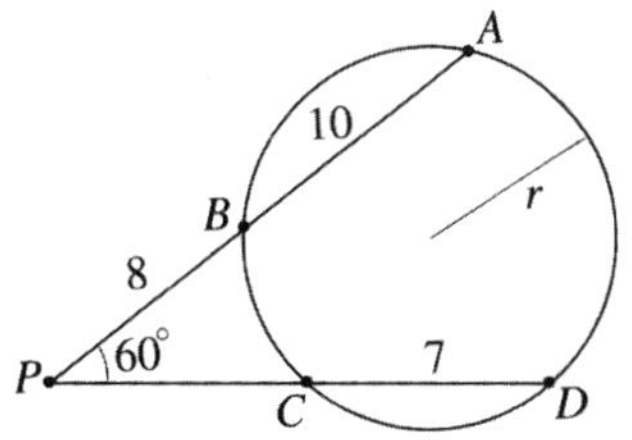

(A) 70 (B) 71 (C) 72 (D) 73 (E) 74

제 07 장 다각형

7.1 서론

5장에서 세 개의 선분으로 이루어진 삼각형의 기하학적인 성질에 대하여 알아보았다. 이 장에서는 이 내용을 일반화하여 여러 개의 선분으로 이루어진 도형에 대하여 알아보자. 이러한 도형을 다각형이라 한다.

7.2 정의

정의 1 평면에서 여러 개의 선분으로 이루어진 도형을 **다각형**(polygon)이라 한다. 이때 두 개의 연속된 선분이 같은 직선 위에 있는 경우는 없다고 생각한다.

정의 2 n개의 변을 갖는 다각형을 n**각형**(n-gon)이라 한다. 자주 사용되는 n각형은 다음과 같다.

- 3각형(triangle)
- 4각형(quadrilateral)
- 5각형(pentagon)
- 6각형(hexagon)
- 7각형(heptagon)
- 8각형(octagon)

$n>3$일 때 n각형은 볼록일 경우와 오목일 경우가 있는데 우리는 주로 볼록 n각형에 대하여 공부한다.

정의 3 ▌ 다각형 내부의 임의의 두 점을 연결하는 선분이 그 다각형에 포함될 때 그 다각형은 **볼록**(convex)이라 한다. 볼록이 아닌 다각형은 **오목**(concave)하다고 한다. 오목다각형에서는 어떤 변의 연장선이 다른 변을 만나는 경우가 반드시 생긴다.

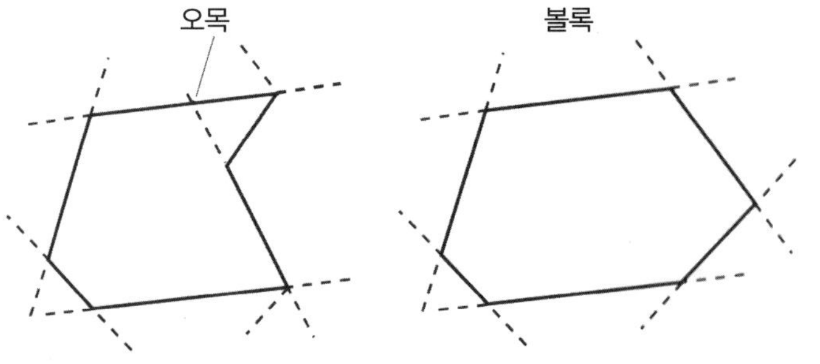

가장 자주 나오는 n각형은 각 변의 길이가 같고 이웃하는 두 변이 이루는 각이 모두 같은 볼록다각형이다.

정의 4 ▌ 각 변의 길이가 같고 각의 크기도 같은 다각형을 **정다각형**(regular polygon)이라 한다.

7.3 사각형의 성질

이 절에서 다룰 내용 중 몇 가지는 7.4절에서 공부할 내용의 특별한 경우에 해당하지만 사각형은 자주 나오므로 이 성질들을 잘 알고 있는 것이 좋다.

정의 1 ▌ 사각형에 대해서는 다음과 같이 몇 가지 정의가 있다.

- **정사각형**(square)은 네 변의 길이가 같고 네 각의 크기도 같은 사각형
- **직사각형**(rectangle)은 네 각의 크기가 같은 사각형
- **마름모**(rhombus)는 네 변의 길이가 같은 사각형
- **평행사변형**(parallelogram)은 마주 보는 두 쌍의 변이 평행한 사각형
- **사다리꼴**(trapezoid)은 마주 보는 한 쌍의 변이 평행한 사각형
  - 평행하지 않은 두 변의 길이가 같으면 **등변**(isosceles)**사다리꼴**

정의에 따라서 사각형들 사이의 관계를 다음 그림과 같이 표현할 수 있다. 그림에서 각 사각형의 성질은 그보다 왼쪽에 있는 사각형 종류에 대해서는 항상 성립한다.

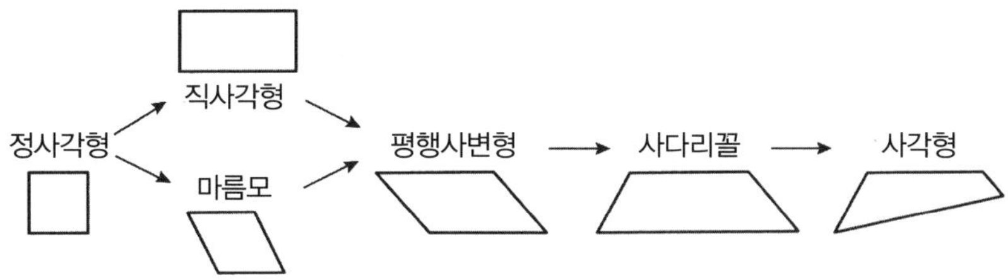

성질 1 사각형의 내각의 합은 $360°$이다.

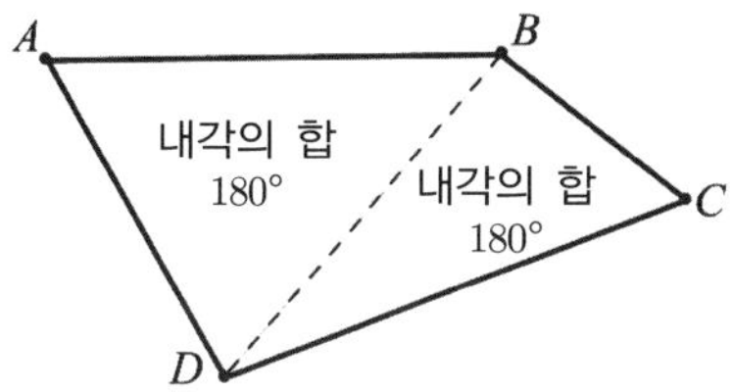

이 성질은 볼록사각형뿐만 아니라 오목사각형에 대해서도 성립한다. 왜냐하면 어떤 경우라도 사각형은 두 개의 삼각형으로 나눌 수 있기 때문이다. 이 성질에 의하면 직사각형의 네 각은 모두 $90°$임을 알 수 있다.

성질 2 사각형이 평행사변형일 필요충분조건은 다음 중 하나가 성립하는 것이다.

- 두 대각선이 서로 이등분한다.
- 마주 보는 변의 길이가 서로 같다.
- 마주 보는 각의 크기가 서로 같다.
- 이웃하는 두 각의 합이 $180°$이다.
- 대각선의 길이의 제곱의 합은 한 쌍의 이웃하는 두 변의 길이의 제곱의 합의 두 배이다. 즉, 다음 그림에서 $AC^2+BD^2=2(AB^2+BC^2)$이다.

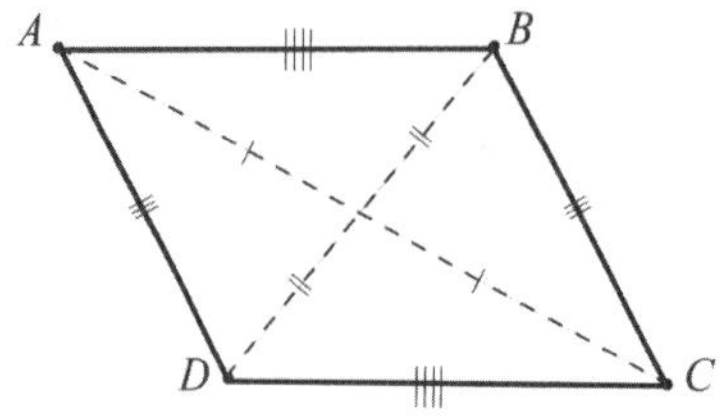

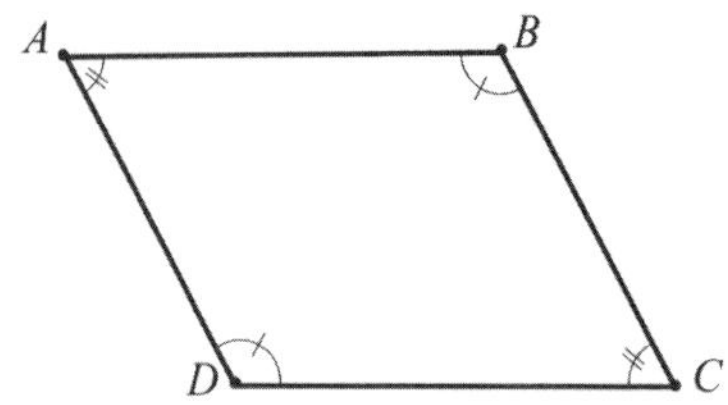

성질 3 평행사변형이 마름모일 필요충분조건은 두 대각선이 서로 수직인 것이다.

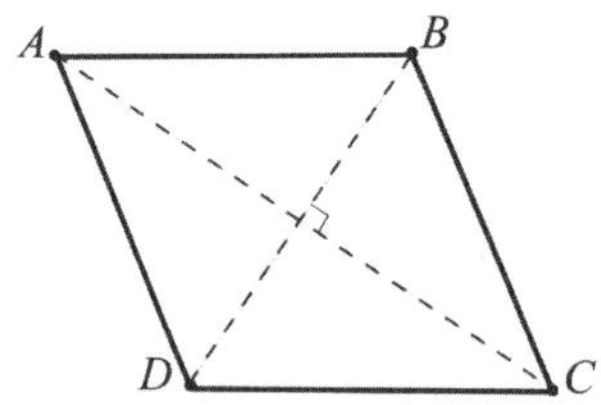

성질 4 사다리꼴의 넓이는 평행인 두 변의 길이의 평균과 평행인 두 변과 수직으로 만나는 선분의 길이의 곱이다.

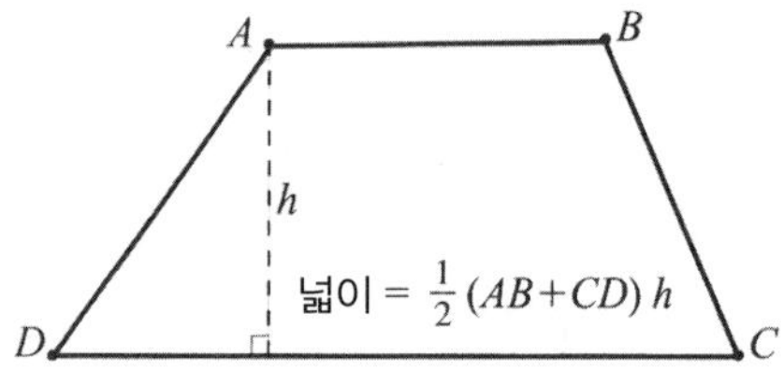

따라서

- 마름모의 넓이는 한 변의 길이와 그 변으로부터 마주 보는 변까지의 수직 선분의 길이의 곱이다.
- 직사각형의 넓이는 이웃하는 두 변의 길이의 곱이다.

사각형 $ABCD$의 네 꼭짓점을 지나는 원이 있는지 알아야 할 때가 있다. 이런 원이 존재할 필요충분조건은 세 꼭짓점 A, B, C를 지나는 유일한 원이 점 D도 지나는 것이다. 다음 그림을 보면 이러한 원이 존재할 필요충분조건은 호 ADC와 호 ABC를 연결하면 A, B, C를 지나는 원이 되는 것이다. 이 결론에 원주각 정리를 적용하면 다음 성질을 얻을 수 있다.

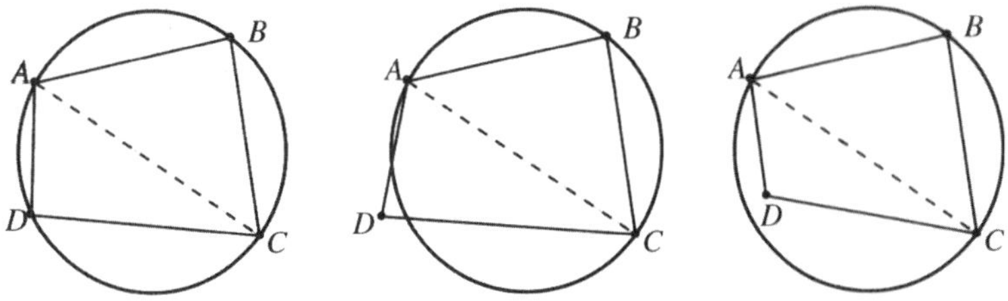

$\angle A + \angle C = 180°$ $\angle A + \angle C > 180°$ $\angle A + \angle C < 180°$

$\angle B + \angle D = 180°$ $\angle B + \angle D < 180°$ $\angle B + \angle D > 180°$

성질 5 사각형의 네 꼭짓점을 지나는 (유일한) 원이 존재할 필요충분조건은 마주 보는 각의 합이 모두 180°일 때이다. 이러한 사각형을 **원 위에 있는 사각형**이라 한다.

다음은 원 위에 있는 사각형에 대한 중요한 결과이다.

성질 6 톨레미의 정리(Ptolemy's theorem) : 원 위에 있는 사각형의 마주 보는 변끼리의 곱의 합은 두 대각선의 곱과 같다. 즉,

$$AB \cdot CD + BC \cdot AD = AC \cdot BD$$

이다.

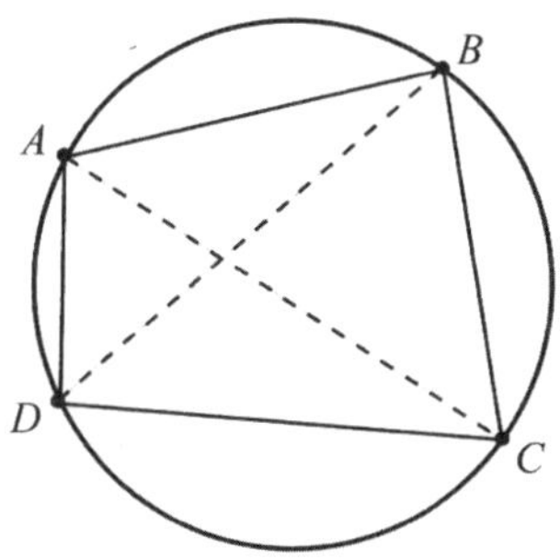

사각형과 관련된 마지막 성질은 대각선에 관한 것이다. 이 성질을 응용하는 문제는 AIME에 자주 출제되지만, 최근에는 AMC에도 출제되고 있다.

성질 7 볼록사각형 $ABCD$ 내부의 점을 P라 하면 다음이 성립한다.

$$ABCD\text{의 넓이} \le \frac{1}{2}(AP+PC)(BP+PD)$$

여기서 등호가 성립할 필요충분조건은 $ABCD$의 두 대각선이 점 P에서 수직으로 만나는 것이다.

이 성질을 증명하기는 어렵지 않다. 다음 그림에서, A와 C에서 BD에 내린 수선의 발을 각각 E, F라 하고 두 대각선의 교점을 O라 하면,

$$ABCD\text{의 넓이} = \triangle DAB\text{의 넓이} + \triangle BDC\text{의 넓이} = \frac{1}{2}(AE+FC)BD$$

이다.

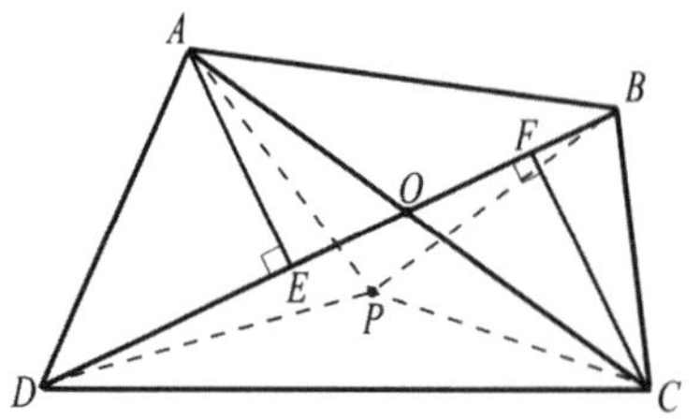

그런데

$$DP+PB \ge DB$$

이고

$$AP+PC \ge AO+OC \ge AE+FC$$

이므로

$$\frac{1}{2}(AP+PC)(DP+PB) \ge \frac{1}{2}(AE+FC)BD = ABCD\text{의 넓이}$$

이다. 여기서 모든 부등호가 등호로 되는 경우는 P가 BD 위에 있고 E, O, F, P가 같은 점일 때이다. 즉, $ABCD$의 두 대각선이 점 P에서 수직으로 만날 때이다.

7.4 일반적인 다각형의 성질

일반적인 다각형에 대한 많은 성질은 삼각함수를 공부한 이후에 다루기로 하자. 이 장에서는 AMC 문제에서 자주 응용되는 기본적인 성질 몇 가지만 알아보자.

성질 1 n각형의 내각의 합은 $(n-2)180°$이다.

이 성질은, 모든 n각형은 $n-2$개의 삼각형으로 나눌 수 있는데 각 삼각형의 내각의 합은 $180°$이기 때문에 성립한다.

n개의 변
$n-2$개의 삼각형

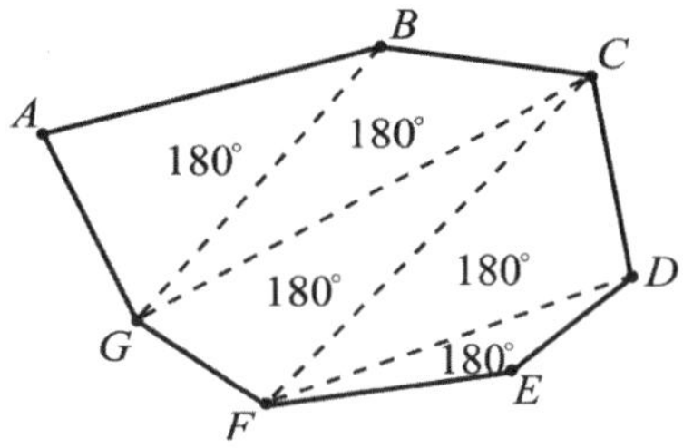

성질 2 정n각형에 대하여 다음이 성립한다.

- 하나의 내각의 크기는 $\dfrac{n-2}{n}180°$이다.
- 하나의 외각의 크기는 $360° - \dfrac{n-2}{n}180° = \dfrac{n+2}{n}180°$이다.

정의 1 변의 개수가 같은 두 다각형에서 대응되는 변의 비가 일정하고 대응되는 각의 크기가 서로 같으면 두 다각형은 **닮은꼴(similar)**이다.

닮은 다각형의 넓이에 대한 성질은 닮은 삼각형의 넓이에 대한 성질과 비슷하다.

성질 3 닮은 두 다각형의 넓이의 비는 대응되는 변의 길이의 제곱의 비이다.

정다각형과 원은 밀접한 관계가 있다.

성질 4 정다각형은 중심이 같은 내접원과 외접원을 갖는다.

- 내접원의 반지름은 중심에서부터 변의 수직이등분점까지의 거리이다.
- 외접원의 반지름은 중심에서부터 꼭짓점까지의 거리이다.

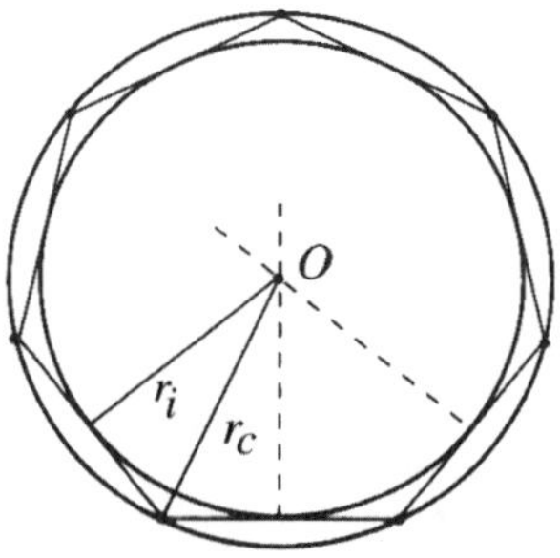

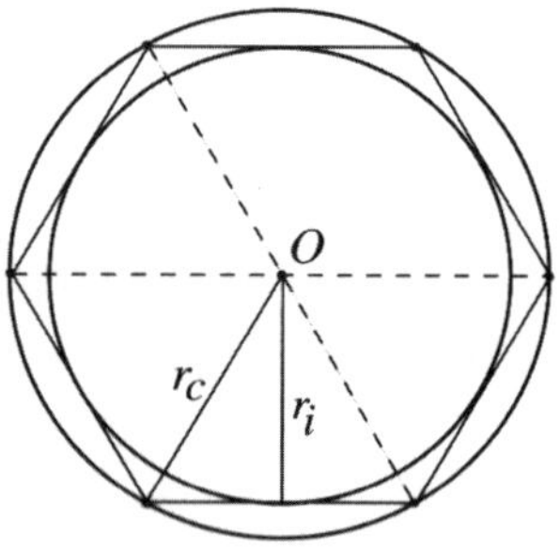

● 제07장 예제

첫 번째 예제는 1993년 AHSME의 14번 문제이다.

예제 1 볼록다각형 $ABCDE$에서 $\angle A = \angle B = 120°$, $EA = AB = BC = 2$, $CD = DE = 4$일 때 $ABCDE$의 넓이는?

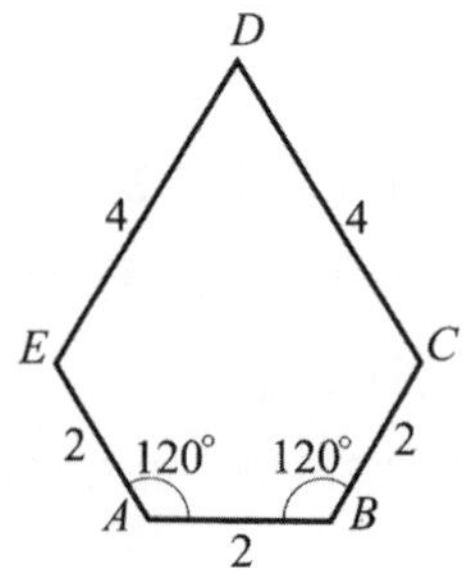

(A) 10 (B) $7\sqrt{3}$ (C) 15 (D) $9\sqrt{3}$ (E) $12\sqrt{5}$

정답(B) 다음 그림과 같이 선분 $\overline{EC}$를 그리고 중점을 F라 하자. 왼쪽 그림에서

이 다각형은 한 변의 길이가 4인 정삼각형 하나와 한 변의 길이가 2인 정삼각형 세 개로 나누어짐을 알 수 있다. 따라서 다각형의 넓이는 다음과 같다.

$$\frac{\sqrt{3}}{4}\cdot 4^2+3\left(\frac{\sqrt{3}}{4}\cdot 2^2\right)=\frac{\sqrt{3}}{4}(16+12)=7\sqrt{3}$$

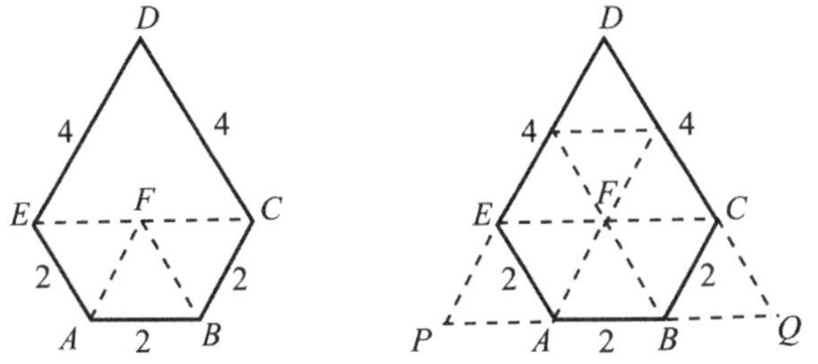

별해 오른쪽 그림에서처럼 선분 $\overline{DE}$, $\overline{DC}$, $\overline{AB}$를 점 P와 Q까지 연장하면, 정삼각형 DPQ의 한 변의 길이는 6이고, 한 변의 길이가 2인 정삼각형들로 나눌 수 있다. 주어진 다각형은 9개의 작은 정삼각형 중에서 7개로 이루어졌으므로 넓이는 다음과 같다.

$$\frac{7}{9}\cdot\frac{\sqrt{3}}{4}\cdot 6^2=\frac{7}{9}\cdot\frac{36}{4}\sqrt{3}=7\sqrt{3}$$ ■

다음 예제는 1995년 AHSME의 17번 문제이다.

예제 2 정오각형 $ABCDE$에 대하여 점 D에서 $\overline{DC}$에 접하고 점 A에서 $\overline{AB}$에 접하는 원을 그렸을 때 호 $\overset{\frown}{AD}$의 각은 몇 도인가?

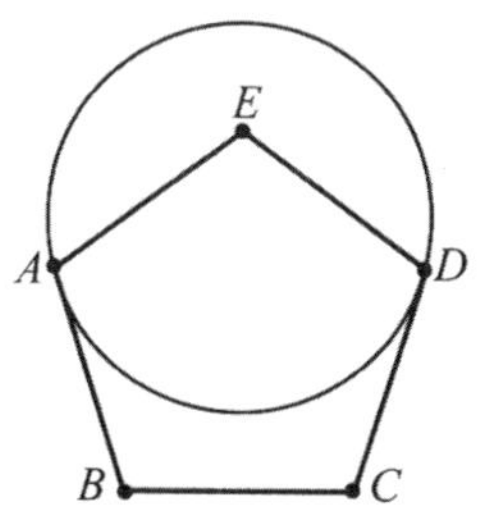

(A) 72 (B) 108 (C) 120 (D) 135 (E) 144

정답(E) E에서부터 원의 중심 O를 지나는 선분을 그리고 이 선분이 원과 만나는 점을 F라 하자. 정오각형에서 하나의 내각의 크기는 $((5-2)/5)180° = 108°$이므로

$$\angle AEO = \frac{1}{2}\angle AED = 54°$$

이고

$$\angle EAO = \angle EAB - 90° = 18°$$

이다.

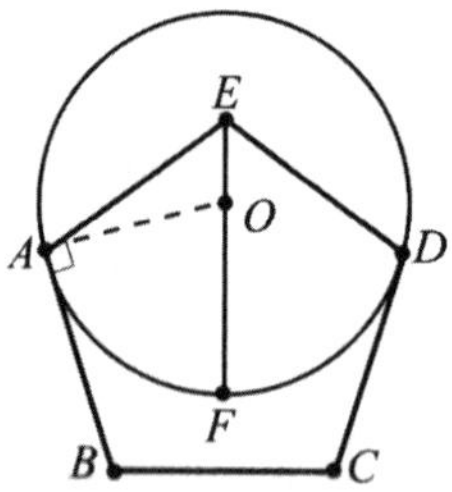

외각 정리에 의하여

$$\angle AOF = \angle AEO + \angle EAO = 54 + 18 = 72°$$

이다. $\angle AOF$는 중심각이므로

$$\widehat{AD} = 2\widehat{AF} = 2\angle AOF = 144°$$

이다. ∎

마지막 예제는 1992년 AHSME의 20번 문제이다.

예제 3 그림은 n개의 점을 갖는 별이다. 이 다각형은, $2n$개의 변의 길이가 같고, 예각 A_1, A_2, $\cdots$, A_n의 크기도 같으며, 예각 B_1, B_2, $\cdots$, B_n의 크기도 같다. $\angle B_1 - \angle A_1 = 10°$라 할 때 n의 값은?

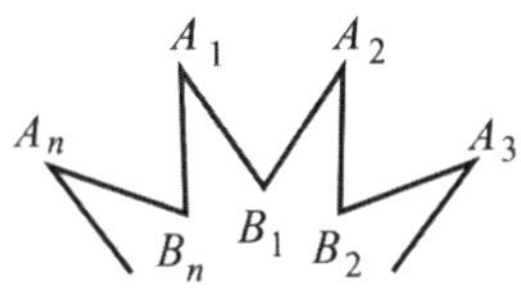

(A) 12 (B) 18 (C) 24 (D) 36 (E) 60

정답(D) n각형의 내각의 합은 $(n-2)180°$이므로 문제에서 주어진 $2n$각형의 내각의 합은

$$(2n-2)180° = \angle A_1 + \cdots + \angle A_n + (360° - \angle B_1) + \cdots + (360° - \angle B_n)$$

이다. 그런데

$$\angle A_1 = \angle A_2 = \cdots = \angle A_n$$

이고

$$\angle A_1 + 10° = \angle B_1 = \angle B_2 = \cdots = \angle B_n$$

이므로

$$(n-1)360° = n\angle A_1 + 360°n - n\angle A_1 - 10°n$$

이다. 따라서 $360n - 360 = 350n$이고 $n = \frac{360}{10} = 36$이다. ■

제07장 연습문제

1. 곧은 도로에서 양쪽 보도블록 사이의 거리가 40피트이다. 평행한 두 선으로 횡단보도를 그리는데 도로와는 약간 기울어져 있다고 하자. 횡단보도에 접해 있는 보도블록의 길이는 15피트이고 횡단보도의 길이는 50피트라 할 때 횡단보도의 폭은 몇 피트인가?

   (A) 9 (B) 10 (C) 12 (D) 15 (E) 25

2. 평행사변형 $ABCD$에서 $\angle ABC = 120°$, $AB = 16$, $BC = 10$이다. $\overline{CD}$를 $DE = 4$ 되게 E까지 연장하고, AD와 BE의 교점을 F라 할 때, DF의 길이는?

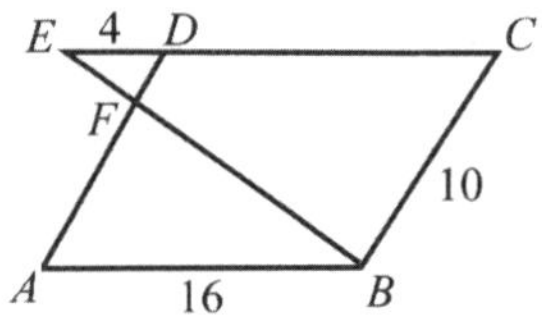

(A) 1 (B) 1.5 (C) 2 (D) 2.5 (E) 3

3. 바닥이 정육각형 모양이고 한 변의 길이가 1야드인 개집이 있다. 개는 육각형 집의 한 꼭짓점에 달린 길이가 2야드인 줄에 매여 있다. 개집을 제외하고 개가 도달할 수 있는 영역의 넓이는 몇 제곱 야드인가?

(A) $\frac{2}{3}\pi$ (B) 2π (C) $\frac{5}{2}\pi$ (D) $\frac{8}{3}\pi$ (E) 3π

4. 정다각형 $ABCD$와 $EFGH$는 한 변의 길이가 10이고 G는 $ABCD$의 중심이다. 이때 두 정사각형의 합집합으로 이루어진 영역의 넓이는?

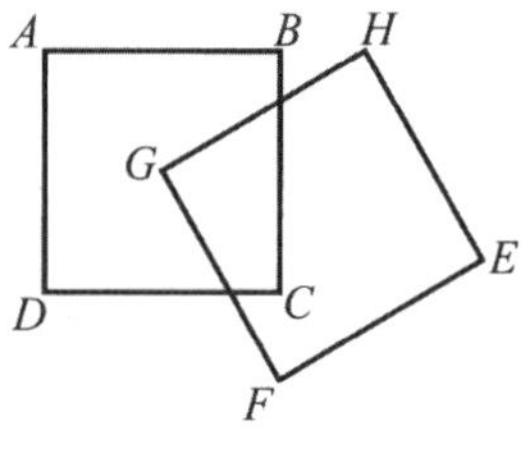

(A) 75 (B) 100 (C) 125 (D) 150 (E) 175

5. 사다리꼴 $ABCD$에서 $AB = 52$, $BC = 12$, $CD = 39$, $DA = 5$일 때 $ABCD$의 넓이는?

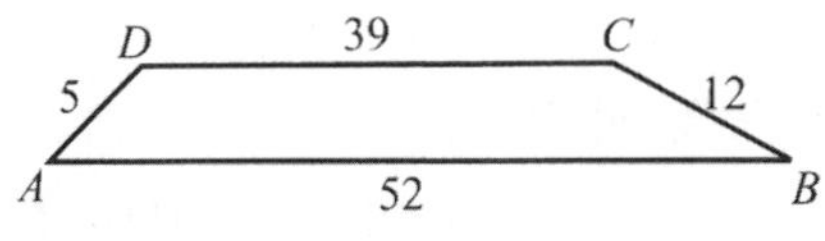

(A) 182 (B) 195 (C) 210 (D) 234 (E) 260

6. 정사각형 $ABCD$의 넓이는 16이다. 점 K, L, M, N은 $ABCD$의 외부에 있는 점으로, $\triangle AKB$, $\triangle BLC$, $\triangle CMD$, $\triangle DNA$가 모두 정삼각형일 때 $KLMN$의 넓이는?

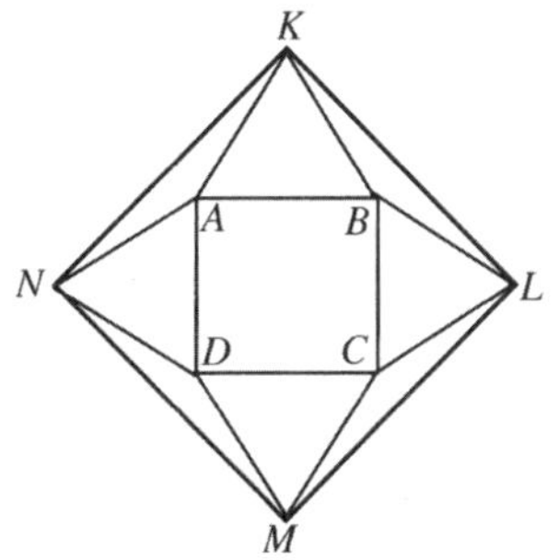

(A) 32　　(B) $16+16\sqrt{3}$　　(C) 48

(D) $32+16\sqrt{3}$　　(E) 64

7. 사각형 $ABCD$에서 A와 C는 직각이다. 점 E와 F는 $\overline{AC}$ 위의 점이며 DE와 BF는 AC에 수직이다. $AE=3$, $DE=5$, $CE=7$일 때 BF는?

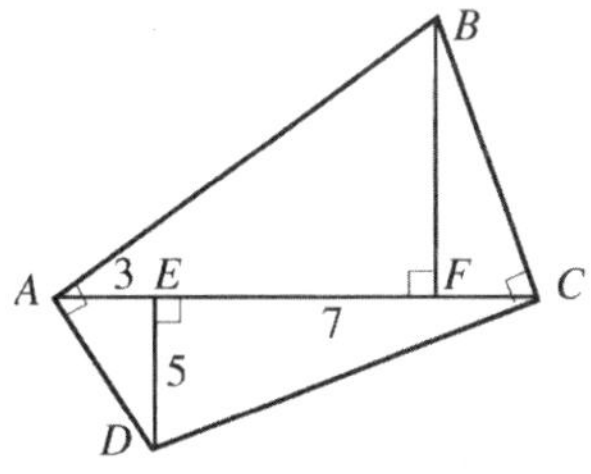

(A) 3.6　　(B) 4　　(C) 4.2　　(D) 4.5　　(E) 5

8. 정m각형이 m개의 정n각형으로 완전히 둘러싸여 있다. (그림은 $m=4$이고 $n=8$인 경우를 그린 것이다.) $m=10$일 때 n의 값은?

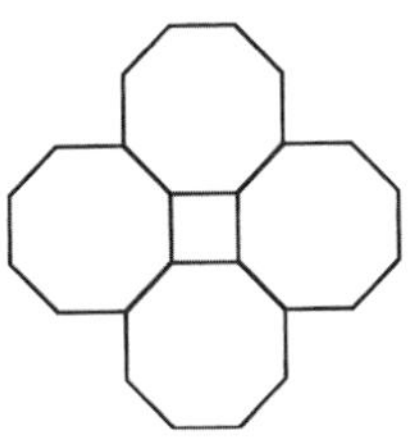

(A) 5 (B) 6 (C) 14 (D) 20 (E) 26

9. 넓이가 2002인 볼록사각형 $ABCD$ 내부에 점 P가 있고 $PA=24$, $PB=32$, $PC=28$, $PD=45$라 하자. $ABCD$의 둘레의 길이는?

(A) $4\sqrt{2002}$ (B) $2\sqrt{8465}$ (C) $2(48+\sqrt{2002})$
(D) $2\sqrt{8633}$ (E) $4(36+\sqrt{113})$

10. 마름모 $ABCD$에서 $AC=16$, $BD=30$이다. $\overline{AB}$ 위에 있는 점 N에서 $\overline{AC}$, $\overline{BD}$에 내린 수선의 발을 각각 P, Q라 할 때 PQ의 최솟값에 가장 가까운 것은?

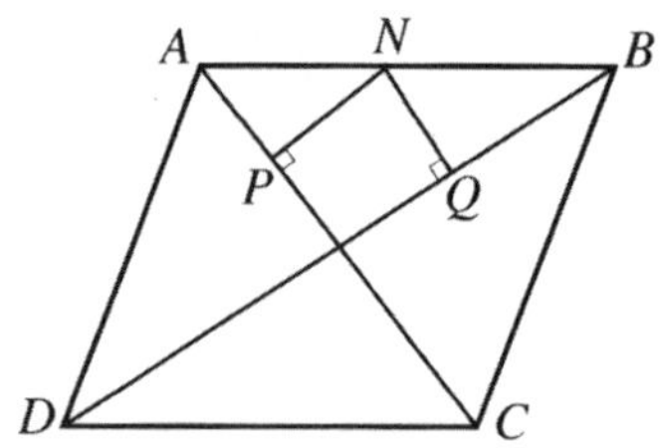

(A) 6.5 (B) 6.75 (C) 7 (D) 7.25 (E) 7.5

제 08 장 개수 세기

8.1 서론

이 장에서는 순열, 조합, 분할 등 개수를 세는 것과 관련된 문제들에 대하여 공부해 보자. 어떤 AMC 문제는 이런 개념들을 응용하여 해결할 수 있고 어떤 경우는 더 복잡한 문제를 풀기 위한 첫 단계로 세는 기술이 필요하기도 하다.

8.2 순열

정의 1 구분할 수 있는 사물들의 모임에서 그 사물들을 특별한 순서로 배열하는 것을 **순열**(permutation)이라 한다.

예를 들면, $abcd$와 $dabc$는 문자 a, b, c, d의 순열이다. 일반적으로 흥미 있는 것은 주어진 사물들에 대하여 서로 다른 순열의 수는 몇 가지인가 하는 점이다. 이 경우에는 4개의 문자에 대하여 24가지의 서로 다른 순열이 있다. 왜냐하면 4개의 문자 중 하나가 첫 번째 자리에 올 수 있고 두 번째 자리는 3개의 문자 중에서 선택할 수 있고 세 번째 자리는 남은 2개의 문자 중에서 선택할 수 있고 마지막으로 남은 문자가 네 번째 자리에 오면 되기 때문이다. 이것을 일반화한 것이 다음 성질이다.

성질 1 N개의 서로 다른 사물들에 대한 서로 다른 순열의 수는 다음과 같다.

$$N \cdot (N-1) \cdot (N-2) \cdots 2 \cdot 1 = N!$$

사물들 중 일부가 서로 같으면 서로 다른 순열의 수는 줄어든다. 다섯 개의 문자 a, a, b, c, d의 순열의 수를 계산해 보자. 모두 서로 다른 문자였다면 서로 다른 순열의 수는 5!이다. 그러나 a가 두 개 있으므로 이 수를 2로 나누어야 한다. 왜냐하면 a가 처음 나타날 때 이 a는 두 가지 a 중 하나이기 때문이다. 같은 방법으로, 다섯 개의 문자가 a, a, a, b, c라면 5!을 3!로 나누어야 한다. 왜냐하면 a가 처음 나타날 때 이것은 세 가지 a 중 하나이고, 그다음으로 a가 나타날 때 이것은 남은 두 가지 a 중 하나이며, 나머지 a가 세 번째로 나타나기 때문이다. 이 방법을 일반화하여, 같은 것이 포함된 사물에 대한 다음 성질을 얻을 수 있다.

성질 2 N개의 사물에서 서로 다른 종류는 m종류가 있는데, 첫 번째 종류는 n_1개, 두 번째 종류는 n_2개, $\cdots$, m번째 종류는 n_m개가 있다고 하자. 여기서 $N = n_1 + n_2 + \cdots + n_m$이다. 그러면 이 N개의 사물의 서로 다른 순열의 수는 다음과 같다.

$$\frac{N!}{n_1! \cdot n_2! \cdots n_m!}$$

8.3 조합

정의 1 주어진 사물들에서 몇 개의 사물을 순서는 생각하지 않고 뽑는 방법의 수를 조합(combination)이라 한다.

예를 들어, a, b, c, d 네 개의 문자가 있다고 하자. 이 중에서 하나를 선택한다면 $\{a\}$, $\{b\}$, $\{c\}$, $\{d\}$ 네 개의 서로 다른 조합이 있다. 두 개를 선택한다면 $\{a,b\}$, $\{a,c\}$, $\{a,d\}$, $\{b,c\}$, $\{b,d\}$, $\{c,d\}$ 여섯 개의 서로 다른 조합이 있고, 세 개를 선택한다면 하나를 선택하지 않는 것과 같으므로 네 개의 조합이 있다. 마지막으로 네 개 또는 0개를 선택하는 조합은 각각 하나가 있다. 따라서 네 개의 사물에서 0, 1, 2, 3, 4개를 선택하는 서로 다른 조합의 수는 1, 4, 6, 4, 1이다.

이것은 다음 이항전개에서 계수들과 같다.

$$(a+b)^4 = 1 \cdot a^4 + 4 \cdot a^3b + 6 \cdot a^2b^2 + 4 \cdot ab^3 + 1 \cdot b^4$$

이 사실은 일반적인 경우에도 성립한다.

성질 1 n개의 사물에서 k개를 선택하는 서로 다른 조합의 수는 k번째 이항계수인

$$\binom{n}{k} = \frac{n!}{k!(n-k)!}$$

과 같다.

순열과 조합에 관하여 알아두어야 할 사항은 다음과 같다.

- 순열에서는 모든 사물을 선택하는 것이고 뽑는 순서가 중요하다.
- 조합에서는 모든 사물을 선택할 필요는 없고 뽑는 순서도 상관없다.

8.4 개수 세기

자연수 m의 배수 중에서 자연수 n보다 작거나 같은 것의 개수를 알고 싶다고 해 보자. n이 m의 배수라면, 즉 $n = k \cdot m$이라면 정답은 $k = n/m$이다. 왜냐하면 m의 배수는 m, $2m$, $\cdots$, $km = n$이기 때문이다. 그렇지만 n이 m의 배수가 아니면, $km < n < (k+1)m$을 만족하는 자연수 k가 존재해야 하고 k는 n/m보다 작은 자연수 중에서 가장 큰 것이다. 이 문제를 좀 더 생각해 보기 위해서 먼저 다음 정의를 보자.

정의 1 실수 x에 대하여 x의 **계단함수** $\lfloor x \rfloor$는 x보다 작거나 같은 최대 정수를 나타낸다.

양의 실수 x에 대하여 계단함수는 정수 부분만 택하면 된다. 예를 들어, $\lfloor 1.7 \rfloor = 1$, $\lfloor \sqrt{2} \rfloor = 2$, $\lfloor 357 \rfloor = 357$이다.

성질 1 자연수 m의 배수 중에서 자연수 n보다 작거나 같은 것의 개수는 $\left\lfloor \frac{n}{m} \right\rfloor$ 이다.

이 성질을 이용할 때 주의해야 한다. 예를 들면, 5부터 10까지에서 3의 배수의 개수는

$$\left\lfloor \frac{10-5}{3} \right\rfloor = \left\lfloor \frac{5}{3} \right\rfloor = 1 \text{이 아니라 } \left\lfloor \frac{10}{3} \right\rfloor - \left\lfloor \frac{5}{3} \right\rfloor = 3-1=2$$

이다.

어떤 수들 중에서 특정한 수로는 나누어지지만 다른 수로는 나누어지지 않는 것의 개수를 셀 때 계단함수가 자주 이용된다. 다음 문제를 보자.

문제 1 50 이하의 자연수 중에서 2 또는 3으로 나누어지는 것의 개수를 구하여라.

2로 나누어지는 것의 개수는

$$\left\lfloor \frac{50}{2} \right\rfloor = 25$$

이고, 3으로 나누어지는 것의 개수는

$$\left\lfloor \frac{50}{3} \right\rfloor = 16$$

이므로 정답은 $25+16=41$이라고 생각할 수도 있다. 그러나 $6=2\cdot 3$의 배수는 두 번 세어졌으므로 이것은 틀린 답이다. 6으로 나누어지는 것의 개수는

$$\left\lfloor \frac{50}{2\cdot 3} \right\rfloor = \left\lfloor \frac{50}{6} \right\rfloor = 8$$

이므로 정답은 $25+16-8=33$이다.

이 문제를 다음과 같이 확장해 보자.

문제 2 50 이하의 자연수 중에서 2 또는 3 또는 5로 나누어지는 것의 개수를 구하여라.

2, 3, 5로 나누어지는 것의 개수는 각각 다음과 같다.

$$\left\lfloor \frac{50}{2} \right\rfloor = 25, \quad \left\lfloor \frac{50}{3} \right\rfloor = 16, \quad \left\lfloor \frac{50}{5} \right\rfloor = 10$$

그런데 $25 + 16 + 10 = 51$에서는 2와 3의 배수가 두 번 계산되었고 2와 5의 배수도 두 번 계산되었으며 3과 5의 배수도 두 번 계산되었다.

$$\left\lfloor \frac{50}{2 \cdot 3} \right\rfloor = 8, \quad \left\lfloor \frac{50}{2 \cdot 5} \right\rfloor = 5, \quad \left\lfloor \frac{50}{3 \cdot 5} \right\rfloor = 3$$

이므로 이 수들을 빼면

$$25 + 16 + 10 - 8 - 5 - 3 = 35$$

이다. 그런데 여기에서는 2와 3과 5의 배수, 즉 30의 배수는 두 번 빼졌다. $\lfloor 50/30 \rfloor = 1$이므로 정답은

$$25 + 16 + 10 - 8 - 5 - 3 + 1 = 36$$

이다. 2, 3, 5 어느 것으로도 나누어지지 않는 수는 다음 14개이다.

$$1, 7, 11, 13, 17, 19, 23, 29, 31, 37, 41, 43, 47, 49$$

문제 1과 문제 2는 포함-배제 원리의 특별한 경우이다. 이와 관련된 좀 더 자세한 내용은 Ivan Niven의 책 *Mathematics of Choice : How to Count Without Counting*을 보기 바란다.

성질 2 포함-배제 원리(inclusion-exclusion principle) : N개의 사물이 있을 때 다음과 같이 기호로 나타내자.

- $N(\alpha)$는 α의 성질을 갖는 사물의 개수
- $N(\beta)$는 β의 성질을 갖는 사물의 개수
- $N(\gamma)$는 γ의 성질을 갖는 사물의 개수, …

또

- $N(\alpha, \beta)$는 α와 β의 성질을 갖는 사물의 개수
- $N(\alpha, \gamma)$는 α와 γ의 성질을 갖는 사물의 개수
- $N(\beta, \gamma)$는 β와 γ의 성질을 갖는 사물의 개수, …

그리고 $N(\alpha, \beta, \gamma)$는 α와 β와 γ의 성질을 갖는 사물의 개수를 나타낸다고 하자. 그러면 N개의 사물 중에서 $\alpha, \beta, \gamma, \cdots$ 성질을 모두 갖는 것들의 개수는 다음과 같다.

$$(N(\alpha)+N(\beta)+N(\gamma)+\cdots)-(N(\alpha, \beta)+N(\alpha, \gamma)+N(\beta, \gamma)+\cdots)$$
$$+(N(\alpha, \beta, \gamma)+\cdots)-\cdots$$

제08장 예제

첫 번째 예제는 2003년 AMC 10B의 16번 문제이다.

예제 1 어느 식당에서 디저트의 종류는 세 가지이고, 애피타이저의 종류는 주요리의 두 배이다. 저녁식사는 애피타이저, 주요리, 디저트의 순서로 나온다. 한 손님이 일 년 동안 이 식당에서 매일 구성이 다른 저녁식사를 하려면 주요리는 최소한 몇 종류가 있어야 하는가?

(A) 4　　(B) 5　　(C) 6　　(D) 7　　(E) 8

정답(E) 주요리의 종류가 M이라 하자. 애피타이저, 주요리, 디저트를 선택하는 것은 독립 사건이므로 서로 다른 저녁식사의 종류는 다음과 같다.

$$\text{애피타이저} \cdot \text{주요리} \cdot \text{디저트} = 2M \cdot M \cdot 3 = 6M^2$$

일 년 내내 다른 구성으로 저녁식사를 하려면

$$6M^2 \geq 366, \quad 즉\ M^2 \geq 61$$

을 만족하는 가장 작은 자연수 M을 구해야 한다. 따라서 $M \geq 8$이다. ■

다음 예제는 2003년 AMC 10A의 21번 문제이다.

예제 2 초코칩 과자, 오트밀 과자, 땅콩버터 과자가 각각 적어도 여섯 개 이상씩 있는 쟁반이 있다. 이 쟁반에서 여섯 개의 과자를 집을 때 구성될 수 있는 모음은 모두 몇 종류인가?

(A) 22 (B) 25 (C) 27 (D) 28 (E) 729

정답(D) 이 문제를 풀기 위한 쉬운 방법은 과자를 선택할 수 있는 모든 가능한 방법을 생각하는 것이다. 계산을 간단히 하기 위하여 순서쌍 (c, o, p)는 선택한 초코칩 과자, 오트밀 과자, 땅콩버터 과자의 개수를 나타낸다고 하자. 한 종류의 과자만 선택한다면 가능한 순서쌍의 개수는 다음과 같다.

$$\binom{3}{1} = 3: \ (6, 0, 0), (0, 6, 0), (0, 0, 6)$$

두 종류의 과자를 하나는 5개, 다른 하나는 1개 선택한다면 가능한 순서쌍의 개수는

$$\binom{3}{1} \cdot \binom{2}{1} = 3 \cdot 2 = 6$$

이고 순서쌍으로 나타내면 $(5, 1, 0)$, $(5, 0, 1)$, $(1, 5, 0)$, $(0, 5, 1)$, $(1, 0, 5)$, $(0, 1, 5)$이다. 같은 방법으로 두 종류의 과자를 하나는 4개, 다른 하나는 2개 선택한다면 가능한 순서쌍의 개수는

$$\binom{3}{1} \cdot \binom{2}{1} = 3 \cdot 2 = 6$$

이고 순서쌍은 $(4, 2, 0)$, $(4, 0, 2)$, $(2, 4, 0)$, $(0, 4, 2)$, $(2, 0, 4)$, $(0, 2, 4)$이다. 두 종류의 과자를 각각 3개씩 선택한다면 가능한 순서쌍의 개수는

$$\binom{3}{1} = 3$$

이고 순서쌍은 $(3, 3, 0)$, $(3, 0, 3)$, $(0, 3, 3)$이다. 이제 세 종류의 과자를 모두 선택할 경우를 생각해 보자. 하나는 4개, 나머지 두 종류는 각각 1개씩 선택한다면 가능한 순서쌍의 개수는

$$\binom{3}{1} = 3$$

이고 순서쌍은 $(4, 1, 1)$, $(1, 4, 1)$, $(1, 1, 4)$이다. 하나는 3개, 두 번째 것은 2개, 세 번째 것은 1개를 선택한다면 가능한 순서쌍의 개수는

$$\binom{3}{1} \cdot \binom{2}{1} = 3 \cdot 2 = 6$$

이고 순서쌍은 $(3, 2, 1)$, $(3, 1, 2)$, $(2, 3, 1)$, $(1, 3, 2)$, $(2, 1, 3)$, $(1, 2, 3)$이다. 마지막으로 각각 2개씩 선택한다면 $(2, 2, 2)$이다. 따라서 가능한 전체 종류는 다음과 같다.

$$3 \cdot \binom{3}{1} + 3 \cdot \binom{3}{1} \cdot \binom{2}{1} + 1 = 3 \cdot 3 + 3 \cdot 6 + 1 = 9 + 18 + 1 = 28$$

별해 앞의 풀이가 어렵지는 않지만 길고 시간이 많이 걸린다. 가능한 모든 결과를 나열해 보지 않는다면 잘못 셀 수도 있다. 좀 더 이해하기 쉬운 다른 풀이 방법을 알아보자. 서로 다른 과자를 구분하는 칸을 두 개 더해서 다음과 같이 생각해 보자.

$$C_1\ C_2\ C_3\ C_4\ C_5\ C_6\ D_1\ D_2$$

$$\_\_\ \_\_\ \_\_\ \_\_\ \_\_\ \_\_\ \_\_\ \_\_$$

D_1 왼쪽에 있는 C의 개수는 초코칩 과자의 개수를 의미하고, D_1과 D_2 사이에 있는 C의 개수는 오트밀 과자의 개수를 의미하며, D_2 오른쪽에 있는 C의 개수는 땅콩버터 과자의 개수를 의미한다. 다음 그림에서 몇 가지 경우를 볼 수 있다.

$$\underline{C_1}\ \underline{D_1}\ \underline{C_2}\ \underline{C_3}\ \underline{C_4}\ \underline{D_2}\ \underline{C_5}\ \underline{C_6}$$

는 초코칩 과자 1개, 오트밀 과자 3개, 땅콩버터 과자 2개를 의미하고,

$$\underline{D_1}\ \ \underline{C_1}\ \ \underline{D_2}\ \ \underline{C_2}\ \ \underline{C_3}\ \ \underline{C_4}\ \ \underline{C_5}\ \ \underline{C_6}$$

는 초코칩 과자 0개, 오트밀 과자 1개, 땅콩버터 과자 5개를 의미하며,

$$\underline{C_1}\ \ \underline{C_2}\ \ \underline{C_3}\ \ \underline{C_4}\ \ \underline{D_1}\ \ \underline{C_5}\ \ \underline{C_6}\ \ \underline{D_2}$$

는 초코칩 과자 4개, 오트밀 과자 2개, 땅콩버터 과자 0개를 의미한다. 구분하는 칸 두 개가 있을 수 있는 모든 경우를 생각하면 과자를 선택하는 모든 방법을 구할 수 있다. 8개의 칸 중에서 구분하는 칸 2개를 선택하는 방법은

$$\binom{8}{2} = \frac{8 \cdot 7}{2} = 28$$

가지이므로 과자를 선택하는 방법의 수도 28이다. ■

마지막 예제는 2001년 AMC 10의 25번 문제와 AMC 12의 12번 문제이다.

예제 3 거미가 여덟 개의 다리에 양말을 먼저 신고 그 위에 신발을 신는다고 하자. 거미가 양말과 신발을 신는 서로 다른 순서는 몇 가지인가?

(A) $8!$ (B) $2^8 \cdot 8!$ (C) $(8!)^2$ (D) $\frac{16!}{2^8}$ (E) $16!$

정답 (D) 신발보다 양말을 먼저 신는다는 규칙이 없으면 문제는 쉽다. 양말과 신발은 모두 16개이므로 $16!$가지의 순서가 있다. 그런데 양말을 먼저 신어야 하므로 이 수보다는 훨씬 적다. 따라서 (E)는 정답이 아니다. 이 수보다 얼마나 작은지 찾아야 하는 것이 문제이다.

$1 \le i \le 8$에 대하여 S_i는 i번째 다리에 신는 신발이고 s_i는 i번째 다리에 신는 양말이라고 하자. 거미가 양말과 신발을 신는 순서를 나타내려면 양말, 즉 s_i부터 시작해야 한다. 그다음 순서에는 다른 양말이 오거나, 신발이 놓인다면 S_i여야 한다. 세 번째 순서에 오는 것은 두 번째 순서에 S_i가 있는지 아니면 양말이 있는지에 따라 달라진다.

모든 가능한 경우를 나타내는 규칙을 찾기는 어려워 보인다. 거미의 다리가 2

개뿐이라 하더라도 다음 여섯 가지 방법이 있을 수 있다.

$$s_1 S_1 s_2 S_2,\quad s_1 s_2 S_1 S_2,\quad s_1 s_2 S_2 S_1,\quad s_2 S_2 s_1 S_1,\quad s_2 s_1 S_1 S_2,\quad s_2 s_1 S_2 S_1$$

그러나 이로부터 규칙을 찾는 실마리를 얻을 수 있다. 다리가 2개인 거미에서 순서 전체는 $4! = 24$가지인데 이것에 $1/4 = (1/2)^2$을 곱하면 정답이 된다. 왜냐하면 각각의 다리에 대해서 양말의 순서가 먼저인 경우는 가능한 방법이고 신발의 순서가 먼저인 경우는 불가능한 방법이기 때문이다.

다리가 8개인 거미의 경우에는 양말과 신발 16개를 나열하는 방법의 개수인 $16!$에서 각각의 다리에 양말을 먼저 신으려면 $(1/2)^8$을 곱하면 된다. 따라서 가능한 방법의 수는 $16!/2^8$이다. ■

제08장 연습문제

1. 파티에서 남자 한 사람은 여자 세 명과 춤을 추고 여자 한 사람은 남자 두 명과 춤을 춘다고 하자. 남자가 총 12명이라면 여자는 몇 명이어야 하는가?
(A) 8 (B) 12 (C) 16 (D) 18 (E) 24

2. 어느 햄버거 가게에서 케첩, 머스터드, 마요네즈, 토마토, 양상추, 피클, 치즈, 양파로 햄버거를 만들어서 팔고 있다. 고기는 한 개, 두 개 또는 세 개를 선택할 수 있고 그 외의 재료는 앞의 8가지 중에서 원하는 대로 선택할 수 있다. 몇 가지 종류의 햄버거를 주문할 수 있는가?
(A) 24 (B) 256 (C) 768 (D) 40,320 (E) 120,960

3. 가방에 빨간색 구슬과 파란색 구슬이 있는데 파란색 구슬이 더 많이 있다고 하자. 가방에 빨간색 구슬을 계속 넣어서 파란색 구슬이 전체의 $1/3$이 되도록 하자. 그다음에는 노란색 구슬을 계속 넣어서 파란색 구슬이 전체의 $1/5$이 되도록 하자. 마지막으로 파란색 구슬의 개수가 2배가 되도록 할 때 가방의 파란색 구슬의 비율은?

(A) $\frac{1}{5}$　　(B) $\frac{1}{4}$　　(C) $\frac{1}{3}$　　(D) $\frac{2}{5}$　　(E) $\frac{1}{2}$

4. 미국 네브래스카 주는 자동차 번호판의 형식을 바꾸기로 했다. 이전 번호판은 영어 문자 하나 뒤에 숫자 네 개로 되어 있었는데 새로운 번호판은 영어 문자 세 개 뒤에 숫자 세 개로 이루어져 있다. 번호판의 개수는 이전보다 몇 배 늘어나는가?

(A) $\frac{26}{10}$　　(B) $\frac{26^2}{10^2}$　　(C) $\frac{26^2}{10}$　　(D) $\frac{26^3}{10^3}$　　(E) $\frac{26^3}{10^2}$

5. 문자 A, M, O, S, U를 모두 이용하여 $5!=120$가지의 "단어"를 만들 수 있다. 이 "단어"들을 알파벳순으로 정열한다면 $USAMO$는 몇 번째 "단어"인가?

(A) 112　　(B) 113　　(C) 114　　(D) 115　　(E) 116

6. 패트는 글레이즈 도넛, 초콜릿 도넛, 파우더 도넛이 각각 여러 개씩 있는 가게에서 네 개의 도넛을 사려고 한다. 도넛을 선택하는 방법은 몇 가지인가?

(A) 6　　(B) 9　　(C) 12　　(D) 15　　(E) 18

7. n은 다섯 자리 수이고, n을 100으로 나누었을 때의 몫과 나머지를 각각 q와 r라 하자. $q+r$가 11의 배수가 되는 n은 몇 개인가?

(A) 8180　　(B) 8181　　(C) 8182　　(D) 9000　　(E) 9090

8. 7자리 숫자의 전화번호 $d_1d_2d_3d_4d_5d_6d_7$에서 앞에 있는 $d_1d_2d_3$이 $d_4d_5d_6$이나 $d_5d_6d_7$과 같으면(둘 다와 같아도 됨) 이 전화번호는 "기억하기 쉬운" 번호라 하자. 그리고 d_i는 $0, 1, 2, \cdots, 9$ 중 한 숫자이다. 서로 다른 "기억하기 쉬운" 전화번호의 개수는?

(A) 19,810　　(B) 19,910　　(C) 19,990　　(D) 20,000　　(E) 20,100

9. 한 줄로 놓여 있는 9개의 의자에 6명의 학생과 3명의 선생님이 앉는다고 하자. 선생님들은 학생들보다 먼저 와서 자리에 앉는데 학생들 사이에 선생

님이 앉도록 자리를 배치하려고 한다. 알파, 베타, 감마 선생님이 자리에 앉는 방법은 몇 가지인가?

(A) 12　(B) 36　(C) 60　(D) 84　(E) 630

10. 5개의 A와 5개의 B와 5개의 C를 나열하는데, 처음 5개의 문자에는 A가 없고, 그다음 5개의 문자에는 B가 없고, 마지막 5개의 문자에는 C가 없도록 나열하는 방법은 몇 가지인가?

(A) $\sum_{i=0}^{5} \binom{5}{i}^3$　(B) $3^5 \cdot 2^5$　(C) 2^{15}　(D) $\frac{15!}{(5!)^3}$　(E) 3^{15}

제 09 장 확률

9.1 서론

거의 모든 AMC에는 확률 문제가 나온다. 이 문제들은 대개 순열이나 조합 등의 개념을 포함하고 있다. 확률 문제는 때로는 내용을 이해하기 어려우므로 문제를 주의 깊게 읽는 것이 가장 중요하다.

9.2 정의와 기본 개념

AMC 문제에 나오는 확률의 기본 개념은 어떤 사건에서 성공하는 경우의 수를 세는 것뿐만 아니라 가능한 모든 결과의 경우의 수를 세는 것과 관련된 것들이다. 각 사건들이 일어날 가능성이 같다면 성공할 확률은 이들 두 수의 비이다.

정의 1 어떤 사건이 일어날 **확률**(probability)은 다음과 같이 정의된다.

$$\frac{\text{어떤 사건이 일어날 서로 다른 방법의 수}}{\text{가능한 모든 경우의 수}}$$

예를 들어, 다음 문제를 풀어 보자.

문제 1 52장의 카드 한 벌 중에서 임의로 선택했을 때 얼굴이 그려진 카드가 선택될 확률은?

한 벌의 카드에 있는 네 종류의 그림 중에서 얼굴이 그려져 있는 것은 잭, 퀸, 킹 세 장이므로 모두 12장의 얼굴 카드가 있다. 따라서 52장의 카드에서 임의로 선택했을 때 얼굴 카드일 확률은 12/52, 즉 3/13이다. (각 종류별 13장의 카드에서 3장의 얼굴 카드가 있으므로 당연한 결과이다.)

이 문제는 비교적 간단한 예제이다. 왜냐하면 복잡한 조건이 없기 때문이다. AMC 문제에는 이렇게 쉬운 것이 나올 리 없다. 다음 문제는 좀 더 복잡하다.

문제 2 두 장의 카드를 임의로 선택했을 때(첫 번째 카드를 다시 집어넣지 않고) 적어도 한 장은 얼굴 카드일 확률은?

이 문제에서는 상황을 좀 더 주의 깊게 분석할 필요가 있다. 먼저 다음 세 가지 경우로 나눌 수 있음을 알 수 있다.

- 경우 Ⅰ: 첫 번째 카드가 얼굴 카드이고 두 번째 카드는 아닌 경우
- 경우 Ⅱ: 첫 번째 카드는 아니고 두 번째 카드가 얼굴 카드인 경우
- 경우 Ⅲ: 두 장 모두 얼굴 카드인 경우

먼저 경우 Ⅰ을 생각해 보자. 첫 번째 카드가 얼굴 카드일 경우는 12가지가 있다. 첫 번째 카드가 얼굴 카드이면 두 번째 카드가 얼굴 카드가 아닌 경우는 40가지가 있다. 따라서 첫 번째 카드가 얼굴 카드이고 두 번째 카드가 얼굴 카드가 아닌 경우는 $12 \cdot 40$가지가 있다. 같은 방법으로, 경우 Ⅱ에서 첫 번째 카드는 얼굴 카드가 아니고 두 번째 카드가 얼굴 카드일 경우는 $40 \cdot 12$가지가 있다. 마지막으로 경우 Ⅲ에서, 첫 번째 카드가 얼굴 카드이면 남아 있는 얼굴 카드는 11장이므로 두 번 모두 얼굴 카드일 경우는 $12 \cdot 11$가지가 있다. 따라서 두 장을 선택했을 때 적어도 한 장은 얼굴 카드가 나올 경우의 수는

$$12 \cdot 40 + 40 \cdot 12 + 12 \cdot 11 = 12(40 + 40 + 11) = 12 \cdot 91 = 1092$$

이다. 처음 선택할 수 있는 카드는 52장이고, 두 번째 선택할 수 있는 카드는 51장이므로 확률은 다음과 같다.

$$P=\frac{12\cdot 91}{52\cdot 51}=\frac{7}{17}\approx 0.412 \text{ 또는 약 } 41\,\%$$

다음과 같은 방법으로 계산할 수도 있다. 첫 번째 카드가 얼굴 카드이면 두 번째 카드가 무엇이든 관계없이 성공이다. 또 첫 번째 카드가 얼굴 카드가 아니더라도 두 번째 카드가 얼굴 카드이면 성공이다. 따라서 성공일 경우의 수는 다음과 같이 계산할 수 있다.

$$12\cdot 51+40\cdot 12=12(51+40)=12\cdot 91=1092$$

또 다른 방법으로는 다음과 같이 반대의 경우를 생각할 수도 있다. 즉, 두 번 모두 얼굴 카드가 아니면 실패이다. 두 번 모두 얼굴 카드가 아닐 경우는 $40\cdot 39$가지가 있다. 따라서 적어도 한 번은 얼굴 카드가 나올 경우의 수는 다음과 같다.

$$52\cdot 51-40\cdot 39=4\cdot 13(51-10\cdot 3)=52\cdot 21=1092$$

경우의 수를 정확히 계산할 수 없는 경우에도 확률을 생각할 수 있다. 예를 들어, 반지름이 3인치인 원판의 중심에 반지름이 1인치인 명중 영역이 있는 다트 판이 있다고 하자. 이 다트 판에 임의로 다트를 던질 때 명중 영역에 맞을 확률을 구한다고 해 보자.

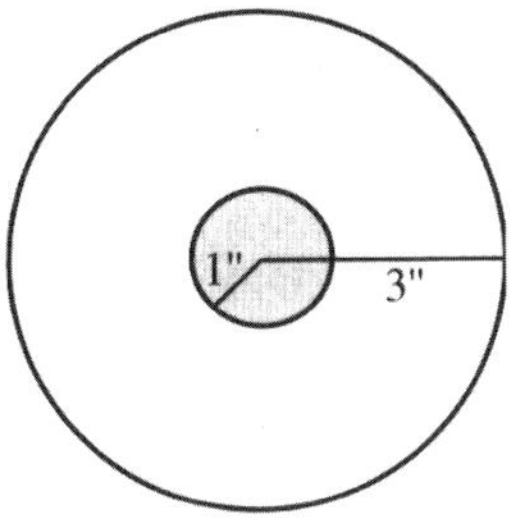

이때에는 명중할 경우의 수나 전체 경우의 수를 구할 수 없다. 그 대신 영역의 넓이를 이용하여 확률을 구할 수 있다.

$$P=\frac{\text{명중 영역의 넓이}}{\text{다트 판의 넓이}}=\frac{\pi\cdot 1^2}{\pi\cdot 3^2}=\frac{1}{9}$$

확률 문제를 푸는 방법은 여러 가지가 있을 수 있다. 가장 좋은 방법은 계산을 적게 하는 방법이다. 예제와 연습문제에서 풀어 보자.

9.3 기본적인 결과

확률과 관련된 기본적인 결과 몇 가지를 정의로부터 얻을 수 있다. 어떤 사건이 일어날 경우의 수는 적어도 0 이상이고 많아야 전체 경우의 수만큼이므로 다음 결과를 얻는다.

성질 1 사건 A가 일어날 확률을 $P(A)$라 하면

- $0 \leq P(A) \leq 1$
- 사건이 일어나지 않으면 $P(A)=0$
- 사건이 반드시 일어나면 $P(A)=1$

또, 어떤 사건이 일어나는 경우와 일어나지 않는 경우는 서로 다른 결과이고 둘 중 하나는 반드시 생기므로 다음 결과를 얻는다.

성질 2 사건 A가 일어날 확률을 $P(A)$라 하면 A가 일어나지 않을 확률은 $1-P(A)$이다.

많은 확률 문제는 둘 또는 그 이상의 사건의 확률과 관계된다. 이 경우의 확률을 계산하기 위해서는 다음 정의를 이용한다.

정의 1 A와 B가 사건일 때

- A와 B 모두 일어날 확률은 $P(A \cap B)$라 나타낸다.
- A와 B 중 적어도 하나가 일어날 확률은 $P(A \cup B)$라 나타낸다.

다음 결과는 확률 문제에서 자주 이용된다.

성질 3 포함-배제 원리(inclusion-exclusion principle) : A와 B가 사건일 때

$$P(A \cup B) = P(A) + P(B) - P(A \cap B)$$

이다. 이 식을 변형하면 $P(A \cap B) = P(A) + P(B) - P(A \cup B)$이고

$$P(A) + P(B) = P(A \cup B) + P(A \cap B)$$

이다.

이 결과는 매우 편리하다. 예를 들어, 52장의 카드에서 한 장의 카드를 선택하여 하트나 킹이 뽑힐 확률을 계산해 보자. 하트를 선택하는 것과 킹을 선택하는 것은 서로 연관이 있는 사건이다. 왜냐하면 하트 중에도 킹이 하나 있기 때문이다. 따라서

$$\begin{aligned} P(\text{하트 또는 킹}) &= P(\text{하트}) + P(\text{킹}) - P(\text{하트이면서 킹}) \\ &= \frac{1}{4} + \frac{1}{13} - \frac{1}{52} = \frac{13+4-1}{52} = \frac{16}{52} = \frac{4}{13} \end{aligned}$$

이다. 이 문제는 다음과 같이 풀 수도 있다. 하트는 13장이 있고 하트가 아닌 킹이 3장이 있으므로 하트나 킹이 선택되는 것은 52장의 카드 중에서 $13+3=16$장이다. 따라서 확률은 $16/52 = 4/13$이다.

확률과 관련해서 나오는 다른 하나의 개념은 오즈(odds. '승산'이라 번역되기도 함)이다. 이것은 도박, 특히 경마에서 확률을 표현할 때 이용되는 개념이다. 오래전의 AMC에서는 이 개념이 자주 이용되었으나, 최근에는 문제에서 정의를 설명해 주고 이용하기도 한다.

정의 2 사건 A가 일어날 확률이

$$P(A) = \frac{r}{r+s}$$

일 때 사건 A의 **오즈(odds)**는 r 대 s 또는 $r:s$라 한다.

예를 들어, 어떤 말이 경주에서 이길 오즈가 $5:9$라면 그 말이 경주에서 이길

확률은 다음과 같다.

$$\frac{5}{5+9}=\frac{5}{14}\approx 0.35 \text{ 또는 약 } 35\ \%$$

또 어떤 팀이 경기에서 이길 확률이 $2/3=2/(2+1)$라면, 그 팀이 경기에서 이길 오즈는 $2:1$이다.

제09장 예제

첫 번째 예제는 2004년 AMC 10A의 10번 문제이다.

예제 1 동전 A를 세 번 던지고 동전 B를 네 번 던졌을 때, 두 동전에서 앞면이 나오는 횟수가 같을 확률은?

(A) $\frac{19}{128}$ (B) $\frac{23}{128}$ (C) $\frac{1}{4}$ (D) $\frac{35}{128}$ (E) $\frac{1}{2}$

정답 (D) 각 동전에서 앞면이 나오는 횟수가 0, 1, 2, 3이 되면 된다. 앞면이 나오는 횟수가 0일 확률은

$$\text{동전 } A:\left(\frac{1}{2}\right)^3,\quad \text{동전 } B:\left(\frac{1}{2}\right)^4$$

이다. 따라서 두 동전 모두 앞면이 0번 나올 확률은

$$\left(\frac{1}{2}\right)^3\cdot\left(\frac{1}{2}\right)^4=\left(\frac{1}{2}\right)^7$$

이다. 앞면이 1번 나올 확률을 계산해 보자. 첫 번째 동전에서는 앞면이 나오는 경우가 세 번 중 한 번이면 되고, 두 번째 동전에서는 네 번 중 한 번이면 된다. 따라서 확률은

$$\text{동전 } A:3\left(\frac{1}{2}\right)^3,\quad \text{동전 } B:4\left(\frac{1}{2}\right)^4$$

이므로 두 동전 모두 앞면이 1번 나올 확률은

$$3\left(\frac{1}{2}\right)^3 \cdot 4\left(\frac{1}{2}\right)^4 = 12\left(\frac{1}{2}\right)^7$$

이다. 같은 방법으로 앞면이 2번 나오려면, 첫 번째 동전에서는 $\binom{3}{2}=3$가지 경우가 있고 두 번째 동전에서는 $\binom{4}{2}=6$가지 경우가 있으므로 두 동전 모두 앞면이 두 번 나올 확률은

$$3\left(\frac{1}{2}\right)^3 \cdot 6\left(\frac{1}{2}\right)^4 = 18\left(\frac{1}{2}\right)^7$$

이다. 마지막으로 앞면이 3번 나오려면, 첫 번째 동전에서는 세 번 모두 앞면이 나오는 한 가지 경우가 있고 두 번째 동전에서는 네 가지 경우가 있으므로 두 동전 모두 앞면이 세 번 나올 확률은

$$\left(\frac{1}{2}\right)^3 \cdot 4\left(\frac{1}{2}\right)^4 = 4\left(\frac{1}{2}\right)^7$$

이다. 따라서 이 확률들을 더하면 다음과 같다.

$$(1+12+18+4)\left(\frac{1}{2}\right)^7 = \frac{35}{128}$$

■

다음 예제는 2003년 AMC 10B의 21번 문제이다.

예제 2 빨간색 구슬 두 개와 초록색 구슬 두 개가 들어 있는 가방에서 구슬을 하나 꺼내고 빨간색 구슬 하나를 집어넣자. 세 번 반복했을 때 가방 속에 빨간색 구슬만 있게 될 확률은?

(A) $\frac{1}{8}$ (B) $\frac{5}{32}$ (C) $\frac{9}{32}$ (D) $\frac{3}{8}$ (E) $\frac{7}{16}$

정답 (C) 세 번 반복한 후에 가방 속에 빨간색 구슬만 있으려면, 꺼낸 세 개의 구슬 중 두 개가 초록색 구슬이어야 한다. 따라서 다음 세 가지 경우 중 하나가 되어야 한다.

- 경우 Ⅰ: 빨간색, 초록색, 초록색
- 경우 Ⅱ: 초록색, 빨간색, 초록색

• 경우 Ⅲ: 초록색, 초록색, 빨간색

경우 Ⅰ에서 처음에 빨간색 구슬을 선택할 확률은 1/2이다. 구슬의 색깔에는 변화가 없으므로 두 번째에 초록색 구슬을 선택할 확률도 1/2이다. 이제는 빨간색 구슬이 세 개이고 초록색 구슬이 하나 있으므로 세 번째에 초록색 구슬을 선택할 확률은 1/4이다. 따라서 경우 Ⅰ의 확률은 다음과 같다.

$$\frac{1}{2}\cdot\frac{1}{2}\cdot\frac{1}{4}=\frac{1}{16}$$

경우 Ⅱ에서 처음에 초록색 구슬을 선택할 확률은 1/2이다. 그다음에 이 초록색 구슬은 빨간색 구슬로 바뀌므로 두 번째에 빨간색 구슬이 선택될 확률은 3/4이다. 마지막에 초록색 구슬이 선택될 확률은 1/4이다. 따라서 경우 Ⅱ의 확률은 다음과 같다.

$$\frac{1}{2}\cdot\frac{3}{4}\cdot\frac{1}{4}=\frac{3}{32}$$

마지막으로 경우 Ⅲ에서 처음에 초록색 구슬이 선택될 확률은 1/2이다. 이 초록색 구슬은 빨간색 구슬로 바뀌므로 두 번째에도 초록색 구슬이 선택될 확률은 1/4이다. 이제 가방 속의 구슬은 모두 빨간색이므로 경우 Ⅲ의 확률은 다음과 같다.

$$\frac{1}{2}\cdot\frac{1}{4}\cdot 1=\frac{1}{8}$$

따라서 구슬을 세 번 꺼내고 빨간색 구슬을 집어넣은 후 가방 속에 빨간색 구슬만 있을 확률은 다음과 같다.

$$\frac{1}{16}+\frac{3}{32}+\frac{1}{8}=\frac{2+3+4}{32}=\frac{9}{32}$$ ■

마지막 예제는 2002년 AMC 12A의 22번 문제이다.

예제 3 삼각형 ABC에서 $\angle ACB$는 직각이고 $\angle ABC=60°$, $AB=10$이다. $\triangle ABC$의 내부에서 임의의 점 P를 택하고 $\overline{BP}$의 연장선이 $\overline{AC}$와 만나는

점을 D라 하자. $BD > 5\sqrt{2}$일 확률은?

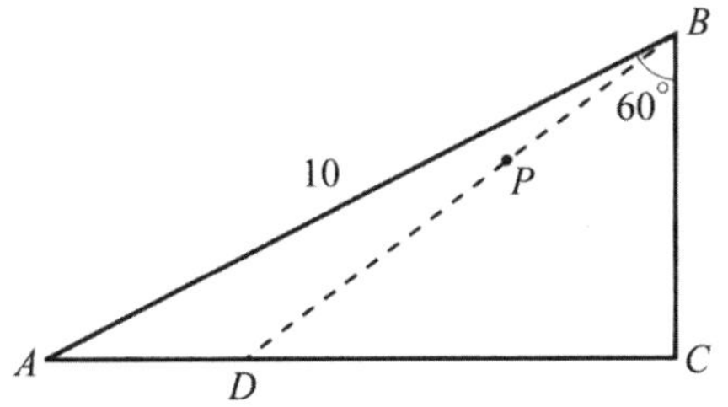

(A) $\frac{2-\sqrt{2}}{2}$　　(B) $\frac{1}{3}$　　(C) $\frac{3-\sqrt{3}}{3}$

(D) $\frac{1}{2}$　　(E) $\frac{5-\sqrt{5}}{5}$

정답 (C)　$AB = 10$이고 $\angle ABC = 60°$이므로

$$BC = 5, \quad AC = \sqrt{10^2 - 5^2} = 5\sqrt{3}$$

이다. 부등식 문제에서는 등호가 성립하는 경우를 먼저 생각해 보는 것이 좋다. 따라서 E가 $\overline{AC}$ 위의 점이고 $BE = 5\sqrt{2}$라 하자. 그러면

$$CE = \sqrt{(5\sqrt{2})^2 - 5^2} = 5$$

이고 $\triangle ECB$는 이등변삼각형이다.

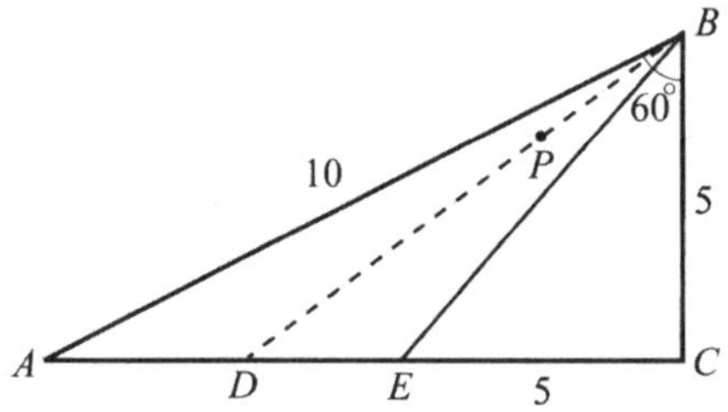

D가 E와 C 사이에 있으면, 즉 P가 $\triangle BEC$ 내부에 있으면 $BD < 5\sqrt{2}$이고 이 확률은

$$\frac{\triangle BEC\text{의 넓이}}{\triangle BAC\text{의 넓이}} = \frac{\frac{1}{2}\cdot 5^2}{\frac{1}{2}\cdot 5^2 \cdot \sqrt{3}} = \frac{\sqrt{3}}{3}$$

이다. 따라서 $BD > 5\sqrt{2}$ 일 확률은 다음과 같다.

$$1 - \frac{\sqrt{3}}{3} = \frac{3-\sqrt{3}}{3}$$

■

제09장 연습문제

1. 60의 약수 중에서 임의로 선택했을 때 7보다 작을 확률은?

(A) $\frac{1}{10}$ (B) $\frac{1}{6}$ (C) $\frac{1}{4}$ (D) $\frac{1}{3}$ (E) $\frac{1}{2}$

2. 여덟 개의 면에 1부터 8까지 써 있는 팔면 주사위가 두 개 있다. 주사위를 굴렸을 때 각 면이 위를 향할 확률은 모두 같다고 하자. 두 주사위의 윗면의 숫자의 곱이 두 수의 합보다 클 확률은?

(A) $\frac{1}{2}$ (B) $\frac{47}{64}$ (C) $\frac{3}{4}$ (D) $\frac{55}{64}$ (E) $\frac{7}{8}$

3. 꼭짓점이 $(0,\ 0)$, $(4,\ 0)$, $(4,\ 1)$, $(0,\ 1)$인 직사각형의 내부에서 임의의 점 $(x,\ y)$를 택했을 때 $x < y$일 확률은?

(A) $\frac{1}{8}$ (B) $\frac{1}{4}$ (C) $\frac{3}{8}$ (D) $\frac{1}{2}$ (E) $\frac{3}{4}$

4. 정육면체의 각 면이 빨간색 또는 파란색으로 칠해져 있다. 각 색깔이 칠해질 확률은 1/2이고, 각 면에 어떤 색이 칠해질지는 서로 독립이라 하자. 이 정육면체를 바닥에 놓았을 때 수직으로 있는 네 면의 색깔이 같을 확률은?

(A) $\frac{1}{4}$ (B) $\frac{5}{16}$ (C) $\frac{3}{8}$ (D) $\frac{7}{16}$ (E) $\frac{1}{2}$

5. 상자에 빨간색 칩 세 개와 흰색 칩 두 개가 있다. 임의로 칩을 하나씩 꺼내고 다시 집어넣지 않는데, 빨간색 칩을 모두 다 꺼내거나 흰색 칩을 모두 꺼낼 때까지 반복한다. 마지막으로 꺼낸 칩이 흰색일 확률은?

(A) $\frac{3}{10}$ (B) $\frac{2}{5}$ (C) $\frac{1}{2}$ (D) $\frac{3}{5}$ (E) $\frac{7}{10}$

6. 찬영이는 정팔면 주사위를 굴리고 찬솔이는 정육면 주사위를 굴린다. 두 주사위에서 나온 눈의 곱이 3의 배수일 확률은?

(A) $\frac{1}{12}$ (B) $\frac{1}{3}$ (C) $\frac{1}{2}$ (D) $\frac{7}{12}$ (E) $\frac{2}{3}$

7. 꼭짓점이 $A=(0,\ 2)$, $B=(4,\ 0)$, $C=(2\pi+1,\ 0)$, $D=(2\pi+1,\ 4)$, $E=(0,\ 4)$인 오각형의 내부에 점 P를 임의로 택했을 때 $\angle APB$가 둔각일 확률은?

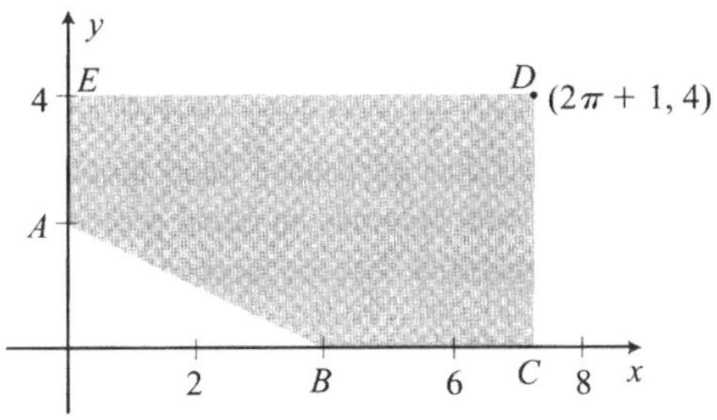

(A) $\frac{1}{5}$ (B) $\frac{1}{4}$ (C) $\frac{5}{16}$ (D) $\frac{3}{8}$ (E) $\frac{1}{2}$

8. S는 1, 2, 3, 4, 5의 순열 중에서 첫 번째 항이 1이 아닌 순열들의 집합이라 하자. S에서 임의의 순열을 선택했을 때 두 번째 항이 2일 확률을 기약분수로 나타내면 a/b라 할 때 $a+b$는?

(A) 5 (B) 6 (C) 11 (D) 16 (E) 19

9. 주사위에서 임의로 한 면을 선택하여 그 면의 점 하나를 지우자. 이때 각 점이 선택될 확률은 같다고 하자. 점 하나가 지워진 주사위를 굴렸을 때 홀수가 나올 확률은?

(A) $\frac{5}{11}$ (B) $\frac{10}{21}$ (C) $\frac{1}{2}$ (D) $\frac{11}{21}$ (E) $\frac{6}{11}$

10. 정삼각형 ABC의 내부에서 한 점 P를 택했을 때 $\triangle ABP$의 넓이가 $\triangle ACP$의 넓이와 $\triangle BCP$의 넓이보다 클 확률은?

(A) $\frac{1}{6}$ (B) $\frac{1}{4}$ (C) $\frac{1}{3}$ (D) $\frac{1}{2}$ (E) $\frac{2}{3}$

10 장 소인수분해

10.1 서론

이 장은 정수론에 관한 첫 번째 장으로, 정수론의 기본 정리를 이용하는 문제들을 다룬다. 모든 양의 정수는 유일한 방법으로 소인수분해된다는 것이 정수론의 기본 정리이다. 많은 AMC 문제들이 이 정리를 이용해서 두 수의 곱이 소인수분해되는 방법을 세거나 수들의 성질을 찾아낸다.

10.2 정수론의 기본 정리

양의 정수는 자연수라고도 하는데 산술의 기본이 되는 수이고, 소수는 자연수의 기본이 되는 수이다.

정의 1 1보다 큰 자연수 중에서 약수가 1과 자기 자신뿐인 수를 **소수**(prime)라 한다. 1보다 큰 자연수 중에서 소수가 아닌 수를 **합성수**(composite)라 한다.

정수론의 기본 정리가 기본인 이유는 소수가 자연수의 기본이 되는 수임을 말해 주기 때문이다.

성질 1 정수론의 기본 정리(fundamental theorem of arithmetic) : 1이 아닌 모든 자연수는 소수들의 곱으로 표현할 수 있고, 그 표현 방법은 곱하는 순서가 바뀌는 것을 제외하고는 '유일하다'.

정수론의 기본 정리의 증명은 어렵지는 않지만 좀 길고 특별히 놀랍지도 않다. 관심 있는 사람은 I. Niven이 쓴 책 *Numbers: Rational and Irrational*을 보기 바란다.

정수론의 기본 정리는 AMC에서 미지의 정수의 약수를 구해야 하는 문제에서 자주 이용된다.

문제 1 다음 두 조건을 만족하는 양의 정수 x와 y를 구하여라.

$$xy = 40, \quad 31 = 2x + 3y$$

이 문제는 첫 번째 방정식을 $y = 40/x$으로 변형한 다음 두 번째 방정식에 대입하여 다음과 같이 이차식으로 만들어 풀 수 있다.

$$31 = 2x + 3\left(\frac{40}{x}\right) = \frac{2x^2 + 120}{x}$$

즉,

$$0 = 2x^2 - 31x + 120$$

이다. 이 이차식을 인수분해하면 다음과 같다.

$$0 = 2x^2 - 31x + 120 = (2x - 15)(x - 8)$$

x는 정수이므로 $x = 8$이고 $y = 40/8 = 5$이다.

다른 방법으로 다음과 같이 풀 수도 있다. 40을 소인수분해하는 방법은 $40 = 2^3 \cdot 5$밖에 없으므로 (x, y)로 가능한 경우는 다음 8가지가 있다. $(1, 40)$, $(2, 20)$, $(4, 10)$, $(8, 5)$, $(5, 8)$, $(10, 4)$, $(20, 2)$, $(40, 1)$. 이 중에서 $31 = 2x + 3y$를 만족하는 것은 $(x, y) = (8, 5)$뿐이다.

두 번째 풀이에서 보면 40의 소인수분해는 $40 = 2^3 \cdot 5$이므로 40을 두 수의 곱으로 나타내는 방법의 수는 $(3+1)(1+1)=4\cdot 2=8$가지이다. 왜냐하면 x로 선택할 수 있는 값은 2의 배수 4가지, 즉 $2^0=1$, $2^1=2$, $2^2=4$, $2^3=8$이 있고 5의 배수 2가지, 즉 $5^0=1$, $5^1=5$가 있기 때문이다. x가 결정되면 그에 따라 y가 결정된다. 이러한 소인수분해-인수분해의 동치 관계는 다음과 같이 정리할 수 있다.

성질 2 자연수 n은 소인수분해하면 다음과 같다고 하자.

$$n=p_1^{n_1}\cdot p_2^{n_2}\cdots p_k^{n_k}$$

여기서 p_1, p_2, $\cdots$, p_k는 서로 다른 소수이다. 그러면 n의 서로 다른 약수의 개수는 다음과 같다.

$$\tau(n)=(n_1+1)(n_2+1)\cdots(n_k+1)$$

이 결과로부터 양의 자연수를 두 수의 곱으로 나타내는 방법이 몇 가지인지에 관한 중요한 사실을 알 수 있다.

성질 3 자연수 n을 소인수분해하면 $n=p_1^{n_1}\cdot p_2^{n_2}\cdots p_k^{n_k}$이고 p_1, p_2, $\cdots$, p_k는 서로 다른 소수라 하자. 그러면 n을 두 수의 곱으로 나타내는 서로 다른 방법의 수는 다음과 같다.

$$\frac{1}{2}\tau(n)=\frac{1}{2}(n_1+1)(n_2+1)\cdots(n_k+1)$$

성질 4 n이 합성수이면 n은 $p\le\sqrt{n}$인 소인수 p를 갖는다.

왜냐하면 p는 소수, m은 합성수이고, $p\cdot m=n=\sqrt{n}\cdot\sqrt{n}$이라 하면 $p\le\sqrt{n}$이거나 $m\le\sqrt{n}$이다. 만약 $p\le\sqrt{n}$이라면 성질 4가 증명된다. 만약 $m\le\sqrt{n}$이라면, m은 소인수분해되는데 m의 소인수는 m보다 작거나 같고 n은 소인수이기도 하다. 따라서 성질 4가 증명된다.

● 제10장 예제

첫 번째 예제는 1998년 AHSME의 6번 문제이다.

예제 1 1998을 두 양수의 곱으로 나타낼 때 두 수의 차가 가장 작은 것은 얼마인가?

(A) 8　　(B) 15　　(C) 17　　(D) 47　　(E) 93

정답 (C) 1998을 소인수분해하려면 알고 있는 소인수를 이용하여 소수가 남을 때까지 나누어 보면 된다. 1998은 짝수이므로 2로 나누면 $1998 = 2^1 \cdot 999$이다. 처음에는 $9 = 3^2$이 약수인지 쉽게 알 수 없지만, 이제는 쉽게 알 수 있다. 따라서 $1998 = 2^1 \cdot 3^2 \cdot 111$이다. 111은 3으로 나누어지고 37은 소수이므로

$$1998 = 2^1 \cdot 3^3 \cdot 37^1$$

으로 소인수분해된다. 따라서 1998을 두 양수의 곱으로 나타내는 방법은 $(1+1)(3+1)(1+1)/2 = 8$가지가 있다.

$$1 \cdot 1998,\quad 2 \cdot 999,\quad 3 \cdot 666,\quad 6 \cdot 333,$$
$$9 \cdot 222,\quad 18 \cdot 111,\quad 27 \cdot 74,\quad 37 \cdot 54$$

이 중에서 두 수의 차가 가장 작을 경우는 $54 - 37 = 17$이다.

두 수의 차가 가장 작을 경우는 약수가 $\sqrt{1998} \approx 45$ 근처일 경우임을 생각하면, 모든 약수를 다 구하지 않고도 답을 구할 수 있다. ■

두 번째 예제는 2005년 AMC 10A의 15번 문제이다.

예제 2 $3! \cdot 5! \cdot 7!$의 약수 중에서 세제곱 수는 몇 개인가?

(A) 2　　(B) 3　　(C) 4　　(D) 5　　(E) 6

정답 (E) 소수의 곱으로 표현하면

$$3! \cdot 5! \cdot 7! = 2^8 \cdot 3^4 \cdot 5^2 \cdot 7$$

이다. 따라서 세제곱 수인 약수는 $2^p \cdot 3^q \cdot 5^r \cdot 7^s$ 형태이고 여기서 p, q, r, s는 3의 배수이다. p는 0, 3, 6이 가능하고 q는 0, 3이 가능하며 r와 s는 0만 가능하다. 따라서 $3! \cdot 5! \cdot 7!$의 약수 중에서 세제곱 수는 $6 = 3 \cdot 2 \cdot 1 \cdot 1$개가 있다. 즉, $1 = 2^0 3^0 5^0 7^0$, $8 = 2^3 3^0 5^0 7^0$, $27 = 2^0 3^3 5^0 7^0$, $64 = 2^6 3^0 5^0 7^0$, $216 = 2^3 3^3 5^0 7^0$, $1728 = 2^6 3^3 5^0 7^0$이다. ■

마지막 예제는 2001년 AMC 12의 21번 문제이다.

예제 3 네 자연수 a, b, c, d의 곱이 $8!$이고 다음 방정식을 만족한다고 하자.

$$ab + a + b = 524, \quad bc + b + c = 146, \quad cd + c + d = 104$$

이때 $a - d$는?

(A) 4 (B) 6 (C) 8 (D) 10 (E) 12

정답 (D) 주어진 세 방정식은 다음과 같이 쓸 수 있다.

$$525 = ab + a + b + 1 = (a+1)(b+1)$$
$$147 = bc + b + c + 1 = (b+1)(c+1)$$
$$105 = cd + c + d + 1 = (c+1)(d+1)$$

좌변의 세 수를 소인수분해하면 다음과 같다.

$$(a+1)(b+1) = 525 = 3 \cdot 5^2 \cdot 7$$
$$(b+1)(c+1) = 147 = 3 \cdot 7^2$$
$$(c+1)(d+1) = 105 = 3 \cdot 5 \cdot 7$$

$(a+1)(b+1)$은 $5^2 = 25$로 나누어지지만 $(b+1)(c+1)$은 5로 나누어지지 않으므로 $(a+1)$은 25로 나누어짐을 알 수 있다. 같은 방법으로 $(d+1)$은 5로 나누어진다.

$(b+1)(c+1) = 3 \cdot 7^2$이므로 $b+1 = 7$이고 $c+1 = 3 \cdot 7$이거나 $b+1 = 3 \cdot 7$이고 $c+1 = 7$이다. 만약 $b+1 = 7$이면 $a+1 = 3 \cdot 25 = 75$이고 $a = 74$이다. 그런데 $a \cdot b \cdot c \cdot d = 8!$이고 74는 $8!$의 약수가 아니므로 $b+1 = 7$일 수가 없다.

따라서 $b+1=3\cdot 7$이고 $c+1=7$이다. 이때 $a+1=25$이고 $d+1=3\cdot 5=15$이다. 따라서 $a=24$, $b=20$, $c=6$, $d=14$이므로 $a-d=10$이다. ■

제10장 연습문제

1. 주사위를 굴렸을 때 눈에 보이는 다섯 개의 수의 곱을 p라 하자. p를 반드시 나누는 가장 큰 수는?

(A) 6 (B) 12 (C) 24 (D) 144 (E) 720

2. $2^{2004}\cdot 5^{2006}$을 십진수로 나타냈을 때 각 자릿수의 합은?

(A) 2 (B) 4 (C) 5 (D) 7 (E) 10

3. $25^{64}\cdot 64^{25}$이 자연수 N의 제곱일 때 N의 각 자릿수의 합은?

(A) 7 (B) 14 (C) 21 (D) 28 (E) 35

4. 이차 방정식 $x^2-63x+k=0$의 두 근이 소수일 때 k는?

(A) 120 (B) 122 (C) 124 (D) 126 (E) 128

5. $N=69^5+5\cdot 69^4+10\cdot 69^3+10\cdot 69^2+5\cdot 69+1$이라 할 때 N의 약수의 개수는?

(A) 3 (B) 5 (C) 69 (D) 125 (E) 216

6. $1!\cdot 2!\cdot 3!\cdots 9!$을 나누는 완전제곱수의 개수는?

(A) 504 (B) 672 (C) 864 (D) 936 (E) 1008

7. 50보다 작은 자연수 중에서 양의 약수가 홀수 개인 것의 개수는?

(A) 3 (B) 5 (C) 7 (D) 9 (E) 11

8. 정n각형의 한 내각의 크기가 자연수가 되는 n의 개수는?

(A) 16　(B) 18　(C) 20　(D) 22　(E) 24

9. a와 b는 한 자리 수인데 둘 다 0이거나 둘 다 9는 아니라고 하자. 순환소수 $0.\overline{ab}$를 기약분수로 나타냈을 때 가능한 분모의 개수는?

(A) 3　(B) 4　(C) 5　(D) 8　(E) 9

10. n은 자연수로서 $2n$의 약수는 28개이고 $3n$의 약수는 30개라 할 때 $6n$의 약수의 개수는?

(A) 32　(B) 34　(C) 35　(D) 36　(E) 38

11 장 정수론

11.1 서론

정수론은 여러 유형의 문제에 많이 이용되는 주제이다. 이러한 유형의 문제는 해가 정수라는 공통점이 있다. 이 주제는 앞 장에서 소인수분해를 다룰 때 이미 나왔지만, 정답이 정수가 되는 문제들은 새로운 장으로 소개할 만큼 많이 있다.

11.2 진법과 모듈 산수

이 절에서 다루는 몇몇 문제들은 10진법이 아닌 다른 진법으로 수를 나타낸다. 흔히 사용하는 10진법이 어떻게 정의되었는지 잘 이해하면 다른 진법으로 나타낸 수도 어렵지 않게 이해할 수 있다. 예를 들어, 10진법으로 표현된 수 $abcd$는

$$a \cdot 10^3 + b \cdot 10^2 + c \cdot 10 + d$$

를 나타낸다. 여기서 a, b, c, d는 0과 9 사이의 정수이고 $a \neq 0$이다. 비슷한 방법으로 7진법의 수 $abcd_7$는(아래 첨자가 없는 수는 10진법으로 표현한 것으로 생각한다.)

$$a \cdot 7^3 + b \cdot 7^2 + c \cdot 7 + d$$

를 나타낸다. 여기서 a, b, c, d는 0과 6 사이의 정수이고 $a \neq 0$이다. 다른 진법도 같은 방법으로 정의한다. 11진법 이상은 표현하는 데 어려움이 있다. 왜냐하

면 우리가 사용하는 숫자는 10개뿐이기 때문이다. 여기서는 11진법 이상은 다루지 않기로 하자.

어떤 진법으로 표현된 수를 다른 진법으로 나타내는 방법이 몇 가지 있지만, 우리에게 익숙한 10진법을 이용하는 것이 가장 쉽다. 예를 들어, 6진법의 수 3425_6을 8진법의 수로 바꾸어 보자. 먼저, 10진법으로 나타내면 다음과 같다.

$$\begin{aligned}3425_6 &= 3\cdot 6^3+4\cdot 6^2+2\cdot 6+5\\ &= 3\cdot 216+4\cdot 36+2\cdot 6+5\\ &= 648+144+12+5=809\end{aligned}$$

그런데 $8^2=64$이고 $8^3=512$이므로

$$\begin{aligned}3425_6 &= 809=512+297=8^3+4\cdot 64+43\\ &= 1\cdot 8^3+4\cdot 8^2+5\cdot 8+3=1453_8\end{aligned}$$

이다.

진법과 밀접한 관련이 있는 개념이 모듈 산수이다.

정의 1 양의 정수 n에 대하여, $a-b$가 n으로 나누어지면 정수 a와 정수 b는 법(modulo) n에 대하여 같다고 하고 $a \bmod n \equiv b$ 또는 $a \equiv b \pmod{n}$이라 나타낸다.

법 기호는 대개 a가 n보다 큰 양의 정수이고 b는 $0 \le b < n$을 만족하는 정수일 때 사용한다. $a \bmod n \equiv b$는 a를 n으로 나누었을 때 나머지가 b라는 것과 같다. 예를 들어,

$$37 \bmod 5 \equiv 2 \text{ 이고 } \quad 9 \bmod 4 \equiv 1$$

이다. 또한

$$-11 \bmod 3 \equiv 4$$

이다. 왜냐하면 $-11-4=-15$는 3으로 나누어지기 때문이다.

다음 성질은 정수로 나누는 계산을 간단히 할 때 편리하다.

성질 1 n이 양의 정수이고 $a \bmod n \equiv b$, $c \bmod n \equiv d$라 하면 다음이 성립한다.

- $(a+c) \bmod n \equiv b+d$
- $(a \cdot c) \bmod n \equiv b \cdot d$
- $a^k \bmod n \equiv b^k$, k는 양의 정수

이 성질이 어떻게 이용되는지 보기 위하여 3^{2006}을 8로 나누었을 때의 나머지를 구해 보자. $3^2=9$이므로 $3^2 \bmod 8 \equiv 1$이다. 따라서

$$3^{2006} \bmod 8 \equiv (3^2)^{1003} \bmod 8 \equiv (3^2 \bmod 8)^{1003} \equiv 1^{1003} = 1$$

이다. 따라서 나머지는 1이다.

또 다른 예로 3^{2006}을 11로 나누었을 때의 나머지를 구해 보자. 우선

$$3^5 = 243 = 2 \cdot 121 + 1 = 2 \cdot 11^2 + 1$$

이므로 $3^5 \bmod 11 \equiv 1$ 이고

$$\begin{aligned} 3^{2006} \bmod 11 &\equiv 3^{2005} \cdot 3 \bmod 11 \\ &\equiv (3^5 \bmod 11)^{401} \cdot 3 \bmod 11 \\ &\equiv 1^{401} \cdot 3 = 3 \end{aligned}$$

이다. 따라서 3^{2006}을 11로 나누었을 때의 나머지는 3이다.

11.3 정수 나눗셈 성질

모듈 산수를 이용하면 수를 특정한 정수로 나눌 수 있는지를 판단하는 편리한 방법을 알 수 있다.

성질 1 정수 n의 소인수를 찾는 방법:

- n이 2로 나누어질 필요충분조건은 n의 일의 자리가 짝수인 것이다.
- n이 3으로 나누어질 필요충분조건은 각 자릿수의 합이 3으로 나누어지는 것이다.
- n이 5로 나누어질 필요충분조건은 n의 일의 자릿수가 0 또는 5인 것이다.
- n이 7로 나누어질 필요충분조건은 n의 일의 자릿수를 없애고 이 수에서 일의 자릿수의 두 배를 뺀 수가 7로 나누어지는 것이다.
- n이 9로 나누어질 필요충분조건은 각 자릿수의 합이 9로 나누어지는 것이다.
- n이 11로 나누어질 필요충분조건은 각 자릿수를 순서대로 +, −, +, −, ⋯ 하여 더한 수가 11로 나누어지는 것이다.

2와 5로 나누어지는 경우의 성질은 분명하다. 3으로 나누었을 때의 성질을 증명해 보자. 양의 정수 n을 다음과 같이 나타내자.

$$n = a_k \cdot 10^k + a_{k-1} \cdot 10^{k-1} + \cdots + a_2 \cdot 10^2 + a_1 \cdot 10 + a_0$$

$10 \bmod 3 \equiv 1$이므로 모든 양의 정수 j에 대하여 $10^j \bmod 3 \equiv (10 \bmod 3)^j \equiv 1^j \bmod 3 \equiv 1$이다. 따라서

$$\begin{aligned} n \bmod 3 &\equiv (a_k \cdot 10^k + a_{k-1} \cdot 10^{k-1} + \cdots + a_1 \cdot 10 + a_0) \bmod 3 \\ &\equiv (a_k \bmod 3) \cdot (10^k \bmod 3) + (a_{k-1} \bmod 3) \cdot (10^{k-1} \bmod 3) \\ &\quad + \cdots + (a_1 \bmod 3) \cdot (10 \bmod 3) + (a_0 \bmod 3) \\ &\equiv (a_k \bmod 3) \cdot 1 + (a_{k-1} \bmod 3) \cdot 1 \\ &\quad + \cdots + (a_1 \bmod 3) \cdot 1 + (a_0 \bmod 3) \\ &\equiv (a_k + a_{k-1} + \cdots + a_1 + a_0) \bmod 3 \end{aligned}$$

이다. 따라서 n을 3으로 나누었을 때의 나머지는 각 자릿수의 합을 3으로 나누었을 때의 나머지와 같고, 이 나머지가 0일 필요충분조건은 n이 3으로 나누어 떨어지는 것이다.

앞의 설명과 같이 3으로 나누었을 때의 성질의 증명은 $10 \bmod 3 \equiv 1$과 모든

양의 정수 j에 대하여 $10^j \bmod 3 \equiv 1$이라는 사실에 의하여 곧바로 얻을 수 있다. 그런데 $10 \bmod 9 \equiv 1$이고 $10^j \bmod 9 \equiv 1$이므로 9로 나누었을 때의 결과도 앞과 같은 방법으로 증명할 수 있다.

11로 나누었을 때의 결과는, $10 \bmod 11 \equiv -1$이고 양의 정수 j에 대하여 $10^j \bmod 11 \equiv (-1)^j$이라는 사실로부터 얻을 수 있다.

7로 나누었을 때의 결과는 좀 특별하므로 굳이 기억할 필요는 없지만 모듈 산수의 응용을 보여 주는 좋은 예이다. 먼저, n이 다섯 자리 이하의 수, 즉

$$n = a_5 \cdot 10^5 + a_4 \cdot 10^4 + a_3 \cdot 10^3 + a_2 \cdot 10^2 + a_1 \cdot 10 + a_0$$

에 대하여 성립함을 보이자. $10 \bmod 7 \equiv 3$이므로

$$10^2 \bmod 7 \equiv 2, \quad 10^3 \bmod 7 \equiv 6, \quad 10^4 \bmod 7 \equiv 4, \quad 10^5 \bmod 7 \equiv 5$$

이다. $n \bmod 7 \equiv b$이고 $0 \leq b \leq 6$이라 하자. 그러면

$$b \equiv n \bmod 7 \equiv 5a_5 + 4a_4 + 6a_3 + 2a_2 + 3a_1 + a_0 \bmod 7$$

이므로

$$a_0 \bmod 7 \equiv b - (5a_5 + 4a_4 + 6a_3 + 2a_2 + 3a_1) \bmod 7$$

이다. 다음 수를 생각해 보자.

$$n_1 = a_5 \cdot 10^4 + a_4 \cdot 10^3 + a_3 \cdot 10^2 + a_2 \cdot 10 + a_1 - 2a_0$$

n_1이 7로 나누어질 필요충분조건은 $b = 0$이다. 왜냐하면

$$\begin{aligned}
n_1 \bmod 7 &\equiv (a_5 \cdot 10^4 + a_4 \cdot 10^3 + a_3 \cdot 10^2 + a_2 \cdot 10 + a_1 - 2a_0) \bmod 7 \\
&\equiv (4a_5 + 6a_4 + 2a_3 + 3a_2 + a_1) \bmod 7 \\
&\quad - 2b + 2(5a_5 + 4a_4 + 6a_3 + 2a_2 + 3a_1) \bmod 7 \\
&\equiv 14a_5 + 14a_4 + 14a_3 + 7a_2 + 7a_1 - 2b \bmod 7 \\
&\equiv -2b \bmod 7
\end{aligned}$$

인데 $1 \leq b \leq 6$이면 $-2b$가 7로 나누어지지 않기 때문이다.

앞의 증명에 의하여 n이 7로 나누어질 필요충분조건은 $b=0$인 것이고, $b=0$일 필요충분조건은 n_1이 7로 나누어지는 것이다. 따라서 n이 7로 나누어질 필요충분조건은 n_1이 7로 나누어지는 것이다.

n이 여섯 자리 이상의 수일 때도 성립함은 각자 증명해 보기 바란다.

성질 1을 적용하여 390225를 소인수분해해 보자. 각 자릿수의 합은 $3+9+0+2+2+5=21$이고 21은 3의 배수이지만 9의 배수는 아니므로 390225는 3으로는 나누어지지만 9로는 나누어지지 않는다. 또 $3-9+0-2+2-5=-11$은 11로 나누어지므로 11도 390225의 약수이다. 일의 자릿수가 5이므로 5도 약수이다. 이 약수들로 반복해서 나누면 다음과 같다.

$$390225=3\cdot 130075=3\cdot 5\cdot 26015=3\cdot 5^2\cdot 5203=3\cdot 5^2\cdot 11\cdot 473$$

$4-7+3=0$도 11로 나누어지므로 473은 11로 나누어지고

$$473=11\cdot 43$$

인데 43은 소수이다. 따라서 390225의 소인수분해는 다음과 같다.

$$390225=3\cdot 5^2\cdot 11^2\cdot 43$$

7로 나누었을 때의 성질을 적용하기 위하여 $n=2233$을 생각해 보자.

$$n_1=223-2\cdot 3=217$$

이라 하고

$$n_2=21-2\cdot 7=7$$

이라 하자. 7은 7의 약수이므로 217도 7로 나누어지고, 따라서 2233도 7로 나누어진다.

또 다른 예로 $n=59210$을 생각해 보자.

$$n_1=5921-2\cdot 0=5921,\quad n_2=590,\quad n_3=59$$

라 하면 59가 7로 나누어지지 않으므로 59210도 7로 나누어지지 않는다.

11.4 비둘기 집의 원리

n개의 상자(비둘기 집)에 n개보다 많은 물건(비둘기)을 넣는다면 적어도 하나의 상자에는 두 개 이상의 물건이 들어간다는 것이 비둘기 집의 원리(pigeon hole principle)이다. 이 원리는 정수에 관한 어떤 성질이 성립하기 위한 최소한의 물건의 개수를 결정하는 문제를 풀 때 응용된다.

문제 1 52장의 카드에서, 한 장씩 연속해서 뽑고 다시 집어넣지 않는다고 하자. 같은 번호의 카드 두 장을 반드시 뽑으려면 몇 장의 카드를 뽑아야 하는가?

가능한 카드의 수를 상자(비둘기 집)라 하자. 그러면 13개의 상자가 있다. 1(또는 에이스)부터 10까지의 10개의 수와 잭, 퀸, 킹이 있다. 첫 번째 뽑은 카드와 두 번째 뽑은 카드가 같은 상자에 들어갈 수도 있지만, 열세 번째로 뽑은 카드까지 모두 다른 상자에 들어갈 수도 있다. 그러면 열네 번째로 뽑은 카드는 이미 다른 카드가 들어 있는 상자에 들어간다. 따라서 열네 장의 카드를 뽑으면 반드시 같은 번호의 카드가 있다.

비둘기 집의 원리는 매우 간단한 개념이지만, 무엇을 비둘기 집으로 하고 무엇을 비둘기로 생각할지는 항상 쉬운 것은 아니다. 다음 성질은 비둘기 집의 원리를 확장한 것이다.

성질 1 확장된 비둘기 집의 원리(extended pigeon hole principle) : $(m-1)n+1$개의 물건을 n개의 상자에 넣는다면 적어도 하나 이상의 상자에는 m개의 물건이 들어간다.

● 제11장 예제

첫 번째 예제는 1981년 AHSME의 16번 문제이다.

예제 1 x를 3진수로 나타내면 다음과 같다고 하자.

$$12112211122211112222_3$$

x를 9진수로 표현했을 때 왼쪽에서 첫 번째 자릿수는?

(A) 1　　(B) 2　　(C) 3　　(D) 4　　(E) 5

정답 (E) $9=3^2$이므로 3진수 표현에서 오른쪽부터 두 개씩 묶어서 생각하자. 그러면

$$\begin{aligned}x &= (12)(11)(22)(11)(12)(22)(11)(11)(22)(22)_3\\ &= (1\cdot 3+2)\cdot 3^{18}+(1\cdot 3+1)\cdot 3^{16}+(2\cdot 3+2)\cdot 3^{14}\\ &\quad +(1\cdot 3+1)\cdot 3^{12}+(1\cdot 3+2)\cdot 3^{10}+(2\cdot 3+2)3^{8}\\ &\quad +(1\cdot 3+1)\cdot 3^{6}+(1\cdot 3+1)\cdot 3^{4}+(2\cdot 3+2)\cdot 3^{2}+(2\cdot 3+2)\\ &= 5\cdot 9^9+4\cdot 9^8+8\cdot 9^7+4\cdot 9^6+5\cdot 9^5+8\cdot 9^4\\ &\quad +4\cdot 9^3+4\cdot 9^2+8\cdot 9^1+8\\ &= 5484584488_9\end{aligned}$$

이다. 따라서 9진수의 제일 앞자리 수는 9의 최고차항에서 나오는 5이다. ■

다음 예제는 1999년 AHSME의 25번 문제이다.

예제 2 다음 식을 만족하는 a_2, a_3, a_4, a_5, a_6, a_7이 유일하게 존재한다고 하자.

$$\frac{5}{7}=\frac{a_2}{2!}+\frac{a_3}{3!}+\frac{a_4}{4!}+\frac{a_5}{5!}+\frac{a_6}{6!}+\frac{a_7}{7!}$$

여기서 $i=2, 3, \cdots, 7$에 대하여 $0\le a_i<i$이다. 이때 $a_2+a_3+a_4+a_5+a_6+a_7$의 값은?

(A) 8　　(B) 9　　(C) 10　　(D) 11　　(E) 12

정답 (B) 주어진 식의 양변에 7!을 곱하여 분모가 없도록 하자.

$$5\cdot 6!=a_2(7\cdot 6\cdot 5\cdot 4\cdot 3)+a_3(7\cdot 6\cdot 5\cdot 4)$$

$$+ a_4(7 \cdot 6 \cdot 5) + a_5(7 \cdot 6) + a_6 \cdot 7 + a_7$$

각 i에 대하여 $0 \le a_i < i$이고, 오른쪽에서는 마지막 항을 제외하고는 모두 7의 배수이므로

$$\begin{aligned} a_7 &\equiv 5 \cdot 6! \bmod 7 \\ &\equiv (5 \bmod 7) \cdot (720 \bmod 7) \\ &\equiv (5 \bmod 7) \cdot (6 \bmod 7) \equiv 30 \bmod 7 \equiv 2 \end{aligned}$$

이다. 그런데 $0 \le a_7 < 7$이므로 $a_7 = 2$이고

$$\begin{aligned} 5 \cdot 6! - 2 = {} & a_2(7 \cdot 6 \cdot 5 \cdot 4 \cdot 3) + a_3(7 \cdot 6 \cdot 5 \cdot 4) + a_4(7 \cdot 6 \cdot 5) \\ & + a_5(7 \cdot 6) + a_6 \cdot 7 \end{aligned}$$

이다. 이 식의 양변을 mod 6으로 계산하자. 오른쪽에서는 마지막 항을 제외하고는 모두 6의 배수이므로

$$-2 \bmod 6 \equiv (a_6 \bmod 6) \cdot (7 \bmod 6) \equiv (a_6 \bmod 6) \cdot (1 \bmod 6)$$

이다. 즉, $a_6 \equiv -2 \bmod 6 \equiv 4$이다. 따라서

$$\begin{aligned} 5 \cdot 6! - 2 - 4 \cdot 7 = {} & a_2(7 \cdot 6 \cdot 5 \cdot 4 \cdot 3) + a_3(7 \cdot 6 \cdot 5 \cdot 4) \\ & + a_4(7 \cdot 6 \cdot 5) + a_5(7 \cdot 6) \end{aligned}$$

이다. a_5를 구하기 위해 양변을 mod 5로 계산하면, $5 \cdot 6!$과 $-2-4 \cdot 7 = -30$이 모두 5의 배수이므로 $a_5 = 0$이다. 따라서

$$5 \cdot 6! - 2 - 4 \cdot 7 = a_2(7 \cdot 6 \cdot 5 \cdot 4 \cdot 3) + a_3(7 \cdot 6 \cdot 5 \cdot 4) + a_4(7 \cdot 6 \cdot 5)$$

이고 양변을 $7 \cdot 6 \cdot 5$로 나누면

$$17 = 12a_2 + 4a_3 + a_4$$

이다. 양변을 mod 4와 mod 3으로 계산할 수도 있지만, 계산하지 않고도 방정식으로부터 $a_4 = a_3 = a_2 = 1$임을 알 수 있다. 따라서

$$a_2+a_3+a_4+a_5+a_6+a_7=1+1+1+0+4+2=9$$

이다. ■

마지막 예제는 1990년 AHSME의 29번 문제이다.

예제 3 자연수 1, 2, ⋯, 100의 어떤 부분집합에서 어느 원소도 다른 원소의 3배가 아니라 하자. 이 성질을 갖는 부분집합 중에서 원소의 개수가 가장 많은 것은 몇 개인가?

(A) 50　　(B) 66　　(C) 67　　(D) 76　　(E) 78

정답 (D) 먼저 3의 배수가 아닌 모두 자연수를 포함하는 다음 부분집합을 생각해 보자.

$$S=\{1,\ 2,\ 4,\ 5,\ 7,\ 8,\ \cdots,\ 98,\ 100\}$$

S의 원소의 개수는

$$100-\left\lfloor \frac{100}{3} \right\rfloor=100-33=67$$

개이다. 이 집합에 3의 배수를 몇 개 추가할 수도 있다. 1과 2가 S의 원소이므로 3과 6은 추가할 수는 없지만, 3과 6이 없으므로 9와 18은 추가할 수 있다. 9와 18이 추가되면 27과 54는 추가될 수 없고 81은 추가될 수 있다($3 \cdot 54$는 100보다 크므로 제외한다).

또한 12와 15는 추가할 수 없으므로 36과 45는 추가할 수 있다. 또 21과 24는 추가할 수 없으므로 63과 72는 추가할 수 있다. 마지막으로 30과 33은 추가할 수 없으므로 90과 99는 추가할 수 있다. 따라서 S에 9개의 원소 $\{9,\ 18,\ 36,\ 45,\ 63,\ 72,\ 81,\ 90,\ 99\}$를 추가할 수 있고 S의 원소의 개수는 76개다.

좀 더 간단한 방법은 맨 처음 67개의 원소에, 소인수분해했을 때 3이 짝수 개가 있는 자연수를 추가하는 것이다.

$$9,\quad 18=2\cdot 9,\quad 36=4\cdot 9,\quad 45=5\cdot 9,\quad 63=7\cdot 9,$$
$$72=8\cdot 9,\quad 81=9^2,\quad 90=10\cdot 9,\quad 99=11\cdot 9$$

이 수들은 모두 3이 홀수 개가 있는 수에 3을 곱한 것인데, 3이 홀수 개가 있는 수는 원래의 집합에 포함되어 있지 않다. ■

제11장 연습문제

1. 2^{1000}을 13으로 나누었을 때의 나머지는?
   (A) 1 (B) 2 (C) 3 (D) 7 (E) 11

2. 세 자리 십진법의 수 n을 임의로 선택하자. n을 9진법의 수와 11진법의 수로 표현했을 때 모두 세 자리의 수가 될 확률은?
   (A) $\frac{76}{225}$ (B) $\frac{38}{125}$ (C) $\frac{1}{2}$ (D) $\frac{152}{225}$ (E) $\frac{76}{125}$

3. 19부터 92까지의 자연수를 연속해서 써서 다음 수를 만들자.

$$N = 19202122 \cdots 909192$$

   3^k이 N의 약수가 되는 최고차항이라 할 때 k는?
   (A) 0 (B) 1 (C) 2 (D) 3 (E) 4

4. 암호학자가 다음과 같은 방법으로 양의 정수를 암호로 만들었다. 첫째, 양의 정수를 5진수로 나타낸다. 둘째, 5진수로 나타낼 때 이용되는 수와 집합 $\{V, W, X, Y, Z\}$의 원소를 일대일 대응시킨다. 이 대응을 이용하면 세 개의 연속된 정수가 작은 것부터 순서대로 VYZ, VYX, VVW에 대응된다고 한다. XYZ에 대응되는 정수를 10진법으로 나타내면?
   (A) 48 (B) 71 (C) 82 (D) 108 (E) 113

5. 8진법의 수 $ab3c$가 완전제곱수라 하자. $a \neq 0$일 때 c의 값은?
   (A) 0 (B) 1 (C) 3 (D) 4 (E) 7

6. N년의 300번째 날은 화요일이고 $N+1$년의 200번째 날도 화요일이다. $N-1$년의 100번째 날은 무슨 요일인가?

(A) 목요일 (B) 금요일 (C) 토요일 (D) 일요일 (E) 월요일

7. 원탁 주위에 60개의 의자가 있고, 여기에 N명이 앉아 있다. 이제부터 앉는 사람은 누군가의 옆자리에 앉게 된다고 할 때 N의 최솟값은?

(A) 15 (B) 20 (C) 30 (D) 40 (E) 58

8. 어두운 방의 서랍에 100개의 빨간색 양말, 80개의 초록색 양말, 60개의 파란색 양말, 40개의 검은색 양말이 들어 있다. 양말을 하나씩 꺼내고 다시 집어넣지 않는다고 할 때, 적어도 10켤레(켤레는 색깔이 같은 양말 두 짝)의 양말을 반드시 얻기 위해서는 최소한 몇 번 양말을 하나씩 꺼내야 하는가?

(A) 21 (B) 23 (C) 24 (D) 30 (E) 50

9. 한 개의 디스크에 "1", 두 개의 디스크에 "2", 세 개의 디스크에 "3", …, 쉰 개의 디스크에 "50"이라 쓰여 있는 $1+2+3+\cdots+50=1275$개의 디스크가 상자에 있다. 적어도, 같은 숫자가 쓰인 10장의 디스크를 반드시 뽑으려면 최소한 몇 장의 디스크를 꺼내야 하는가?

(A) 10 (B) 51 (C) 415 (D) 451 (E) 501

10. S는 $\{1, 2, 3, \cdots, 50\}$의 부분집합으로, S의 서로 다른 어느 두 원소의 합도 7로 나누어지지 않는다고 하자. S의 원소의 개수는 최대한 몇 개인가?

(A) 6 (B) 7 (C) 14 (D) 21 (E) 23

12장 수열과 급수

12.1 서론

이 장에서는 등차수열, 등비수열과 급수에 대하여 공부한다. 또한 귀납적으로 정의된 수열과 점화식으로 정의된 수열에 대해서도 공부한다.

12.2 정의

수열은 수를 나열한 것을 의미한다. 좀 더 정확하게 하기 위해서 함수 개념을 이용하자.

정의 1 수열(sequence)은 각각의 자연수에 대하여 수를 대응시키는 함수이다. 이때 자연수 n에 대응되는 수를 아래 첨자를 이용하여 a_n이라 나타내고 이를 수열의 항(term)이라 한다.

정의 2 급수(series)는 수열의 각 항을 더해서 만들어진 수열이다.

예를 들어, 수열 $1, 4, 7, \cdots$을 생각해 보자. 여기서 $\cdots$은 수열이 앞에 나열된 몇 개의 항과 같은 규칙으로 계속된다는 것을 의미한다. 첫째 항을 a_1이라 한다. 즉, $a_1 = 1$, $a_2 = 4$, $a_3 = 7$이고 $a_n = 3n - 2$임을 알 수 있다.

위의 수열 $\{a_n\}$과 관련된 급수는

$$S_1 = a_1 = 1$$
$$S_2 = a_1 + a_2 = 1 + 4 = 5$$
$$S_3 = a_1 + a_2 + a_3 = 1 + 4 + 7 = 12$$

이다. $a_n = 3n - 2$라면 이 절의 뒷부분에서

$$S_n = \frac{3n^2}{2} - \frac{n}{2}$$

임을 보일 것이다.

AMC에서 자주 보게 되는 두 종류의 수열이 있다. 첫 번째는 등차수열이다.

정의 3 **등차수열**(arithmetic sequence) $\{a_n\}$은 $a_n = a + (n-1)d$로 정의되는 수열이다. 여기서 a와 $d \neq 0$는 상수이고 모든 자연수 n에 대하여 정의된다. 이때 d를 **공차**(common difference)라 한다.

정의 3 앞에서 다루었던 수열은 첫째 항이 $a = 1$이고 공차가 $d = 3$인 등차수열이다. 등차수열의 처음 n항의 합은 1장에서 공부한

$$1 + 2 + \cdots + n = \frac{1}{2}n(n+1)$$

을 이용하여 구할 수 있다. $a_n = a + (n-1)d$인 등차수열에 대하여

$$\begin{aligned} a_1 + a_2 + a_3 + \cdots + a_n &= a + (a+d) + (a+2d) + \cdots + (a+(n-1)d) \\ &= n \cdot a + d(1 + 2 + \cdots + (n-1)) \\ &= na + \frac{d}{2}(n-1)n \end{aligned}$$

이고, 이것을 정리하면 다음과 같다.

성질 1 첫째 항이 a이고 공차가 d인 등차수열 $\{a_n\}$에서

$$a_1 + a_2 + a_3 + \cdots + a_n = \frac{n}{2}(2a + (n-1)d)$$

이다.

그런데 $2a + (n-1)d = a + (a + (n-1)d) = a_1 + a_n$ 이므로 등차수열의 처음 n 개 항의 합은 첫째 항과 마지막 항의 평균의 n배와 같음을 알 수 있다.

성질 2 첫째 항이 a이고 공차가 d인 등차수열 $\{a_n\}$에서

$$a_1 + a_2 + a_3 + \cdots + a_n = \frac{n}{2}(a_1 + a_n)$$

이다.

공차가 1인 특별한 경우를 보자. 이 경우 $a_1 = k$라 하면 $a_n = k + n - 1$이고

$$a_1 + a_2 + \cdots + a_n = k + (k+1) + \cdots + (k + n - 1) = \frac{n}{2}(2k + n - 1)$$

이다.

자주 나오는 또 다른 형태의 수열은 등비수열이다.

정의 4 **등비수열**(geometric sequence) $\{a_n\}$은 $a_n = ar^{n-1}$으로 정의되는 수열이다. 여기서 a는 상수이고 r는 0과 1이 아닌 상수이며 모든 자연수 n에 대하여 정의된다. 이때 r를 **공비**(common difference)라 한다.

등비수열의 처음 n개의 항의 합을 구하는 공식도 있는데, 그 증명은 등차수열의 경우보다는 조금 더 어렵다. 첫째 항이 a이고 공비가 d인 등비수열 $\{a_n\}$에서 처음 n개 항의 합을 S_n이라 하자. 즉,

$$S_n = a + ar + ar^2 + \cdots + a_n + ar^{n-1}$$

이다. 양변에 r를 곱하고, 그 식을 위의 식에서 빼면

$$\begin{aligned} S_n - rS_n &= (a + ar + ar^2 + \cdots + ar^{n-1}) - r(a + ar + \cdots + ar^{n-1}) \\ &= (a + ar + ar^2 + \cdots + ar^{n-1}) - (ar + ar^2 + \cdots + ar^n) \\ &= a + (ar - ar) + (ar^2 - ar^2) + \cdots + (ar^{n-1} - ar^{n-1}) - ar^n \\ &= a - ar^n \end{aligned}$$

이고, 따라서

$$(1-r)S_n = S_n - rS_n = a - ar^n = a(1-r^n)$$

이므로 다음 결과를 얻을 수 있다.

성질 3 첫째 항이 a이고 공비가 r인 등비수열 $\{a_n\}$에서

$$a_1 + a_2 + \cdots + a_n = a\frac{1-r^n}{1-r}$$

이다.

이 식은 $|r| < 1$일 때 특별히 중요하다. 이 경우에는 n이 아주 커지면 r^n은 0에 가까워지므로

$$a + ar + ar^2 + ar^3 + \cdots = a\frac{1-0}{1-r} = \frac{a}{1-r}$$

이다. 예를 들면,

$$1 + \frac{1}{3} + \left(\frac{1}{3}\right)^2 + \left(\frac{1}{3}\right)^3 + \cdots = \frac{1}{1-1/3} = \frac{1}{2/3} = \frac{3}{2}$$

이다.

AMC에 자주 나오는 또 다른 형태의 급수는 귀납적으로 정의된 급수나 유한개의 항 이후에는 같은 것이 반복되는 급수이다. 이러한 문제를 풀려면 수열의 일반항을 나타내는 식을 구해야 한다. 그런데 이때 구한 일반항이 맞는다는 것을 보이려면 수학적 귀납법을 이용해야 한다. 수학적 귀납법은 수학 문제를 푸는 데 관심이 있다면 알아두어야 한다.

● 제12장 예제

첫 번째 예제는 2002년 AMC 12B의 13번 문제이다.

예제 1 연속인 18개의 양의 정수의 합이 완전제곱수라 할 때 이 합의 최솟값은?

(A) 169 (B) 225 (C) 289 (D) 361 (E) 441

정답 (B) 첫째 항을 a라 하면 이 등차수열은 공차가 $d=1$이므로

$$\begin{aligned} a+(a+1)+\cdots+(a+17) &= 18a+(1+2+\cdots+17) \\ &= 18a+\frac{1}{2}(17\cdot 18)=9(2a+17) \end{aligned}$$

이다. 합이 완전제곱수가 되기 위해서는 $2a+17$이 완전제곱수가 되어야 한다. 제일 작은 수는 $a=4$일 때이다. 따라서 합의 최솟값은 $9\cdot 25=225$이다. ■

다음 예제는 1981년 AHSME의 14번 문제이다.

예제 2 기하급수에서 처음 두 항의 합은 7이고 처음 여섯 항의 합은 91일 때 처음 네 항의 합은?

(A) 28 (B) 32 (C) 35 (D) 49 (E) 84

정답 (A) 첫째 항을 a라 하고 공비를 r라고 하자. 주어진 조건에 의하여 $7=a+ar$이고

$$\begin{aligned} 91 &= a+ar+ar^2+ar^3+ar^4+ar^5 \\ &= (a+ar)(1+r^2+r^4)=7(1+r^2+r^4) \end{aligned}$$

이므로

$$13=1+r^2+r^4$$

이고

$$0=r^4+r^2-12=(r^2+4)(r^2-3)$$

이다. 따라서 $r^2=3$이고 처음 네 항의 합은 다음과 같다.

$$a+ar+ar^2+ar^3=(a+ar)(1+r^2)=7(1+3)=28$$ ■

마지막 예제는 2004년 AMC 10A의 24번 문제이다.

예제 3 a_1, a_2, …가 다음 성질을 만족하는 수열이라 하자.

(i) $a_1=1$

(ii) 양의 정수 n에 대하여 $a_{2n}=na_n$

이때 $a_{2^{100}}$의 값은?

(A) 1 (B) 2^{99} (C) 2^{100} (D) 2^{4950} (E) 2^{9999}

정답(D) 처음 몇 개 항을 계산해 보면 다음과 같다.

$$a_2=a_{2\cdot 1}=1\cdot a_1=2^0$$

$$a_{2^2}=a_4=a_{2\cdot 2}=2\cdot a_2=2=2^1$$

$$a_{2^3}=a_8=a_{2\cdot 4}=4\cdot a_4=8=2^{1+2}$$

$$a_{2^4}=a_{16}=a_{2\cdot 8}=8\cdot a_8=64=2^{1+2+3}$$

따라서 양의 정수 n에 대하여

$$a_{2^n}=2^{1+2+\cdots+(n-1)}=2^{(n-1)n/2}$$

임을 알 수 있다. 이 식이 모든 양의 정수 n에 대하여 성립한다는 것은 수학적 귀납법을 이용하여 다음과 같이 보일 수 있다. 먼저, 처음 몇 개 항에 대하여 성립함은 앞에서 보였다. 양의 정수 n에 대하여 성립한다고 가정하면

$$a_{2^{n+1}}=a_{2\cdot 2^n}=2^n\cdot a_{2^n}=2^n\cdot 2^{(n-1)n/2}=2^{n+(n-1)n/2}=2^{n(n+1)/2}$$

이므로 $n+1$에 대해서도 성립한다. 따라서 앞의 식은 모든 n에 대하여 성립하고

$$a_{2^{100}}=2^{(99\cdot 100)/2}=2^{4950}$$

이다. ■

제12장 연습문제

1. 어느 가게에서 캔을 진열하는데 제일 윗줄에는 하나, 그 아래 줄에는 바로 윗줄보다 두 개 더 많이 진열한다고 한다. 진열된 캔이 모두 100개라면 몇 줄로 진열되겠는가?

(A) 5 (B) 8 (C) 9 (D) 10 (E) 11

2. 기하급수에서 둘째 항은 2이고 넷째 항은 6이라 할 때 다음 중 첫째 항으로 가능한 것은?

(A) $-\sqrt{3}$ (B) $-\frac{2\sqrt{3}}{3}$ (C) $-\frac{\sqrt{3}}{3}$ (D) $\sqrt{3}$ (E) 3

3. 그림 0, 1, 2, 3은 각각 1개, 5개, 13개, 25개의 작은 정사각형들로 이루어져 있다. 이런 규칙이 계속된다면 그림 100은 몇 개의 작은 정사각형으로 이루어지겠는가?

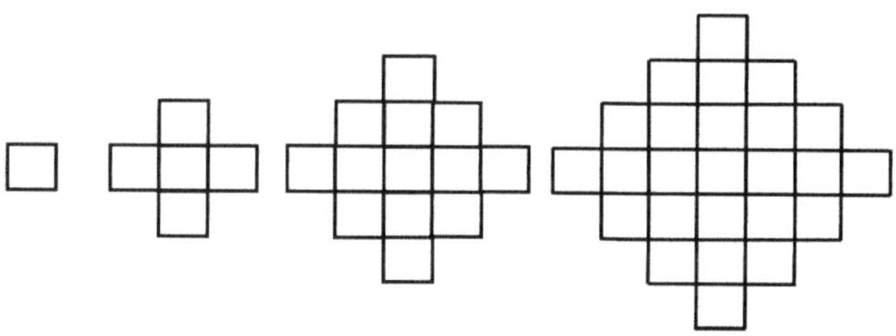

그림 0 그림 1 그림 2 그림 3

(A) 10,401 (B) 19,801 (C) 20,201 (D) 39,801 (E) 40,801

4. 두 개의 등차수열 1, 4, ⋯와 9, 16, ⋯이 있다. 각 수열의 처음 2004개 항들의 합집합을 S라 할 때, S의 서로 다른 원소의 개수는?

(A) 3722　(B) 3732　(C) 3914　(D) 3924　(E) 4007

5. a_1, a_2, $\cdots$, a_k가 등차수열이고

$$a_4 + a_7 + a_{10} = 17$$
$$a_4 + a_5 + a_6 + a_7 + a_8 + a_9 + a_{10} + a_{11} + a_{12} + a_{13} + a_{14} = 77$$

이라 하자. $a_k = 13$이라 할 때 k는?

(A) 16　(B) 18　(C) 20　(D) 22　(E) 24

6. 세 실수가 등차수열을 이루고 첫째 항은 9라 하자. 첫째 항은 그대로 두고 둘째 항에는 2를 더하고 셋째 항에는 20을 더하면 등비수열이 된다. 이 등비수열의 셋째 항으로 가능한 가장 작은 값은?

(A) 1　(B) 4　(C) 36　(D) 49　(E) 81

7. 수열 4, 7, 1, 8, 9, 7, 6, $\cdots$을 생각해 보자. $n > 2$에 대하여 이 수열의 n번째 항은 그 이전 두 항의 합의 일의 자릿수이다. 이 수열의 처음 n항의 합을 S_n이라 할 때 $S_n > 10{,}000$ 되는 가장 작은 n의 값은?

(A) 1992　(B) 1999　(C) 2001　(D) 2002　(E) 2004

8. 앨리스와 밥과 캐럴 세 사람이 번갈아 가며 주사위를 던진다. 앨리스가 제일 먼저 던지고 그다음에 밥, 그다음에 캐럴의 순서로 반복하여 계속 던질 때, 6이 나오는 첫 번째가 캐럴이 될 확률은?

(A) $\frac{1}{3}$　(B) $\frac{2}{9}$　(C) $\frac{5}{18}$　(D) $\frac{25}{91}$　(E) $\frac{36}{91}$

9. 수열 $\{a_n\}$을 다음과 같이 정의하자.

$$a_1 = 2, \quad a_{n+1} = a_n + 2n, \quad n \geq 1$$

이때 a_{100}은?

(A) 9900　(B) 9902　(C) 9904　(D) 10100　(E) 10102

10. 양의 정수들의 수열 a_1, a_2, a_3, $\cdots$가 증가하고 모든 $n \geq 1$에 대하여 $a_{n+2} = a_n + a_{n+1}$이라 하자. $a_7 = 120$일 때 a_8은?

(A) 128　(B) 168　(C) 193　(D) 194　(E) 210

제 13 장 통계

13.1 서론

대부분의 AMC 통계 문제는 평균, 중앙값, 최빈값의 개념을 포함하고 있다. 이 문제들은 일반적으로 어렵지는 않지만 학생들에게 익숙하지 않을 수도 있다. AMC 10 문제에서는 통계 개념에 대한 정의를 문제에서 설명해 준다.

통계 문제 중에는 순열이나 조합같이 세는 방법뿐 아니라 그래프를 이해하는 것이 필요한 문제도 있다.

13.2 정의

수들의 집합 $\{a_1, a_2, \cdots, a_n\}$이 있다고 하자. 이 수들이 어떻게 분포되었는지 설명하는 방법은 여러 가지가 있다.

정의 1 n개의 수 $a_1, a_2, \cdots, a_n$의 **산술평균**(arithmetic mean)은 다음과 같이 정의한다.

$$\text{산술평균} = \frac{a_1 + a_2 + \cdots + a_n}{n}$$

간단하게 **평균**(mean, average)이라고 하기도 한다.

산술평균은 수들의 평균값을 나타내기는 하지만 수들의 분포를 설명하는 데 충분하지 않을 수도 있다. 예를 들면, 0, 0, 0, 100의 평균은 25이지만 이 수들 중 평균에 가까운 값은 없다. 수들의 분포를 설명하는 많은 방법이 있지만, AMC 시험에서 흔히 이용되는 것은 다음 세 가지이다.

정의 2 수 $\{a_1, a_2, \cdots, a_n\}$이 $a_1 \le a_2 \le \cdots \le a_n$을 만족한다고 하자.

- **중앙값(median)**은 n이 홀수일 때는 가운데 항을 의미하고 n이 짝수일 때는 가운데 두 항의 평균값을 의미한다.
- **최빈값(mode)**은 가장 많이 나온 값을 의미한다.

또 다음 정의도 통계 문제에서 자주 나오는 개념이다.

정의 3 정수의 집합 $\{a_1, a_2, \cdots, a_n\}$에서 이 집합의 원소를 모두 포함하는 가장 작은 폐구간의 길이를 이 집합의 **분포범위(range)**라 한다. 따라서 분포범위는 이 집합에서 가장 큰 정수와 가장 작은 정수의 차이이다.

앞에서와 같이 $a_1 = 0,\ a_2 = 0,\ a_3 = 0,\ a_4 = 100$을 살펴보면, 중앙값은 a_2와 a_3의 평균인 0이다. 최빈값도 0이고 분포범위는 $100 - 0 = 100$이다.

또 다른 예로 $\{2, 3, 3, 7, 8, 11\}$을 생각해 보자. 이때에는

$$\text{평균} = \frac{2+3+3+7+8+11}{6} = \frac{34}{6} = \frac{17}{3}, \quad \text{중앙값} = \frac{3+7}{2} = 5,$$

$$\text{최빈값} = 3, \quad \text{분포범위} = 11 - 2 = 9$$

이다.

13.3 성 질

가장 자주 이용되는 성질 중 하나는 수들의 평균과 수들의 합의 관계이다.

성질 1 n개의 수 $a_1,\ a_2,\ \cdots,\ a_n$에 대하여

$$a_1 + a_2 + \cdots + a_n = n \cdot \text{평균}$$

이다.

앞 장에서 등차수열과 등비수열의 성질 몇 가지에 대하여 알아보았다. 이 성질들을 이용하여 등차수열이나 등비수열로 이루어진 수들에 관한 통계의 여러 가지 개념의 값을 계산할 수 있다.

먼저 등차수열에 대하여 생각해 보자.

성질 2 첫째 항이 a이고 공차가 d인 등차수열의 항 n개에 대하여

- 평균과 중앙값은 모두 $a + \frac{1}{2}(n-1)d$이다.
- 모든 항이 최빈값이다.

첫 번째 성질을 증명하기 위해 다음을 보자.

$$\begin{aligned} a + (a+d) + \cdots + (a + (n-1)d) &= na + d(1 + 2 + \cdots + (n-1)) \\ &= na + \frac{d}{2}(n-1)n \end{aligned}$$

양변을 n으로 나누면 평균은 $a + \frac{1}{2}(n-1)d$임을 알 수 있다. n이 홀수일 때 이 수는 가운데 항이 된다. n이 짝수일 때는 가운데 두 항의 평균이다.

등비수열일 경우는 등차수열처럼 간단하지 않고 자주 이용되지도 않는다.

성질 3 첫째 항이 a이고 공비가 $r(|r| \neq 1)$인 등비수열의 항 n개에 대하여

- 평균은 $\frac{a}{n} \cdot \frac{1-r^n}{1-r}$이다.
- 중앙값은 n이 홀수이면 $ar^{(n-1)/2}$이고, n이 짝수이면 $\frac{a(1+r)}{2}r^{(n-2)/2}$이다.
- 모든 항이 최빈값이다.

첫 번째 성질을 증명하기 위하여 앞 장에서 공부한

$$a+ar+\cdots+ar^{n-1}=a\frac{1-r^n}{1-r}$$

을 이용하면

$$\text{평균}=\frac{a}{n}\cdot\frac{1-r^n}{1-r}$$

임을 알 수 있다.

중앙값과 최빈값에 대한 증명은 공비 r의 크기와 부호에 따라 다른데 여기서는 생략한다.

제13장 예제

첫 번째 예제는 1991년 AHSME의 16번 문제이다.

예제 1 어느 고등학교 학생 100명이 지난해 AMC 12 시험에 응시하였고 이 학생들의 평균 점수는 100점이었다. AMC 12에 응시한 학생 중에서 3학년이 아닌 학생은 3학년보다 50%가 많고, 3학년의 평균 점수는 3학년이 아닌 학생들의 평균 점수보다 50%가 높았다고 한다. 3학년 학생들의 평균 점수는?

(A) 100 (B) 112.5 (C) 120 (D) 125 (E) 150

정답 (D) 3학년 학생 수를 S라 하면, 3학년이 아닌 학생 수는 $1.5S$이고

$$S+1.5S=100$$

이므로 $S=\frac{100}{2.5}=40$이다. 따라서 3학년이 40명, 3학년이 아닌 학생이 60명이다. 3학년의 평균 점수를 M이라 하면, 3학년이 아닌 학생들의 평균 점수는 $\frac{2}{3}M$이다. 모든 학생들의 점수의 합은 전체 평균과 학생 수의 곱이고, 또한 각 학년의 학생 수와 그 학생들의 평균의 곱을 더한 것이기도 하다. 따라서

$$10{,}000 = 100 \cdot 100 = 40M + 60 \cdot \frac{2}{3}M = 80M$$

이므로 $M = 10{,}000/80 = 125$이다. ■

다음 예제는 2004년 AMC 12A의 10번 문제이다.

예제 2 49개의 연속된 정수의 합이 7^5일 때 이 수들의 중앙값은?

(A) 7 (B) 7^2 (C) 7^3 (D) 7^4 (E) 7^5

정답 (C) 제일 작은 수를 a라 하자. 연속된 정수들이므로 공차가 1인 등차수열이다. 따라서 평균과 중앙값은 같고

$$\text{평균} = \text{중앙값} = \frac{7^5}{49} = \frac{7^5}{7^2} = 7^3$$

이다. ■

마지막 예제는 2000년 AMC 12의 9번 문제이다.

예제 3 다섯 명의 학생들이 수학 시험을 보았다. 선생님이 학생들의 점수를 무작위로 표에 입력했는데 입력할 때마다 평균 점수가 새로 계산된다고 하자. 또 입력할 때마다 평균 점수는 항상 정수라고 하자. 낮은 점수부터 나열했을 때 71, 76, 80, 82, 91점이라면 제일 마지막에 입력한 점수는?

(A) 71 (B) 76 (C) 80 (D) 82 (E) 91

정답 (C) 처음 두 수의 평균이 정수이므로 둘 다 짝수이거나 둘 다 홀수여야 한다. 처음 두 수가 홀수라면 두 수의 합은 $71 + 91 = 162$이다. 162는 3의 배수이므로 세 번째 입력한 수도 3의 배수여야 한다. 그렇지 않으면 처음 세 수의 평균이 정수가 될 수 없기 때문이다. 그런데 남아 있는 수 76, 80, 82는 모두 3의 배수가 아니다. 따라서 처음 두 수는 홀수일 수 없다. $76 + 80 = 156$과 $80 + 82 = 162$는 모두 3의 배수이지만, 71, 91, 82는 모두 3의 배수가 아니므로 처음 두 수는 76과 80 또는 80과 82는 될 수 없다. 따라서 처음 두 수는 76과 82여야

하고, $76+82=158$은 3으로 나누었을 때 나머지가 2이다. 따라서 세 번째 수는 3으로 나누었을 때 나머지가 1인 수가 되어야 하는데 남아 있는 수 중에는 91만 해당한다. 처음 세 수는 76, 82, 91이고 합은 4로 나누었을 때 나머지가 1이므로 네 번째 수는 남아 있는 수 중에서 4로 나누었을 때 나머지가 3인 71이어야 한다. $76+82+91+71=320$은 5의 배수이므로 마지막 수는 5의 배수인 80이어야 한다. ■

제13장 연습문제

1. 아홉 개의 정수 중에서 여섯 개의 수 7, 8, 3, 5, 9, 5를 골랐다. 원래의 아홉 개의 수의 중앙값으로 가능한 가장 큰 값은?

   (A) 5 (B) 6 (C) 7 (D) 8 (E) 9

2. 수열

$$1,\ -2,\ 3,\ -4,\ 5,\ -6,\ \cdots$$

   의 일반항은 $(-1)^{n+1}n$이다. 이 수열의 처음 200개 항의 평균은?

   (A) -1 (B) -0.5 (C) 0 (D) 0.5 (E) 1

3. 청중들로 가득 찬 강당에서 60분짜리 강연을 하는데 청중 중에서 20 %는 처음부터 끝까지 듣고, 10 %는 처음부터 끝까지 졸았다고 하자. 그 나머지 청중의 절반은 강연의 1/3만 들었고 또 다른 절반은 강연의 2/3를 들었다고 하자. 청중들이 강연을 들은 평균 시간은 몇 분인가?

   (A) 24 (B) 27 (C) 30 (D) 33 (E) 36

4. 폴라의 지갑에 있는 1센트, 5센트, 10센트, 25센트짜리 동전들의 평균값은 20센트이다. 그런데 25센트짜리 동전을 하나 더 넣으면 평균값은 21센트가 된다면, 그녀의 지갑에 있는 10센트짜리 동전의 개수는?

   (A) 0 (B) 1 (C) 2 (D) 3 (E) 4

5. 수학 반 학생 모두가 100점 만점인 시험을 치렀는데, 5명은 100점을 맞았고 모든 학생이 60점 이상을 맞았으며 평균 점수는 76점이었다고 할 때 수학 반의 최소 학생 수는?

(A) 10 (B) 11 (C) 12 (D) 13 (E) 14

6. 어느 배구 선수가 어떤 해의 여섯 번째, 일곱 번째, 여덟 번째, 아홉 번째 경기에서 각각 23점, 14점, 11점, 20점을 득점하였다. 이 선수의 경기당 평균 점수는 처음 다섯 경기가 끝났을 때보다 아홉 경기가 끝났을 때 더 높았고, 열 경기가 끝났을 때의 평균 점수는 18점보다 높았다. 열 번째 경기에서 이 선수가 얻은 최소 점수는?

(A) 26 (B) 27 (C) 28 (D) 29 (E) 30

7. 어떤 세 수의 평균은 셋 중 가장 작은 수보다 10이 크고, 가장 큰 수보다는 15가 작다고 한다. 세 수의 중앙값이 5일 때 세 수의 합은?

(A) 5 (B) 20 (C) 25 (D) 30 (E) 36

8. 여덟 개의 정수의 평균, 중앙값, 최빈값, 분포범위가 모두 8이고 최빈값은 하나일 때 이 정수 중에서 가장 큰 것은?

(A) 11 (B) 12 (C) 13 (D) 14 (E) 15

9. 수열 a_1, a_2, a_3, $\cdots$ 에서 $a_1 = 19$이고 $a_9 = 99$이다. 또한 $n \geq 3$일 때 a_n은 처음 $n-1$개 항의 산술평균이다. a_2의 값은?

(A) 29 (B) 59 (C) 79 (D) 99 (E) 179

10. 어떤 정수들의 집합에서 최빈값이 32이고 평균은 22이다. 가장 작은 수는 10이고 중앙값 m도 이 수들 중 하나이다. 또 이 집합에서 m을 $m+10$으로 바꾸면 평균은 24가 되고 중앙값은 $m+10$이 된다. 반면에 m을 $m-8$로 바꾸면 중앙값은 $m-4$가 된다. 이때 m의 값은?

(A) 16 (B) 17 (C) 18 (D) 19 (E) 20

제 14 장 삼각함수

14.1 서론

이 장에서 공부하는 삼각함수는 AMC 12에 응시하려면 알아야 하지만 AMC 10에는 출제되지 않는다. 그리고 최근의 시험에는 삼각함수를 포함하는 문제가 많이 나오지 않는다. 많은 문제들이 계산기를 이용하면 아주 쉽게 풀리기 때문이다. 그러나 삼각함수는 중요하기도 하고 수학에는 이와 관련된 내용이 많다.

14.2 정의와 성질

삼각함수에서 가장 기본적인 두 가지 정의는 주어진 수 또는 각에 대한 사인과 코사인이다. 이것을 정의하는 방법은 두 가지가 있는데, 하나는 직각삼각형을 이용하는 것이고 다른 하나는 단위원을 이용하는 것이다. 직각삼각형을 이용하여 사인과 코사인을 정의하는 것은 삼각함수를 처음 공부할 때 주로 이용하는 방법이지만, 사인과 코사인을 함수로 표현할 필요가 있을 때는 단위원을 이용하여 정의하는 것이 더 적당하다. 단위원을 이용하여 정의하는 것이 더 일반적이기 때문에 이 책에서는 이 방법으로 정의하자.

xy평면에서 단위원을 생각하자. 양의 실수 t에 대하여, 점 $(1,\ 0)$에서부터 단위원을 따라 반시계 방향으로 거리가 t인 점을 $P(t)$라 하자. 음의 실수 t에 대해서는, 점 $(1,\ 0)$에서부터 단위원을 따라 시계 방향으로 거리가 $|t|$인 점을 $P(t)$라 하자. 또 $P(0)=(1,\ 0)$이라 하자. 이렇게 임의의 실수 t에 대하여 xy좌표가

$(x(t),\ y(t))$인 단위원 위의 점 $P(t)$를 정의할 수 있다. 이 좌표를 이용하여 삼각함수를 정의할 수 있다.

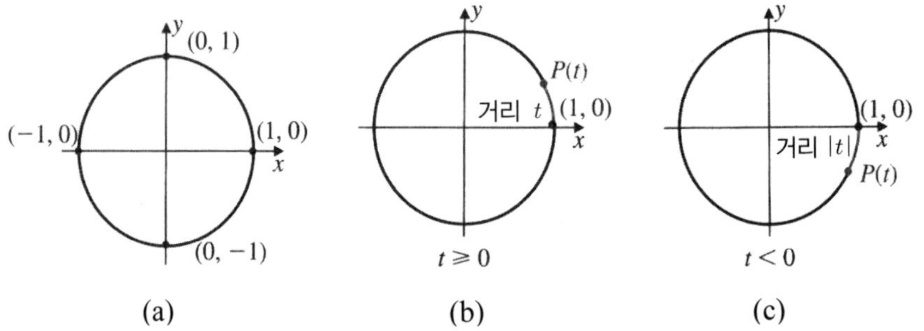

정의 1 **사인과 코사인(sine and cosine)** : 단위원 위의 점 $P(t)$의 좌표가 $(x(t),\ y(t))$라 하자. 그러면 $\sin t$와 $\cos t$는 다음과 같이 정의하고, 각각 t의 **사인**, **코사인**이라 한다.

$$\sin t = y(t), \quad \cos t = x(t)$$

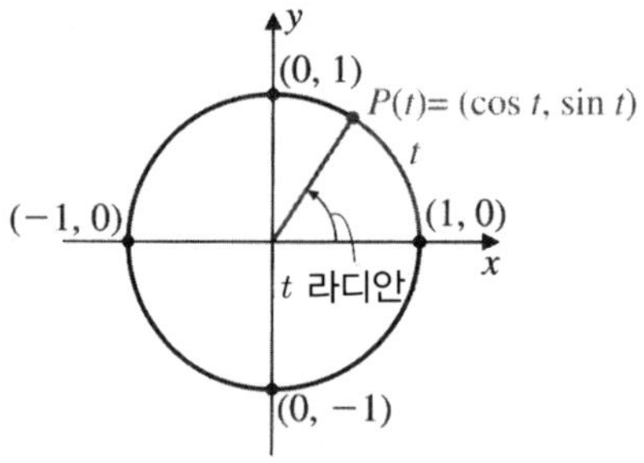

t가 라디안으로 나타낸 각일 때도 사인과 코사인을 같은 방법으로 정의한다. 따라서 삼각함수는 두 가지 용도로 쓰인다. 직접적으로는 정의역이 실수의 집합인 함수이고, 간접적으로는 정의역이 라디안으로 나타낸 모든 각의 집합인 함수이다. π라디안은 $180°$와 같으므로 도로 나타낸 각에 대해서도 사인과 코사인을 정의할 수 있다.

사인과 코사인의 정의로부터 쉽게 얻을 수 있는 성질이 몇 가지 있다. 가장 중요한 항등식은 임의의 t에 대하여 점 $P(t) = (\cos t,\ \sin t)$가 원 $x^2 + y^2 = 1$ 위에 있다는 사실로부터 얻을 수 있다.

성질 1 피타고라스 항등식(pythagorean identity) : 모든 실수 t에 대하여

$$\sin^2 t + \cos^2 t = 1$$

이다.

또 원 $x^2 + y^2 = 1$ 위에 있는 점 (x, y)는 $-1 \le x \le 1$과 $-1 \le y \le 1$을 만족하므로 다음 성질을 얻을 수 있다.

성질 2 사인과 코사인의 유계(bounds on the sine and cosine) : 모든 실수 t에 대하여

$$-1 \le \sin t \le 1, \quad -1 \le \cos t \le 1$$

이다.

$P(t)$가 몇 사분면에 있는지를 안다면 사인과 코사인 함수의 부호도 쉽게 알 수 있다. 예를 들면, $P(t)$가 이사분면에 있다면 x좌표는 음수이고 y좌표는 양수이므로 $\cos t \le 0$이고 $\sin t \ge 0$이다.

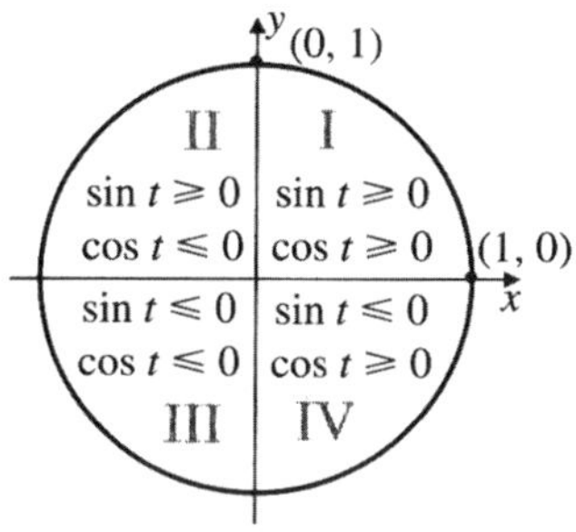

t가 양수일 때 점 $P(t) = (\cos t, \sin t)$와 $P(-t) = (\cos(-t), \sin(-t))$는 같은 방법으로 얻을 수 있는데, 점 $P(t)$는 점 $(1, 0)$에서부터 반시계 방향으로 돌아간 것이고 점 $P(-t)$는 점 $(1, 0)$에서부터 시계 방향으로 돌아간 것이다.

성질 3 모든 실수 t에 대하여 다음 성질이 성립한다.

- $\cos(-t)=\cos t$, $\sin(-t)=-\sin t$
- $\cos(t+2n\pi)=\cos t$, $\sin(t+2n\pi)=\sin t$, n은 정수

단위원을 이용하여 정의한 사인과 코사인이 직각삼각형을 이용하여 정의한 것과 같다는 것을 보여 보자. 다음 그림은 B가 직각이고 $a=OB$, $b=AB$인 직각삼각형 OAB와 이 직각삼각형을 B가 x축 위에 있도록 하고 단위원 안에 그린 것이다. $\angle BOA$를 라디안으로 나타낸 각이 t이다.

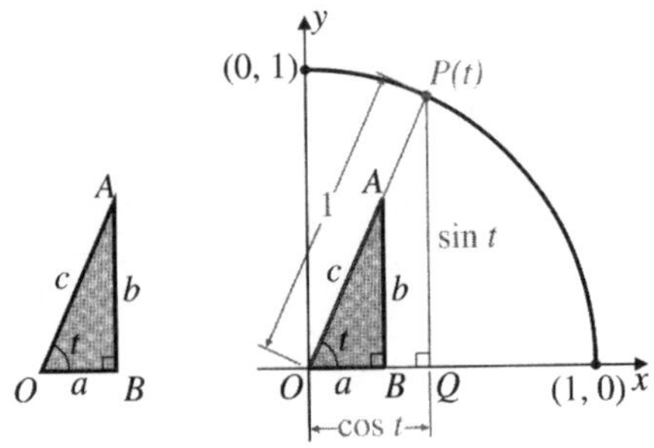

점 $P(t)$를 지나는 수직선이 x축과 만나는 점을 Q라 하자. $\triangle OQP$의 밑변과 높이는 각각 $\cos t$와 $\sin t$를 나타내고 빗변의 길이는 1이다. $\triangle OQP$와 $\triangle OBA$는 닮은 삼각형이므로

$$\frac{\cos t}{1}=\frac{a}{c}, \qquad \frac{\sin t}{1}=\frac{b}{c}$$

이고, 따라서

$$\cos t=\frac{a}{c}, \quad \sin t=\frac{b}{c}$$

이다. 이것은 각 t에 대한 사인과 코사인의 직각삼각형을 이용한 정의와 같다.

14.3 사인과 코사인의 중요한 성질

사인과 코사인의 값을 비교적 쉽게 계산할 수 있는 t의 값들이 있다. 이것과 단위원의 대칭성을 이용하면 필요한 많은 정보를 얻을 수 있다.

성질 1 다음의 사인과 코사인 값은 반드시 기억해 두어야 한다.

- $\sin 0 = 0, \quad \cos 0 = 1$
- $\sin \frac{\pi}{6} = \frac{1}{2}, \quad \cos \frac{\pi}{6} = \frac{\sqrt{3}}{2}$
- $\sin \frac{\pi}{4} = \frac{\sqrt{2}}{2}, \quad \cos \frac{\pi}{4} = \frac{\sqrt{2}}{2}$
- $\sin \frac{\pi}{3} = \frac{\sqrt{3}}{2}, \quad \cos \frac{\pi}{3} = \frac{1}{2}$
- $\sin \frac{\pi}{2} = 1, \quad \cos \frac{\pi}{2} = 0$

다음 그림은 사인과 코사인의 그래프이다.

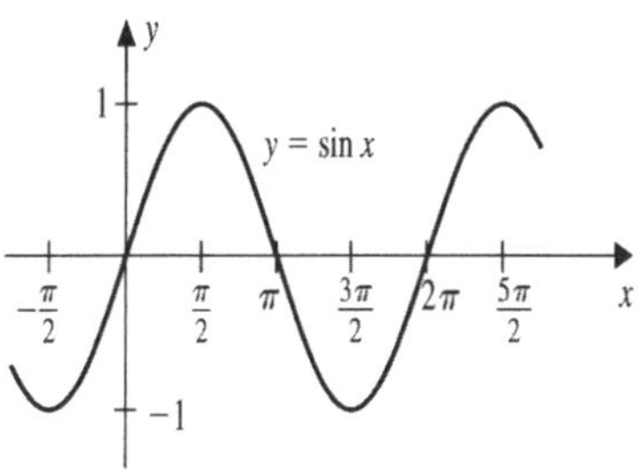

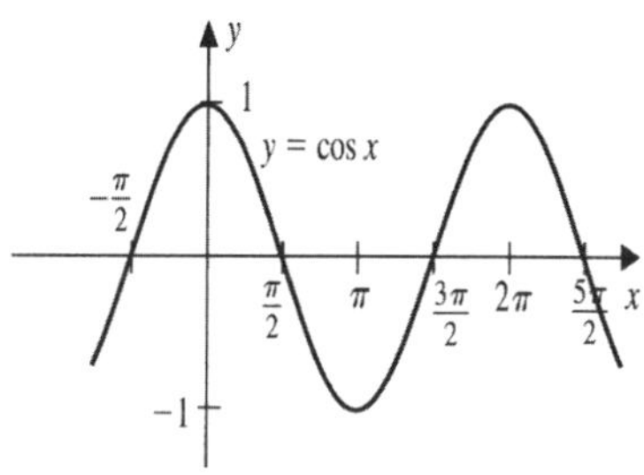

자주 이용되는 기본적인 항등식이 두 개 있는데 이것들로부터 다른 항등식을 쉽게 유도할 수 있다.

성질 2 임의의 실수 t_1, t_2에 대하여 다음 성질이 성립한다.

- $\sin(t_1 \pm t_2) = \sin t_1 \cos t_2 \pm \cos t_1 \sin t_2$
- $\cos(t_1 \pm t_2) = \cos t_1 \cos t_2 \mp \sin t_1 \sin t_2$

$t_1 = t_2$일 때 특별한 경우로 다음 성질을 얻는다. 이것을 **배각공식**(double angle formula)과 **반각공식**(half angle formula)이라 한다.

성질 3 임의의 실수 t에 대하여 다음 성질이 성립한다.

- $\sin 2t = 2\sin t \cos t$

- $\cos 2t = \cos^2 t - \sin^2 t = 2\cos^2 t - 1 = 1 - 2\sin^2 t$
- $\sin^2 \frac{t}{2} = \frac{1-\cos t}{2}, \quad \cos^2 \frac{t}{2} = \frac{1+\cos t}{2}$

다음 성질은 직각삼각형이 아닌 삼각형에서 변의 길이나 각의 크기를 구하는 데 이용할 수 있다. 이 성질들은 AMC의 삼각함수와 관련된 문제에서 가장 많이 이용되는 성질이다.

성질 4 $\triangle ABC$의 각과 변을 다음과 같이 나타내자.

$$\alpha = \angle CAB, \quad \beta = \angle ABC, \quad \gamma = \angle BCA,$$
$$a = BC, \quad b = AC, \quad c = AB$$

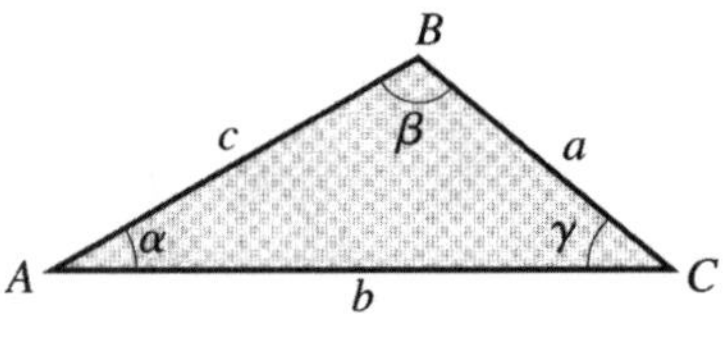

- 코사인 법칙(law of cosines)

$$a^2 = b^2 + c^2 - 2bc\cos\alpha$$
$$b^2 = a^2 + c^2 - 2ac\cos\beta$$
$$c^2 = a^2 + b^2 - 2ab\cos\gamma$$

- 사인 법칙(law of sines)

$$\frac{\sin\alpha}{a} = \frac{\sin\beta}{b} = \frac{\sin\gamma}{c}$$

14.4 다른 삼각함수

사인과 코사인 외에 이 함수들의 역수나 비로 정의된 삼각함수들도 있다. 새로운 삼각함수들의 정의와, 사인과 코사인의 정의와 중요한 성질들을 알고 있으면, AMC에서 삼각함수와 관련된 문제는 모두 해결할 수 있다.

정의 1 다음 분수가 값을 갖는 모든 실수 t에 대하여 다음과 같이 정의한다.

$$\text{탄젠트} : \tan t = \frac{\sin t}{\cos t}, \quad \text{코탄젠트} : \cot t = \frac{1}{\tan t}$$

$$\text{시컨트} : \sec t = \frac{1}{\cos t}, \quad \text{코시컨트} : \csc t = \frac{1}{\sin t}$$

다음은 이 삼각함수들의 그래프이다.

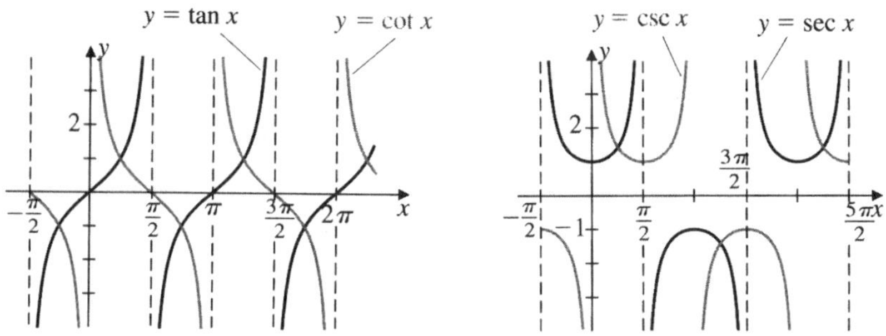

이 삼각함수들을 포함하는 성질과 항등식이 많이 있는데, 모두 사인과 코사인에 관한 성질로부터 얻을 수 있다.

제14장 예제

첫 번째 예제는 2003년 AMC 12A의 14번 문제이다. 7장 연습문제 6번에도 있는데 거기서는 기하학적으로 풀었다. 여기서는 코사인 법칙을 이용하여 풀어 보자.

예제 1 점 K, L, M, N은 정사각형 $ABCD$의 외부에 있고 $\triangle AKB$, $\triangle BLC$, $\triangle CMD$, $\triangle DNA$는 정삼각형이라 하자. $ABCD$의 넓이가 16일 때 $KLMN$의 넓이는?

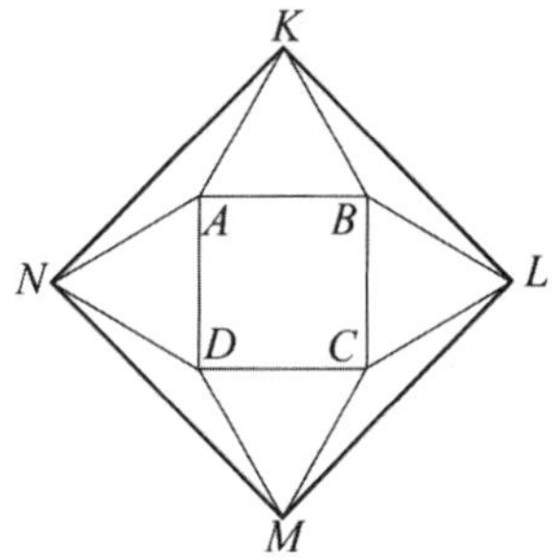

(A) 32　　(B) $16+16\sqrt{3}$　　(C) 48

(D) $32+16\sqrt{3}$　　(E) 64

정답 (D)　$\triangle ABK$와 $\triangle ADN$이 정삼각형이므로

$$4 = AB = AK = AN$$

이고

$$\angle NAK = 360° - \angle BAK - \angle BAD - \angle DAN = 150°$$

이다.

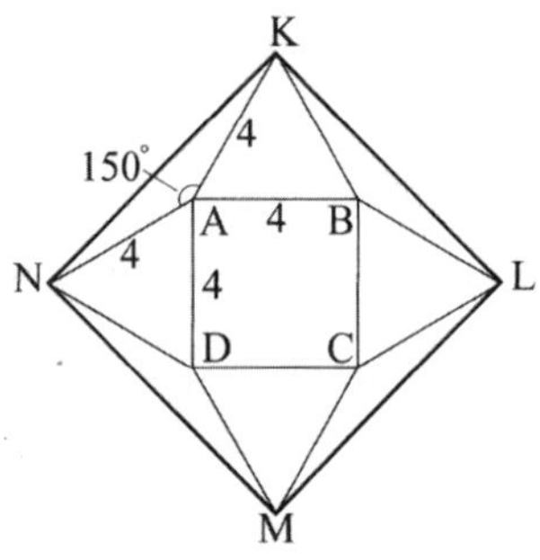

$\triangle AKN$에 코사인 법칙을 적용하면 정사각형 $KLMN$의 넓이를 다음과 같이 구할 수 있다.

$$\begin{aligned} KN^2 &= NA^2 + KA^2 - 2NA \cdot KA\cos 150° \\ &= 16+16-2\cdot 4\cdot 4\left(-\frac{\sqrt{3}}{2}\right) = 32+16\sqrt{3} \end{aligned}$$

■

다음 예제는 1993년 AHSME의 27번 문제이다.

예제 2 $\triangle ABC$의 세 변의 길이는 각각 6, 8, 10이다. 중심이 P이고 반지름이 1인 원이 $\triangle ABC$의 내부에서 각 면에 접하면서 굴러간다고 하자. 처음 출발한 곳으로 되돌아올 때까지 P가 이동한 거리는?

(A) 10　　(B) 12　　(C) 14　　(D) 15　　(E) 17

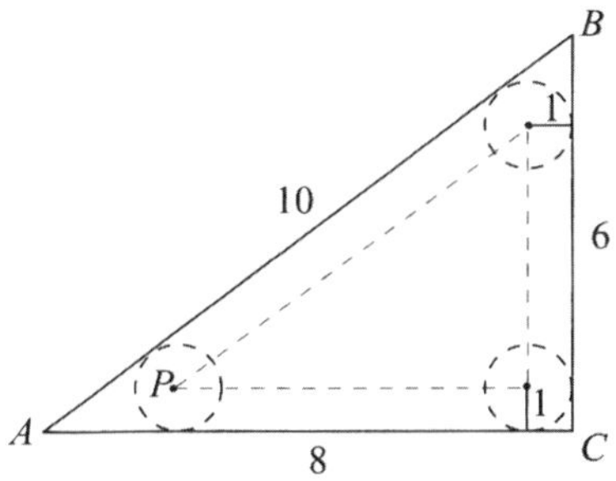

정답 (B) 점 P의 궤적으로 만들어지는 삼각형은 $\triangle ABC$와 닮은 삼각형이다. 따라서 둘레의 길이는 이 삼각형과 $\triangle ABC$의 대응되는 변의 길이의 비를 알면 구할 수 있다. 점 P에 의해 만들어지는 삼각형에서 B에 가장 가까운 점을 O라 하고, $\overline{BC}$에서 O로부터 거리가 1 되는 점을 B'이라 하자. 다음은 $\angle ABC$의 그림인데 $2\angle OBB' = \angle ABC$임을 알 수 있다.

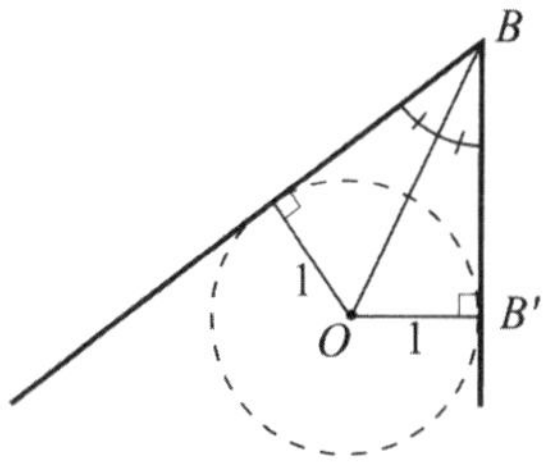

따라서

$$BB' = \cot\angle OBB' = \cot\frac{1}{2}\angle ABC = \frac{\cos\frac{1}{2}\angle ABC}{\sin\frac{1}{2}\angle ABC}$$

$$= \frac{\sqrt{(1+\cos\angle ABC)/2}}{\sqrt{(1-\cos\angle ABC)/2}}$$

$$= \frac{\sqrt{1+\frac{6}{10}}}{\sqrt{1-\frac{6}{10}}} = \frac{\sqrt{16/10}}{\sqrt{4/10}} = \sqrt{4} = 2$$

이다. P에 의해 만들어지는 삼각형의 높이는 $6-2-1=3$이므로 $\triangle ABC$의 높이 BC의 절반이다. 따라서 P에 의해 만들어지는 삼각형의 둘레 길이는 $\triangle ABC$의 둘레 길이의 절반인 $(6+8+10)/2=12$이다. ■

마지막 예제는 2002년 AMC 12B의 23번 문제이다.

예제 3 $\triangle ABC$에서 $AB=1$이고 $AC=2$이다. 변 $\overline{BC}$와 A에서 $\overline{BC}$까지의 중선의 길이가 같을 때 BC는?

(A) $\frac{1+\sqrt{2}}{2}$ (B) $\frac{1+\sqrt{3}}{2}$ (C) $\sqrt{2}$ (D) $\frac{3}{2}$ (E) $\sqrt{3}$

정답(C) 선분 $\overline{BC}$의 중점을 D라 하고, $x=BD=DC$라 하자.

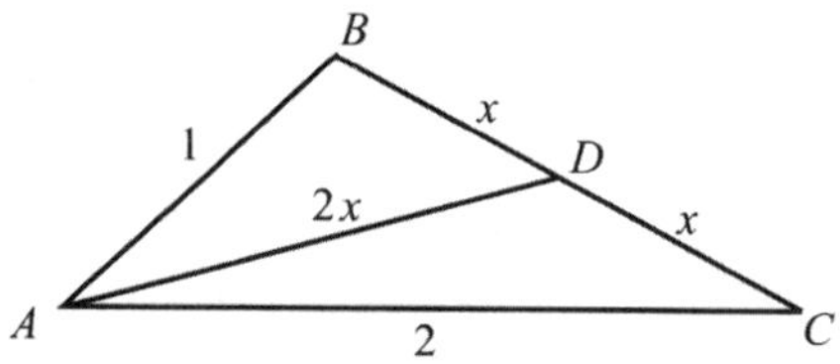

그러면 $AD=2x$이고, $\triangle ADC$에 코사인 법칙을 적용하면

$$4x^2 = x^2 + 4 - 4x\cos\angle C$$

이고 $\triangle ABC$에 코사인 법칙을 적용하면

$$1 = 4x^2 + 4 - 8x\cos\angle C$$

이다. 첫 번째 식에 2를 곱하고 두 번째 식을 빼서 $\cos\angle C$가 있는 항을 소거하면

$$8x^2-1=2x^2+8-4x^2-4$$

이므로

$$x^2=\frac{1}{2}$$

이다. 따라서 $x=\sqrt{2}/2$이고 $BC=2x=\sqrt{2}$이다. ■

제14장 연습문제

1. 다음 중 $\sin(x-y)\cos y+\cos(x-y)\sin y$와 같은 식은?

   (A) 1 (B) $\sin x$ (C) $\cos x$

   (D) $\sin x\cos 2y$ (E) $\cos x\cos 2y$

2. 폭이 1인 두 개의 띠가 각 α로 겹쳐져서 그림과 같이 진한 영역이 생겼을 때 겹쳐진 부분의 넓이는?

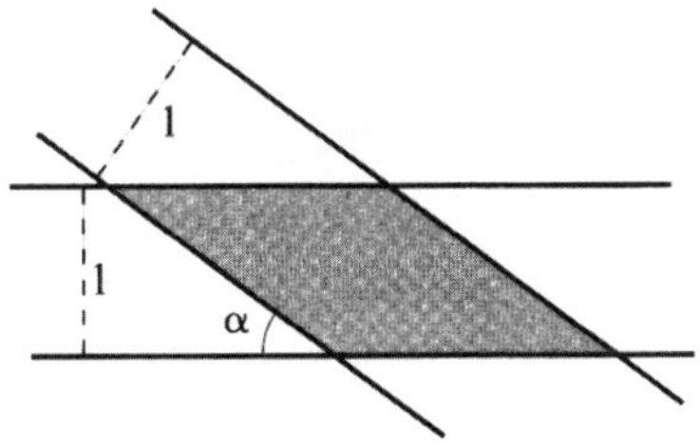

   (A) $\sin\alpha$ (B) $\dfrac{1}{\sin\alpha}$ (C) $\dfrac{1}{1-\cos\alpha}$

   (D) $\dfrac{1}{\sin^2\alpha}$ (E) $\dfrac{1}{(1-\cos\alpha)^2}$

3. $\sin x=3\cos x$일 때 $\sin x\cos x$는?

   (A) $\dfrac{1}{6}$ (B) $\dfrac{1}{5}$ (C) $\dfrac{2}{9}$ (D) $\dfrac{1}{4}$ (E) $\dfrac{3}{10}$

4. 점 O에서 시작하는 두 반직선 사이의 각이 $30°$이다. 한 반직선 위의 점 A와 다른 반직선 위의 점 B에 대하여 $AB=1$일 때 OB의 최댓값은?

(A) 1 (B) $\frac{1+\sqrt{3}}{\sqrt{2}}$ (C) $\sqrt{3}$ (D) 2 (E) $\frac{4}{\sqrt{3}}$

5. 직각삼각형에서 직각인 꼭짓점으로부터 빗변으로 그은 두 선분이 빗변을 삼등분하고 두 선분의 길이는 각각 $\sin x$와 $\cos x$라 하자. 여기서 x는 $0 < x < \pi/2$를 만족할 때 빗변의 길이는?

(A) $\frac{4}{3}$ (B) $\frac{3}{2}$ (C) $\frac{2\sqrt{5}}{5}$ (D) $\frac{3\sqrt{5}}{5}$ (E) $\frac{2\sqrt{5}}{3}$

6. 점 A, B, C, D는 지름이 1인 원 위에 있고 X는 지름 $\overline{AD}$ 위에 있다. $BX=CX$이고 $3\angle BAC=\angle BXC=36°$일 때 AX의 길이는?

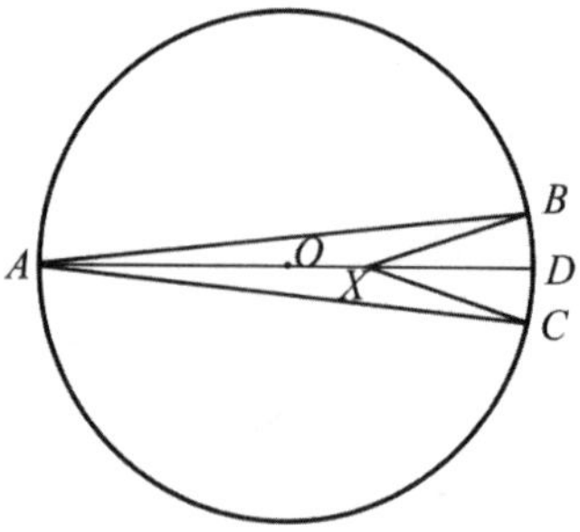

(A) $\cos 6° \cos 12° \sec 18°$ (B) $\cos 6° \sin 12° \csc 18°$

(C) $\cos 6° \sin 12° \sec 18°$ (D) $\sin 6° \sin 12° \csc 18°$

(E) $\sin 6° \sin 12° \sec 18°$

7. $\triangle ABC$에서 $3\sin A+4\cos B=6$이고 $4\sin B+3\cos A=1$일 때 $\angle C$는 몇 도인가?

(A) 30 (B) 60 (C) 90 (D) 120 (E) 150

8. 어떤 물체가 A부터 B까지 직선으로 8 cm 이동한 후 α라디안의 각도로 회전하여 C까지 직선으로 5 cm 이동하였다. 여기서 α는 0과 π 사이의 각

이다. 이때 $AC < 7$일 확률은?

(A) $\frac{1}{6}$ (B) $\frac{1}{5}$ (C) $\frac{1}{4}$ (D) $\frac{1}{3}$ (E) $\frac{1}{2}$

9. $\sum_{n=0}^{\infty}(\cos\theta)^{2n} = 5$일 때 $\cos 2\theta$의 값은?

(A) $\frac{1}{5}$ (B) $\frac{2}{5}$ (C) $\frac{\sqrt{5}}{5}$ (D) $\frac{3}{5}$ (E) $\frac{4}{5}$

10. $\triangle ABC$에서 변 $\overline{BC}$의 수직이등분선이 변 $\overline{AC}$와 만나는 점을 D라 하고, BD가 $\angle ABC$를 이등분한다고 하자. $AD = 9$, $DC = 7$일 때 $\triangle ABD$의 넓이는?

(A) 14 (B) 21 (C) 28 (D) $14\sqrt{5}$ (E) $28\sqrt{5}$

15장 삼차원 기하

15.1 서론

AMC 고학년 과정에는 삼차원 문제가 많이 출제된다. 이러한 문제들은 대개는 어렵지 않지만, 많은 학생들에게 익숙하지 않은 주제를 포함하고 있다. 이 장에서는 삼차원 기하의 기본 성질을 공부하고, 이 개념들이 우리에게 익숙한 평면 기하의 내용으로부터 어떻게 유도되는지에 관하여 공부하자. AMC 10에 응시하는 학생은 삼차원 기하에 관한 문제를 별로 보지 못할 것이다.

15.2 정의와 성질

삼차원에 관한 대부분의 문제를 풀려면 삼차원 공간을 그림으로 나타낼 수 있어야 한다. 그러려면 공간에서 물체의 투시도를 이용해야 한다. 다음 페이지에 있는 왼쪽 그림은 삼차원 좌표계를 나타낸 것인데 y축과 z축을 평면에 그리고 x축은 수직이 되게 앞쪽으로 그렸다. 즉, x축은 y축과 z축이 이루는 둔각을 이등분한 직선으로 그리면 된다. 또 x축에서 거리 간격은 다른 축에서의 거리 간격보다 짧게 그린다. 간단하게 나타내기 위하여 좌표축의 음수 부분은 필요한 경우가 아니면 표시하지 않는다.

좌표가 $x=3$, $y=2$, $z=4$인 점이 오른쪽 그림에 표시되어 있다. 삼차원임을 좀 더 잘 표현하기 위하여 직육면체를 그렸다.

대부분의 삼차원 공간의 개념은 평면에서의 개념을 일반화한 것이다.

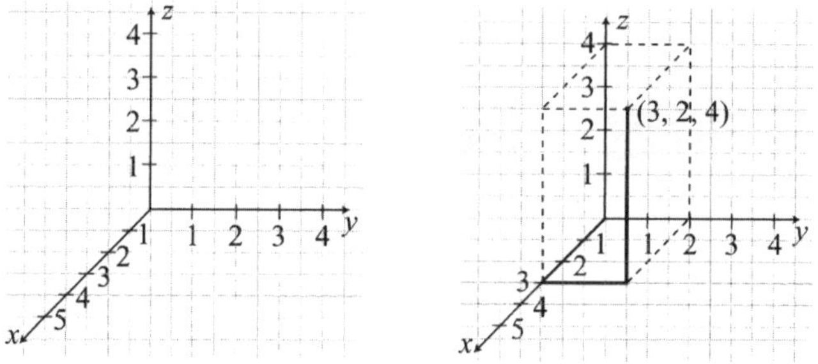

정의 1 공간에서 점 $(a,\ b,\ c)$와 점 $(x,\ y,\ z)$ 사이의 **거리(distance)**는 다음과 같다.

$$D((a,\ b,\ c,),\ (x,\ y,\ z)) = \sqrt{(x-a)^2+(y-b)^2+(z-c)^2}$$

7장에서 각 변이 직선인 기하학적 도형을 다각형이라고 했다. 또 어떤 다각형 내부의 임의의 두 점을 연결하는 선분이 항상 그 다각형 내부에 있으면 그 다각형은 볼록다각형이다. 모든 변이 합동인, 즉 길이가 같은 볼록다각형은 정다각형이다. 공간에서도 비슷한 개념이 있는데 이 경우에 직선은 평면으로 바뀐다.

정의 2 평면 몇 개에 의해 둘러싸인 입체를 **다면체(polyhedron)**라 한다. 다면체와 그것을 이루는 평면이 만나는 부분을 **면(face)**이라 하고, 두 개의 면이 만나서 생기는 선분을 **변(edge)**이라 한다. 또 두 개의 변이 만나서 생기는 점을 **꼭짓점(vertex)**이라 한다.

오일러는 다면체의 면, 변, 꼭짓점 사이에 다음과 같은 흥미로운 관계가 있음을 발견하였다.

성질 1 오일러 공식(Euler's formula) : 다면체의 면의 개수가 F, 변의 개수가 E, 꼭짓점의 개수가 V라면 다음 식이 성립한다.

$$F+V-E=2$$

다면체에 대한 다음의 정의는 7장에서 다각형에 대해 정의했던 것과 비슷하다.

정의 3 어떤 다면체 내부의 임의의 두 점을 연결하는 선분이 항상 그 다면체의 내부에 있으면 그 다면체는 **볼록**(convex)이라 한다. 모든 면이 합동인 볼록다면체를 **정다면체**(regular polyhedron)라 한다.

이제부터는 자주 보는 다면체와 입체에 대해 알아보고 입체의 부피 공식도 알아보자. 입체의 겉넓이도 필요할 때가 있는데, 이는 각 면의 넓이를 더하면 된다.

정의 4 직사각형 여섯 개가 수직으로 만나서 생기는 다면체를 **직육면체**(rectangular solid)라 한다. 직육면체의 부피는 가로, 세로, 높이의 곱이다.

직육면체의 부피 $= l \cdot w \cdot h$

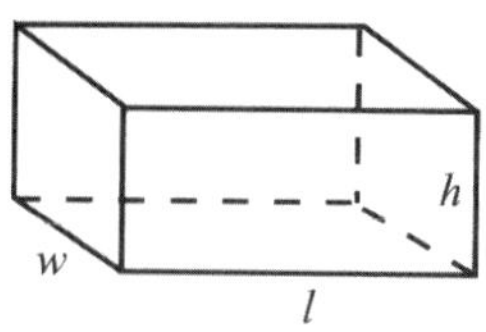

정의 5 M과 N은 평행한 평면이고 R는 M에 있는 다각형이라 하자. l은 M과 N을 연결하는 직선이라 하자. 직선 l에 평행하고 영역 R의 점을 평면 N의 점과 연결하는 모든 선분들의 집합을 **각기둥**(prism)이라 한다. 각기둥의 부피는 높이와 밑면의 넓이의 곱이다.

정의 6 R는 평면 M에 있는 다각형 영역이고 P는 평면에 있지 않은 점이다. 점 P와 R의 점을 연결하는 모든 선분들의 집합을 **각뿔**(pyramid)이라 한다. 각뿔의 부피는 높이와 밑넓이의 곱의 $\frac{1}{3}$이다.

각기둥의 부피
$= R$의 넓이 $\cdot h$

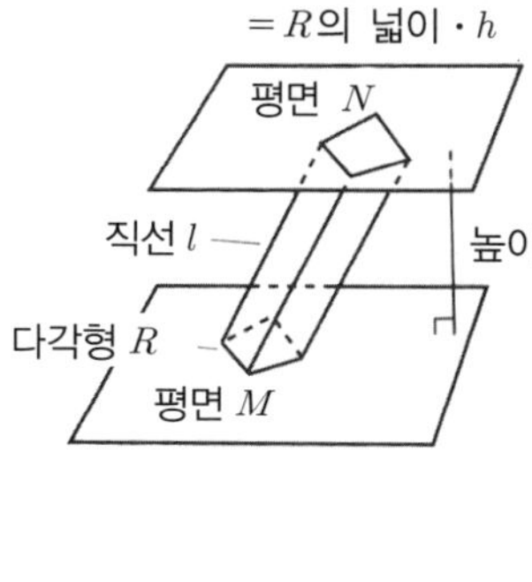

각뿔의 부피
$= \frac{1}{3} \cdot R$의 넓이 $\cdot h$

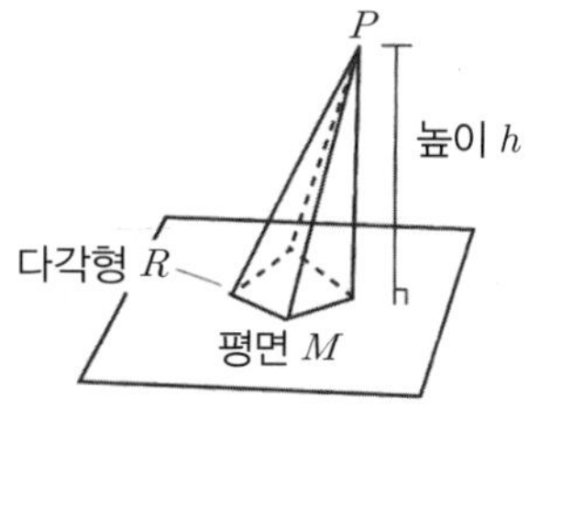

다음에 소개하는 입체는 다면체가 아니다. 왜냐하면 원형의 면이나 단면을 가지고 있기 때문이다.

정의 7 M과 N은 평행한 평면이고 R는 M에서 반지름이 r인 원 영역이라 하고, l은 M과 N을 연결하는 직선이라 하자. 직선 l과 평행하고 영역 R의 점과 평면 N의 점을 연결하는 모든 선분의 집합을 **원기둥**(circular cylinder)이라 한다. 원기둥의 부피는 πr^2과 높이의 곱이다. 직선 l이 원 영역 R에 수직일 경우에 생기는 원기둥을 **직원기둥**(right circular cylinder)이라 한다. 직원기둥의 높이는 수직거리와 같다.

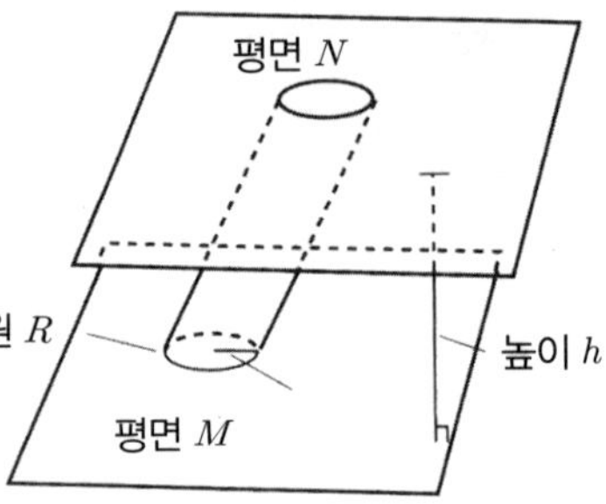

정의 8 평면 M에서 반지름이 r인 원 영역을 R라 하고 P는 평면 위에 있지 않은 점이라 하자. 점 P와 R의 점을 연결하는 모든 선분들의 집합을 **원뿔**(cone)이라 한다. 원뿔의 부피는 $\frac{\pi r^2}{3} \times$ 높이이다.

정의 9 공간에서 한 점으로부터 같은 거리 r에 있는 점들의 집합을 **구**(sphere)라 한다. 구의 부피는 $\frac{4\pi r^3}{3}$이고, 겉넓이는 $4\pi r^2$이다.

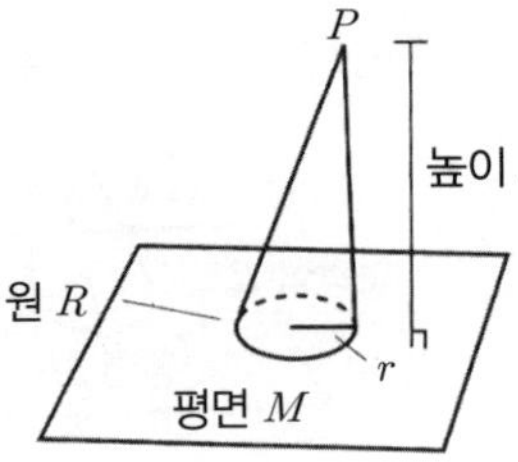

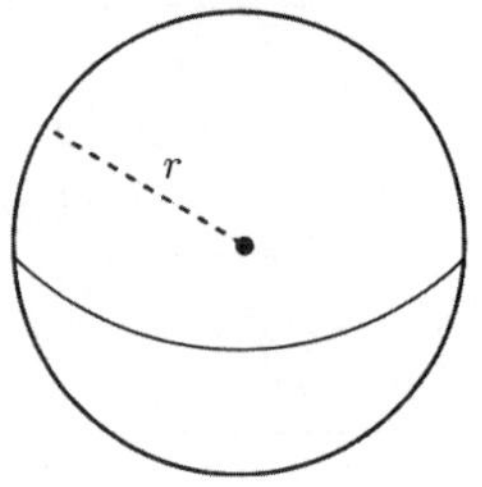

마지막 성질은 복잡한 입체의 부피를 간단하게 구할 때 이용되는 것으로 17세기 초반 이탈리아의 수학자 카발리에리(B. Cavalieri)가 증명하였다. 이 성질은 AMC 문제를 푸는 데 필요해서이기보다는 내용이 흥미 있기 때문에 소개한다.

성질 2 카발리에리의 원리(Cavalieri's principle) : 두 입체 S_1, S_2와 평면 M을 생각하자. M과 평행하고 S_1과 만나는 모든 평면이 S_2와도 만나고 두 단면의 넓이가 항상 같으면, S_1과 S_2의 부피는 같다.

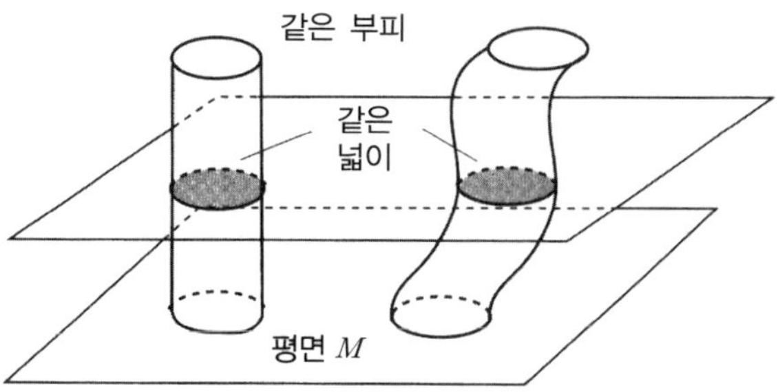

● 제15장 예제

첫 번째 예제는 1996년 AHSME의 9번 문제이다.

예제 1 삼각형 PAB와 정사각형 $ABCD$가 각각 직교하는 평면 위에 있다. $PA=3$, $PB=4$, $AB=5$일 때 PD는?

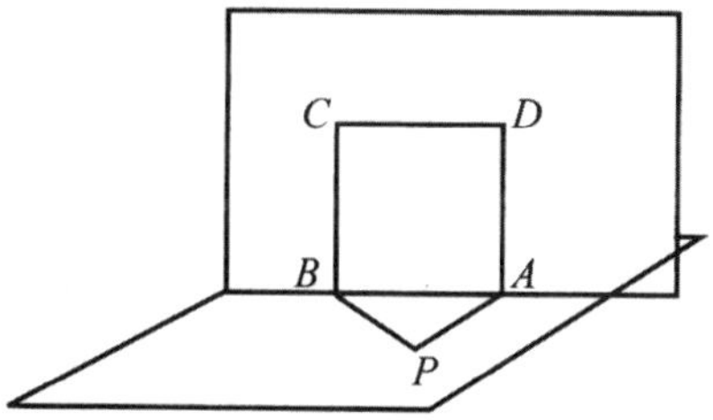

(A) 5 (B) $\sqrt{34}$ (C) $\sqrt{41}$ (D) $2\sqrt{13}$ (E) 8

정답(B) 두 평면이 직교하므로 $\triangle PAD$는 A가 직각인 직각삼각형이고 $AD=AB=5$이다.

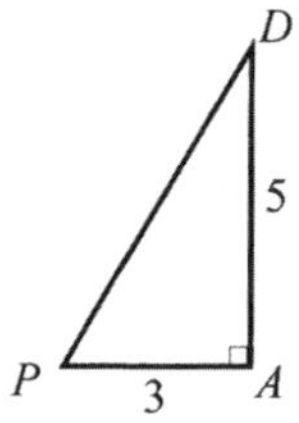

피타고라스 정리에 의하여

$$PD=\sqrt{AD^2+AP^2}=\sqrt{5^2+3^2}=\sqrt{34}$$

이다. 이 문제의 풀이에서 $PB=4$는 이용하지 않았다. 이것은 $\triangle BAP$에서 P가 직각이라는 것을 나타내지만 풀이에서는 필요 없다. 왜냐하면 P가 직교하는 평면 위에 있고 A로부터의 거리가 3이기만 하면 $PD=\sqrt{34}$이기 때문이다. ■

다음 문제는 2003년 AMC 12A의 13번 문제이다.

예제 2 그림에서 직선들로 둘러싸인 다각형은 합동인 네 개의 정사각형의 변이 맞닿아서 만들어진 것이다. 똑같은 정사각형이 그림에서 표시된 9곳에 하나씩 붙어 있다. 접어서 한 면이 열려 있는 정육면체를 만들 수 있는 것은 9개 중에서 몇 개인가?

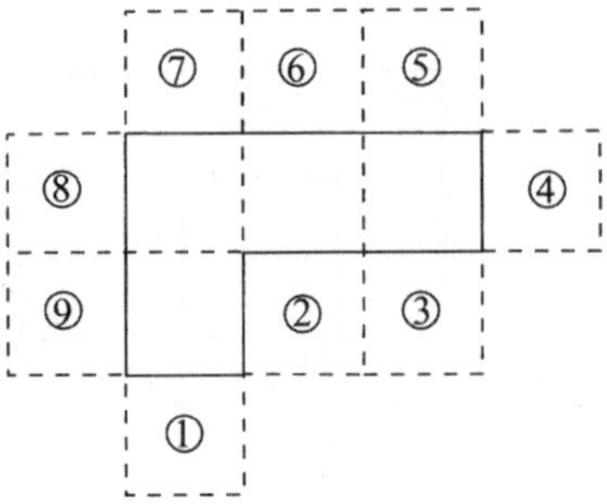

(A) 2　　(B) 3　　(C) 4　　(D) 5　　(E) 6

정답 (E) 접어서 정육면체를 만들면 다음 왼쪽 그림처럼 A는 C, D와 모서리에서 만나야 한다.

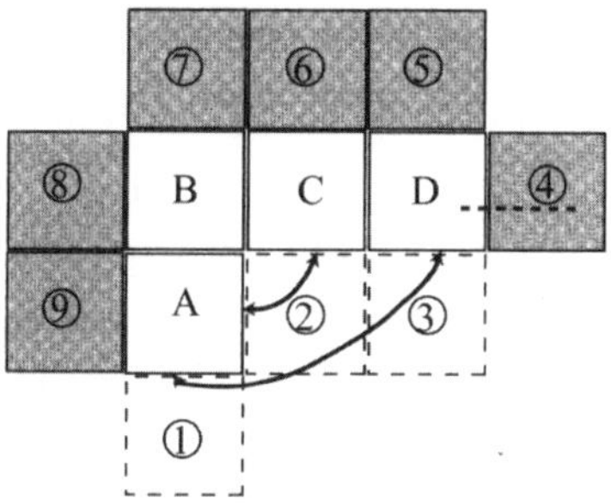

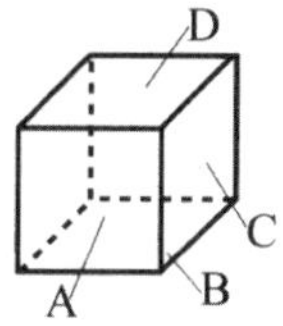

따라서 ①, ②, ③으로 표시된 정사각형으로는 한 면이 열려 있는 정육면체를 만들 수 없다. 오른쪽 그림처럼 A를 앞면, C를 오른쪽 면으로 하면 열려 있는 면은 왼쪽 면과 뒷면이다. 따라서 ④부터 ⑨까지 표시된 면은 어느 것을 이용하더라도 한 면이 열린 정육면체를 만들 수 있다. ■

마지막 문제는 1998년 AHSME의 27번 문제이다.

예제 3 $3\times3\times3$ 정육면체 27개로 $9\times9\times9$ 정육면체를 만들었다. 큰 정육면체에서 다음과 같이 구멍을 뚫자. 첫 번째로 각 면의 가운데와 제일 안쪽에 있는 $3\times3\times3$ 정육면체를 제거하자. 두 번째로 남아 있는 20개의 $3\times3\times3$ 정육면체에서 같은 방법으로 구멍을 뚫자. 즉, 남아 있는 $3\times3\times3$ 정육면체의 각 면의 가운데와 제일 안쪽에 있는 $1\times1\times1$ 정육면체를 제거하자. 이렇게 했을 때 남아 있는 입체의 겉넓이는?

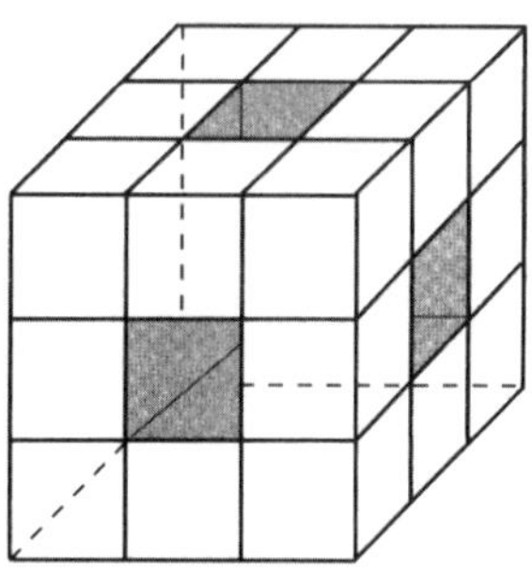

(A) 384 (B) 729 (C) 864 (D) 1024 (E) 1056

정답 (E) 제일 처음의 정육면체의 겉넓이는 $9\times9\times6=486$이다. 첫 번째 단계에서는 각 면에서 3×3정사각형이 하나씩 없어지지만 안쪽에서는 3×3정사각형이 네 개씩 생겨난다. 따라서 첫 번째 단계 이후의 겉넓이는

$$486+6\cdot(-1+4)(3\times3)=486+162=648$$

이다. 두 번째 단계에서는 두 종류의 정사각형을 따로 생각해야 한다.

경우 Ⅰ: 모서리에 있는 8개의 정육면체는 세 면이 드러나 있다. 각 면에서 1×1정사각형이 하나씩 없어지고 안쪽에서 $6\cdot4=24$개의 정사각형이 생겨난다. 따라서 각 정육면체에서

$$-3+24=21$$

개의 정사각형이 생긴다.

경우 Ⅱ: 두 면이 바깥으로, 두 면이 안쪽으로 드러나 있는 정육면체가 12개 있다. 각 면에서 1×1정사각형이 하나씩 없어지고 안쪽에서 $6\cdot4=24$개의 정사각형이 생긴다. 따라서 각 정육면체에서

$$-4+24=20$$

개의 정사각형이 생긴다.

따라서 두 번째 단계 이후의 입체의 겉넓이는

$$648+8\cdot21+12\cdot20=648+168+240=1056$$

이다. ■

제15장 연습문제

1. 다음 그림을 접어서 정육면체를 만들었을 때 x로 표시된 면의 반대 면은?

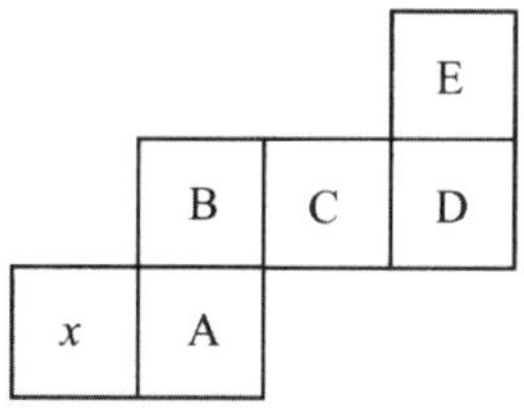

(A) A　　(B) B　　(C) C　　(D) D　　(E) E

2. 다음 중 중심각이 $252°$이고 반지름이 10인 부채꼴로 만들 수 있는 원뿔은?

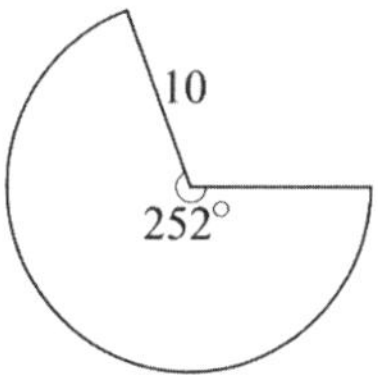

(A)
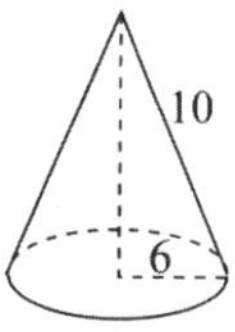

(B)
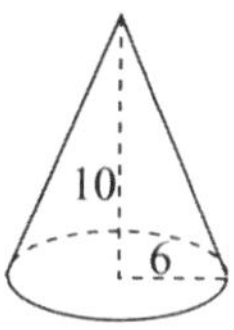

(C)
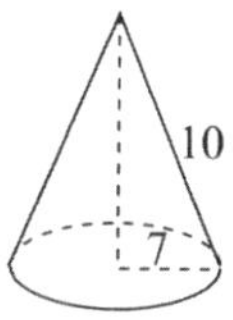

(D)
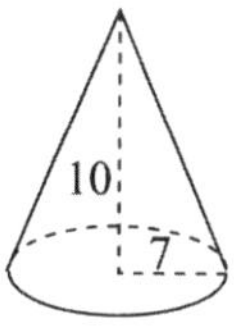

(E)
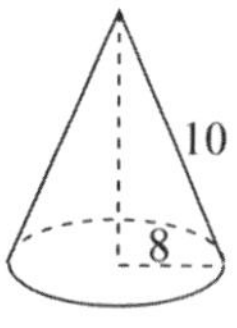

3. 부피가 1, 8, 27인 정육면체 세 개가 면끼리 맞닿아 있다. 이렇게 만들어지는 다면체 중에서 가장 작은 겉넓이는?

(A) 36　　(B) 56　　(C) 70　　(D) 72　　(E) 74

4. 부피가 1인 단위 정육면체 11^3개를 이용하여 $11 \times 11 \times 11$ 정육면체를 만들었다. 한 지점에서 바라보았을 때 적어도 한 면이 보이는 단위 정육면체의 최대 개수는?

(A) 328　　(B) 329　　(C) 330　　(D) 331　　(E) 332

5. 다음 직육면체에서 $\angle DHG = 45°$이고 $\angle FHB = 60°$일 때 $\cos \angle BHD$는?

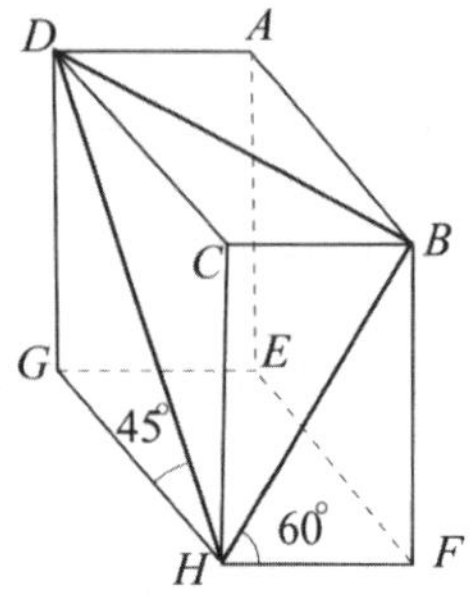

(A) $\frac{\sqrt{3}}{6}$ (B) $\frac{\sqrt{2}}{6}$ (C) $\frac{\sqrt{6}}{3}$

(D) $\frac{\sqrt{6}}{4}$ (E) $\frac{\sqrt{6}-\sqrt{2}}{4}$

6. 한 변의 길이가 $n > 2$인 정육면체의 모든 면을 검은색으로 칠하고 각 면에 평행하게 잘라서 n^3개의 작은 정육면체로 나누자. 한 면만 검은색으로 칠해진 작은 정육면체의 개수는 한 면도 칠해지지 않은 정육면체의 개수와 같다고 할 때 n의 값은?

(A) 4 (B) 5 (C) 6 (D) 7 (E) 8

7. 그림에서 A, E, F는 직각이등변 삼각형이고 B, C, D는 한 변의 길이가 1인 정사각형이며 G는 정삼각형이다. 이 도형을 변을 따라 접어서 만든 입체의 부피는?

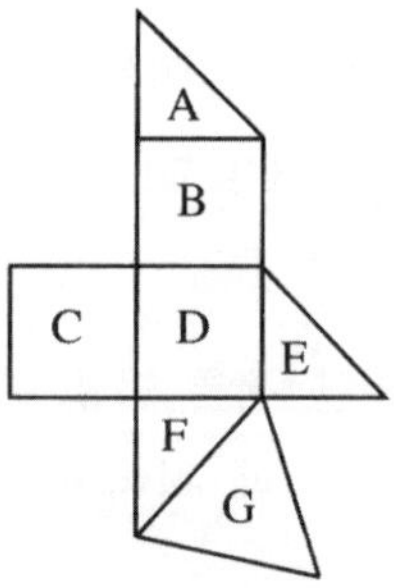

(A) $\frac{1}{2}$ (B) $\frac{2}{3}$ (C) $\frac{3}{4}$ (D) $\frac{5}{6}$ (E) $\frac{4}{3}$

8. 합동이고 각각 다른 색깔이 칠해진 여덟 개의 정삼각형을 이용하여 정팔면체를 만들었다. 서로 다른 종류의 정팔면체 개수는? (색칠된 두 정팔면체를 회전하여 서로 같게 보이지 않으면 서로 다른 종류이다.)

(A) 210 (B) 560 (C) 840 (D) 1260 (E) 1680

9. $4\times4\times3$ 직육면체에서 꼭짓점 D에 이웃한 꼭짓점을 A, B, C라 하자. 세 점 A, B, C를 포함하는 평면에서부터 점 D까지의 수직거리는?

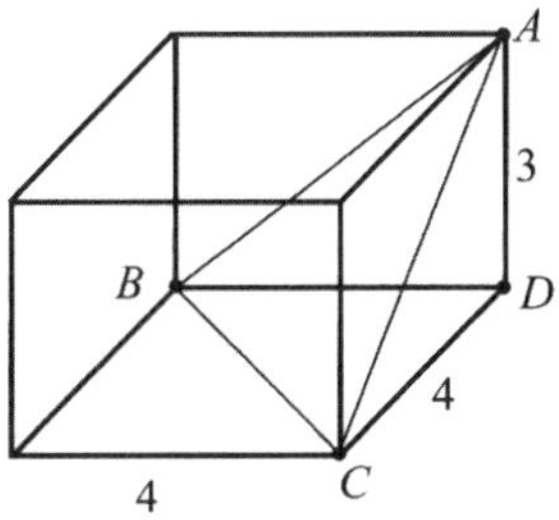

(A) $\dfrac{6\sqrt{34}}{17}$ (B) $\sqrt{5}$ (C) $\sqrt{6}$ (D) $2\sqrt{2}$ (E) $2\sqrt{3}$

10. 반지름이 1이고 서로 접하는 세 개의 구가 평면 위에 놓여 있다. 그 위에 반지름이 2인 구가 있다. 큰 구의 꼭대기에서 평면까지의 거리는?

(A) $3+\dfrac{\sqrt{30}}{2}$ (B) $3+\dfrac{\sqrt{69}}{3}$ (C) $3+\dfrac{\sqrt{123}}{4}$

(D) $\dfrac{52}{9}$ (E) $3+2\sqrt{2}$

제 16 장 함수

16.1 서론

함수의 성질은 중·고등학생들에게 익숙한 내용이고, 최근의 AMC에는 함수나 함수기호와 관련된 문제들이 점점 더 많이 출제되고 있다. 이 문제들 중 상당수는 함수기호를 잘 이용하기만 하면 풀 수 있다. AMC 10 과정에서는 이 장에서 다루는 함수 개념에 관한 문제는 출제되지 않는다.

16.2 정의

함수는 어떤 집합의 각 원소를 다른 집합의 원소에 대응시키는 규칙이다.

정의 1 집합 A에서 집합 B로의 **함수**(function)는 A의 각 원소에 대하여 B의 원소를 하나씩 대응시키는 규칙이다. 집합 A는 함수의 **정의역**(domain)이라 하고, A의 원소에 대응되는 B의 원소들 전체의 집합을 함수의 **치역**(range)이라 한다.

AMC 문제 대부분은 정의역과 치역이 실수의 부분집합인 함수와 관련이 있다. 함수의 정의역은 때로는 구체적으로 설명되지는 않는데, 이때는 함숫값이 정의되는 실수 전체의 집합으로 생각한다.

함수는 f로 나타내는데, 예를 들어 각 실수에 대하여 양의 제곱근을 대응시키는 함수는 간단히 다음과 같이 나타낸다.

$$f(x) = \sqrt{x}$$

함수를 나타내는 변수는 일반적으로 x를 사용한다. 그렇지만 이것의 역할은 단지 위치를 나타내는 것일 뿐이다. 따라서 다음과 같이 나타내는 것이 더 편리할 수도 있다.

$$f(\_) = \sqrt{\_}$$

이것은 좌변의 빈칸에 어떤 값이 들어가면 우변의 빈칸에도 같은 값이 들어감을 의미한다.

특별한 설명이 없으면, 함수의 정의역은 그 함수가 정의되고 함숫값이 실수가 되는 모든 실수의 집합으로 생각한다. 따라서 함수 $f(x) = \sqrt{x}$ 의 정의역은 구간 $[0, \infty)$이다. 왜냐하면 제곱근이 정의되고 그 값이 실수인 가장 큰 집합이 $[0, \infty)$이기 때문이다. 치역도 구간 $[0, \infty)$이다. 왜냐하면 정의역의 실수를 제곱근을 취하면 얻을 수 있는 값이 이 구간의 값이기 때문이다.

좀 더 복잡한 예를 보자.

$$f(x) = 1 + \sqrt{\frac{x}{(x+2)(2-x)}}$$

이 함수의 정의역을 구하기 위해서는

$$\frac{x}{(x+2)(2-x)} \geq 0$$

을 풀어야 한다. 이 문제는 대수적으로 풀어도 되지만 기하학적으로 푸는 것이 더 쉽다. 함숫값이 양수에서 음수로 변하는 것은 함숫값이 0이거나 정의되지 않는 점을 지날 때이다(이것은 연속함수에 대한 중간값의 정리에 의해 알 수 있다). $\frac{x}{(x+2)(2-x)}$는 $x=0$일 때 0이고 $x=-2$와 $x=2$일 때 정의되지 않으므로,

$$\frac{x}{(x+2)(2-x)}$$

의 부호는 각 구간 $(-\infty, -2)$, $(-2, 0)$, $(0, 2)$, $(2, \infty)$에서는 일정하다.

각 구간 내의 한 점씩 대입해 보면 x가 $(0, 2)$ 또는 $(-\infty, -2)$에 있을 때만

$\dfrac{x}{(x+2)(2-x)} > 0$이고, $x=0$일 때는 $\dfrac{x}{(x+2)(2-x)} = 0$임을 알 수 있다. 따라서 함수 f의 정의역은

$$(-\infty,\ -2) \cup [0,\ 2)$$

이다.

일반적으로 함수의 치역을 구하기는 좀 더 어렵다. 그러나 이 문제의 경우에는 정의역의 끝점들에서 생각해 보면 치역을 구할 수 있다. 우선 $f(0)=1+0=1$이고 제곱근은 음수가 될 수 없으므로, 이 값은 치역에서 가장 작은 값이다. 또 x가 그보다 작으면서 그에 가까이 가면 제곱근 안의 부호는 0에 가까워진다. 따라서 이 분수는 점점 커지고 제곱근도 점점 커진다. 따라서 구간 $[1,\ \infty)$의 모든 값이 f의 치역에 속함을 알 수 있다.

AMC에는 정의역과 치역이 복소수인 경우도 가끔 나온다. 이러한 함수는 18장에서 공부하기로 하자.

16.3 함수의 그래프

변수가 x와 y인 방정식의 **그래프(graph)**는 xy평면에서 방정식을 만족하는 점 $(x,\ y)$들의 집합이다. 예를 들면, 방정식

$$x^2+y^2=1$$

의 그래프는 원점이 중심이고 반지름이 1인 원이다. 왜냐하면 이 원 위의 점은 이 방정식을 만족하기 때문이다.

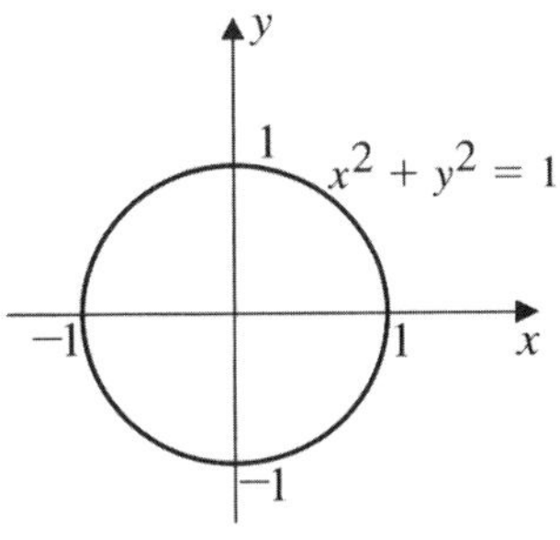

그래프에 관한 몇 가지 중요한 점이 있는데 AMC 12에 가끔 나온다. 대부분은 대칭과 관련이 있다.

정의 1 ▌ 어떤 직선의 한쪽 편에 있는 그래프의 모양과 직선의 다른 쪽 편에 있는 모양이 서로 거울에 비친 모습과 같을 때 그 그래프는 직선에 **대칭**(symmetric)이라 한다.

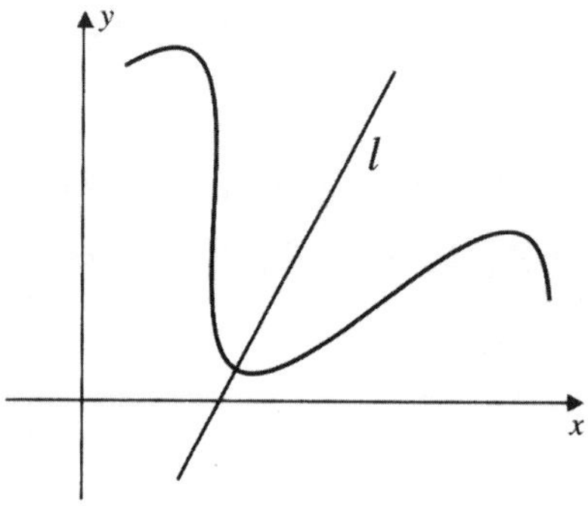

직선에 대칭인 그래프는 그 직선이 좌표축일 때는 좀 더 쉽다. 좌표축 대칭은 좌표축에 대하여 대칭이라고 하기도 한다.

정의 2 ▌ **좌표축 대칭**

- (x, y)가 그래프 위에 있을 때 $(-x, y)$도 그래프 위에 있으면 이 그래프는 y**축에 대칭**(y-axis symmetry)이라 한다.
- (x, y)가 그래프 위에 있을 때 $(x, -y)$도 그래프 위에 있으면 이 그래프는 x**축에 대칭**(x-axis symmetry)이라 한다.

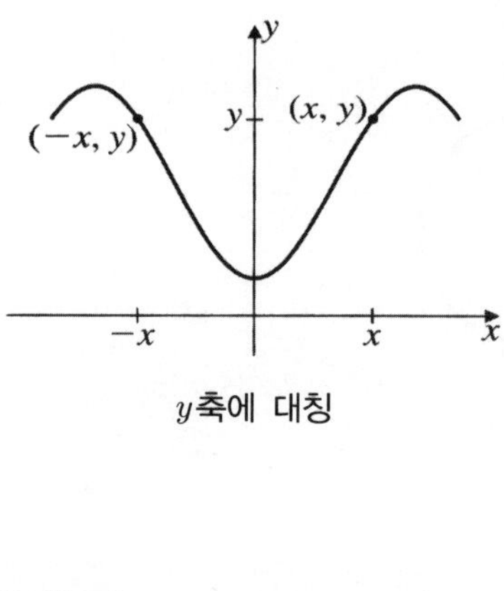

y축에 대칭

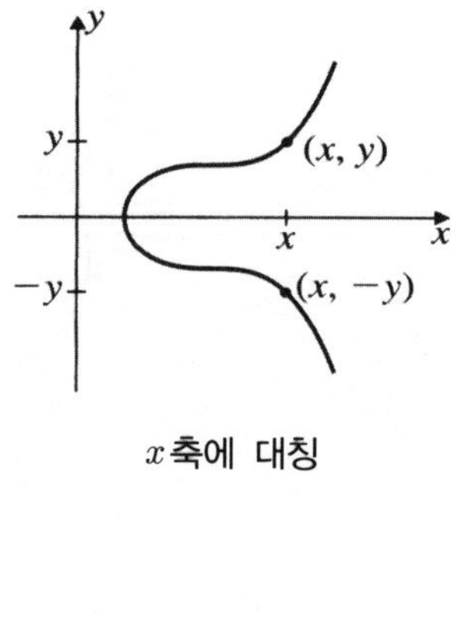

x축에 대칭

평면에서 점에 대한 대칭도 정의할 수 있다. 이 경우에 그래프는 한 점에 대하여 거울에 비친 모습과 같다. 이 성질은 일반적인 점에 대해서는 이해하기 어렵지만 원점에 대해서는 쉽게 이해할 수 있다.

정의 3 ▌ $(x,\ y)$가 그래프 위에 있을 때 $(-x,\ -y)$도 그래프 위에 있으면 이 그래프는 **원점에 대칭**(origin symmetry)이라 한다.

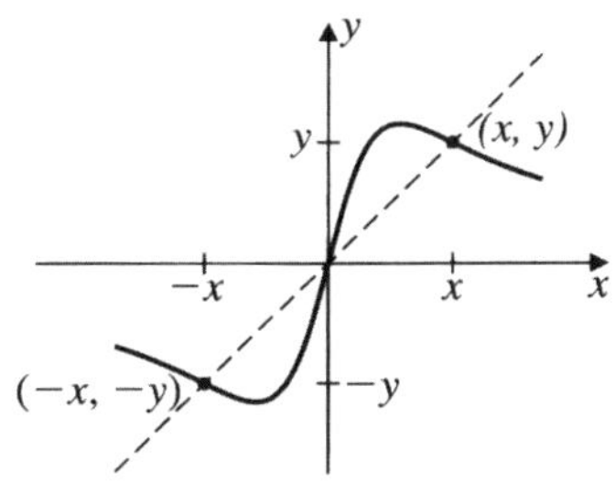

원점에 대칭

이 장에서는 주로 함수의 그래프, 즉 f가 함수일 때 $y=f(x)$ 형태의 방정식의 그래프에 주목한다. 이러한 그래프는 특별한 성질을 갖고 있다.

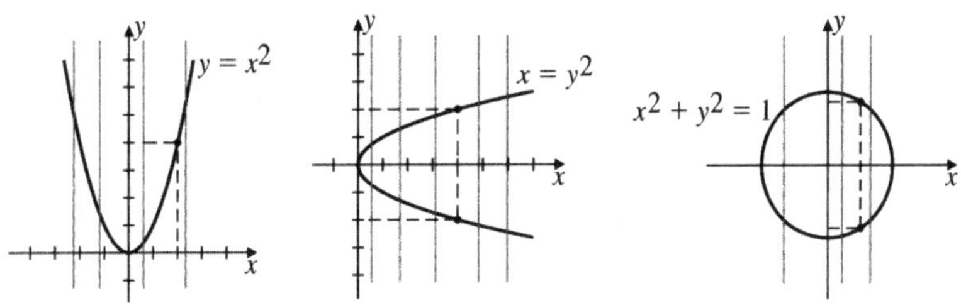

함수 (a) 　 함수 아님 (b) 　 함수 아님 (c)

정의 4 ▌ 방정식에서 y가 x의 함수일 필요충분조건은 모든 수직선이 그 방정식의 그래프와 많아야 한 번만 만나는 것이다.

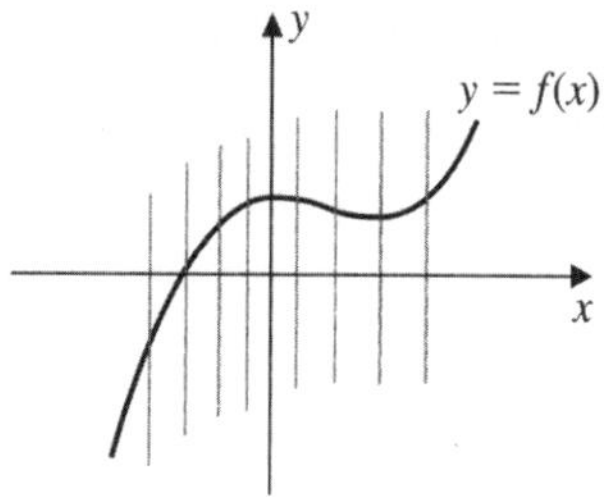

함수

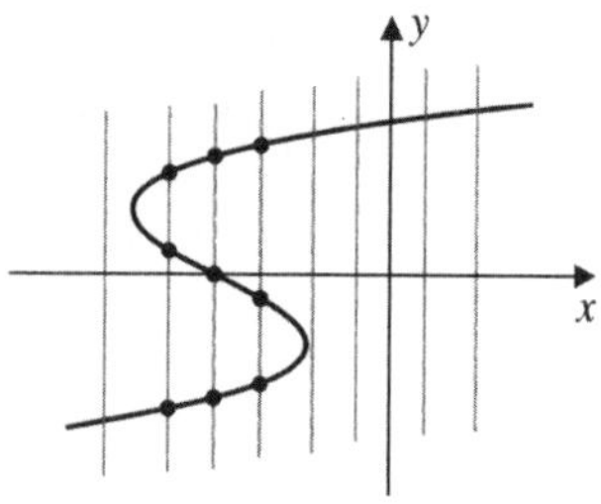

함수 아님

함수의 정의에 따르면 $f(x)=0$ 이외의 함수의 그래프는 x축에 대칭이 될 수 없다. 그러나 함수의 그래프는 y축에는 대칭이 될 수 있다. 이 경우 정의역에 있는 모든 x에 대하여 $f(-x)=f(x)$이다. 함수의 그래프는 원점에 대칭일 수도 있는데, 이때에는 정의역의 모든 x에 대하여 $f(-x)=-f(x)$이다.

함수 $y=f(x)$의 그래프를 알고 있으면 f의 정의역과 치역을 구하기는 쉽다.

정의 5 함수의 정의역과 치역

- 함수 f의 **정의역**(domain)은 수평축 위의 점 중에서 그 점을 지나는 수직선이 $y=f(x)$의 그래프와 만나는 점들의 집합이다.
- 함수 f의 **치역**(range)은 수직축 위의 점 중에서 그 점을 지나는 수평선이 $y=f(x)$의 그래프와 만나는 점들의 집합이다.

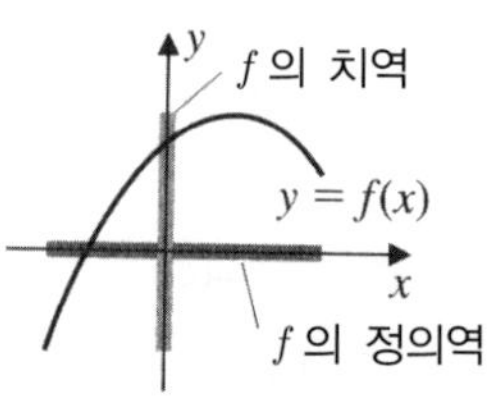

예를 들어, 다음 함수의 그래프를 생각해 보자.

$$f(x)=\begin{cases} x-1, & -3 \le x < 0 \\ x^2, & 0 \le x \le 2 \end{cases}$$

다음 그림에서 왼쪽은 두 방정식 $y=x-1$과 $y=x^2$의 그래프이고 오른쪽은

$y=f(x)$의 그래프이다.

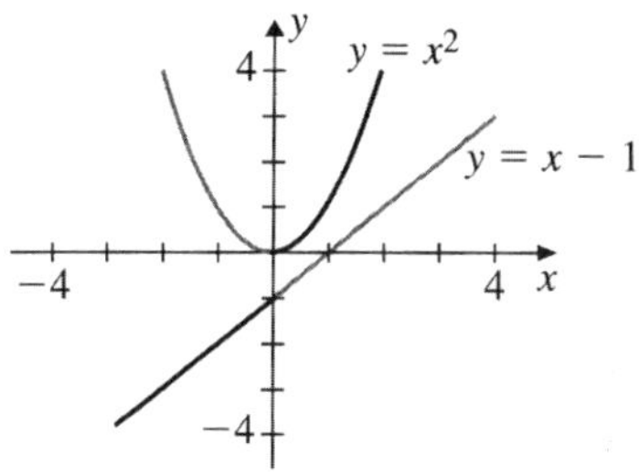

(a)

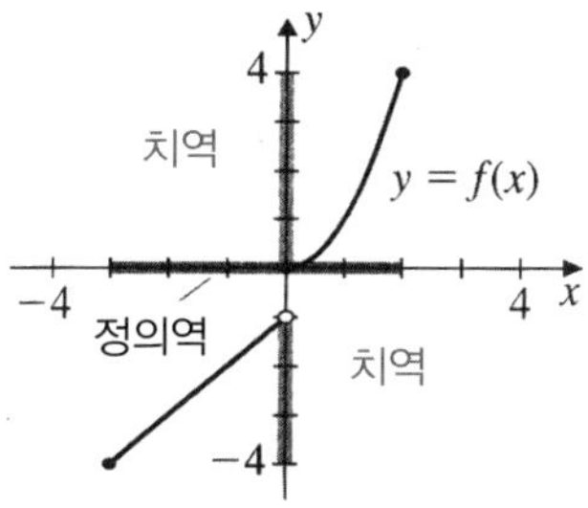

(b)

그래프와 만나는 수직선은 구간 $[-3,\ 2]$의 점을 지나므로 이 구간이 정의역이다. 수평선은 $-4 \le y < -1$ 또는 $0 \le y \le 4$일 때 그래프와 만나므로 f의 치역은 $[-4,\ -1) \cup [0,\ 4]$이다.

16.4 함수의 합성

두 개 또는 그 이상의 함수들의 합성은 하나의 함수를 작용시킨 후 다른 함수를 작용시킨 것이다. 예를 들어, 함수 f와 g가 다음과 같이 정의되어 있다고 하자.

$$f(x) = \sqrt{x}, \quad g(x) = \frac{1}{x-2}$$

f와 g의 합성은 다음과 같이 정의된다.

$$(f \circ g)(x) = f(g(x)) = f\left(\frac{1}{x-2}\right) = \sqrt{\frac{1}{x-2}}$$

이고

$$(g \circ f)(x) = g(f(x)) = g(\sqrt{x}) = \frac{1}{\sqrt{x}-2}$$

두 합성함수의 값은 서로 다르다. 두 함수의 정의역도 다르다. $f \circ g$의 정의역은 $(2,\ \infty)$이지만 $g \circ f$의 정의역은 $[0,\ 4) \cup (4,\ \infty)$이다.

f와 g의 합성이 다음 성질을 만족할 때가 특히 중요하다.

$$(f \circ g)(x) = x, \quad x\text{는 } g\text{의 정의역에 속할 때}$$

또

$$(g \circ f)(x) = x, \quad x\text{는 } f\text{의 정의역에 속할 때}$$

이 경우에 f와 g는 서로 **역함수**(inverse function)라 하고 $g = f^{-1}$이라 나타낸다. $y = f(x)$의 그래프와 $y = f^{-1}(x)$의 그래프는 원점을 지나고 기울기가 1인 직선에 대칭이다.

정의 1 $y = f^{-1}(x)$의 그래프는 $y = f(x)$의 그래프를 직선 $y = x$에 대하여 대칭이동시킨 것이다.

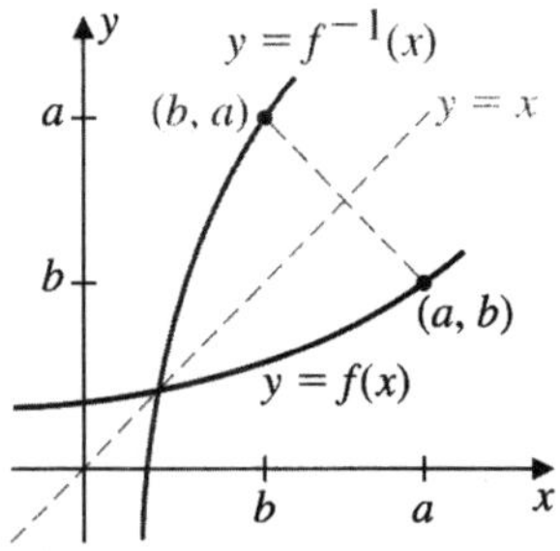

함수와 그 역함수의 그래프는 둘 다 증가하거나 둘 다 감소한다. 그러나 역함수의 기울기와 원래 함수의 기울기는 역수관계이다. 미적분학을 이용하면 이 사실을 증명할 수 있다.

● 제16장 예제

첫 번째 예제는 1995년 경시대회 14번 문제이다.

예제 1 $f(x) = ax^4 - bx^2 + x + 5$이고 $f(-3) = 2$라 할 때 $f(3)$은?

(A) -5 (B) -2 (C) 1 (D) 3 (E) 8

정답 (E) $f(-x)$의 값과 $f(x)$의 값의 관계를 찾고, 이 관계식에서 $x=3$을 대입하자. n이 짝수일 때 $(-x)^n = x^n$이고, n이 홀수일 때 $(-x)^n = -x^n$이므로

$$\begin{aligned} f(-x) &= a(-x)^4 - b(-x)^2 + (-x) + 5 \\ &= ax^4 - bx^2 - x + 5 \\ &= (ax^4 - bx^2 + x + 5) - 2x = f(x) - 2x \end{aligned}$$

이다. 따라서

$$f(3) = f(-3) - 2(-3) = 2 + 6 = 8$$

이다. ■

다음 예제는 1991년 경시대회 21번 문제이다.

예제 2 0과 1 이외의 모든 실수 x에 대하여 함수 f를 다음과 같이 정의하자.

$$f\left(\frac{x}{x-1}\right) = \frac{1}{x}$$

$0 < \theta < \frac{\pi}{2}$일 때 $f(\sec^2\theta)$는?

(A) $\sin^2\theta$ (B) $\cos^2\theta$ (C) $\tan^2\theta$ (D) $\cot^2\theta$ (E) $\csc^2\theta$

정답 (A) 이 문제에서는 함수 표현이 복잡하므로 새로운 변수를 도입하여 함수 표현을 간단히 하자. $y = \frac{x}{x-1}$라 하고 x를 y에 대하여 풀자. $x \neq 0$이고 $x \neq 1$이면

$$y(x-1) = x$$

이므로 $yx - y = x$이고 $yx - x = y$이다. 따라서

$$x = \frac{y}{y-1}$$

이다. 이 식은 $y=1$일 때는 정의되지 않는다. 또 $y=0$이면 $x=0$이고 원래의

함수 표현이 정의되지 않는다. $y \neq 0$과 $y \neq 1$에 대하여

$$f(y) = f\left(\frac{x}{x-1}\right) = \frac{1}{x} = \frac{1}{y/(y-1)} = \frac{y-1}{y} = 1 - \frac{1}{y}$$

이다. $0 < \theta < \frac{\pi}{2}$에 대하여 $y = \sec^2\theta$라 하면

$$f(\sec^2\theta) = 1 - \frac{1}{\sec^2\theta} = 1 - \cos^2\theta = \sin^2\theta$$

이다. ■

마지막 예제는 1993년 경시대회 26번 문제이다.

예제 3 실수 값을 갖는 함수 f가 다음과 같이 정의되었다고 하자.

$$f(x) = \sqrt{8x - x^2} - \sqrt{14x - x^2 - 48}$$

이때 $f(x)$의 최댓값은?

(A) $\sqrt{7} - 1$ (B) 3 (C) $2\sqrt{3}$
(D) 4 (E) $\sqrt{55} - \sqrt{5}$

정답 (C) 이 함수는 두 개의 이차함수의 제곱근으로 되어 있으므로 표현을 간단하게 만들지 않으면 풀기가 어렵다. 이차식이 있을 때 가장 먼저 해야 할 일 중 하나는 이차식을 완전제곱으로 만드는 것이다. 이 문제의 경우에는 다음과 같다.

$$8x - x^2 = -(x^2 - 8x) = -(x^2 - 8x + 16) + 16 = 16 - (x-4)^2$$

이고

$$\begin{aligned} 14x - x^2 - 48 &= -(x^2 - 14x + 48) \\ &= -(x^2 - 14x + 49) + 1 = 1 - (x-7)^2 \end{aligned}$$

이다. x가 f의 정의역에 속하기 위해서는 다음 두 식을 모두 만족해야 한다.

$$0 \leq 16 - (x-4)^2 \Rightarrow |x-4| \leq 4 \Rightarrow 0 \leq x \leq 8$$

이고

$$0 \le 1-(x-7)^2 \Rightarrow |x-7| \le 1 \Rightarrow 6 \le x \le 8$$

따라서 x가 구간 $[6, 8]$에 있을 때만 생각하면 되고 이때 함수는 다음과 같다.

$$f(x) = \sqrt{16-(x-4)^2} - \sqrt{1-(x-7)^2}$$

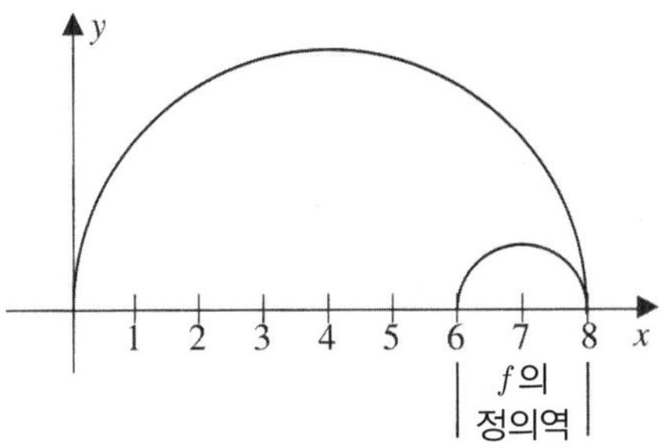

그림에서와 같이, $y = \sqrt{16-(x-4)^2}$ 의 그래프는 중심이 $(4, 0)$이고 반지름이 4인 반원이다. 또 $y = \sqrt{1-(x-7)^2}$ 의 그래프는 중심이 $(7, 0)$이고 반지름이 1인 반원이다. 이 그림에서 보면 구간 $[6, 8]$에서 f의 최댓값은 $x=6$일 때임을 알 수 있다. 왜냐하면 이때 $\sqrt{16-(x-4)^2}$ 은 최대이고 $\sqrt{1-(x-7)^2}$ 은 최소이기 때문이다. 따라서 $f(x)$의 최댓값은 다음과 같다.

$$f(6) = \sqrt{16-(6-4)^2} - \sqrt{1-(6-7)^2} = \sqrt{12} - \sqrt{0} = 2\sqrt{3}$$

미적분학을 알고 있는 학생은 이 문제를 풀 때 $f(x)$를 미분하고 0으로 놓고 풀어서 x를 구하려고 할 것이다. 그러나 이렇게 하는 것은 앞의 풀이보다 훨씬 더 복잡하다. AMC에는 미적분학을 이용하여 푸는 것이 미적분학을 이용하지 않을 때보다 더 쉬운 문제는 출제되지 않는다. ■

제16장 연습문제

1. 모든 $x > 0$에 대하여 $f(2x) = \dfrac{2}{2+x}$일 때 $2f(x)$는?

(A) $\frac{2}{1+x}$ (B) $\frac{2}{2+x}$ (C) $\frac{4}{1+x}$ (D) $\frac{4}{2+x}$ (E) $\frac{8}{4+x}$

2. 함수 f를 자연수 n에 대하여 다음과 같이 정의하자.

$$f(n)=\begin{cases} n+3, & n\text{은 홀수} \\ n/2, & n\text{은 짝수} \end{cases}$$

k가 홀수이고 $f(f(f(k)))=27$일 때 k의 각 자릿수의 합은?

(A) 3 (B) 6 (C) 9 (D) 12 (E) 15

3. $f(x)=ax^7+bx^3+cx-5$이고 a, b, c는 상수라 하자. $f(-7)=7$일 때 $f(7)$의 값은?

(A) -17 (B) -7 (C) 14 (D) 17 (E) 21

4. 함수 f가 모든 실수 x에 대하여 $f(2+x)=f(2-x)$를 만족한다고 하자. $f(x)=0$은 서로 다른 네 개의 실근을 갖는다고 할 때 이 네 근의 합은?

(A) 0 (B) 2 (C) 4 (D) 6 (E) 8

5. 함수 f가 $x\neq-\frac{3}{2}$일 때 다음과 같이 정의되었다고 하자.

$$f(x)=\frac{cx}{2x+3}$$

정의역의 모든 실수 x에 대하여 $f(f(x))=x$를 만족한다면 c의 값은?

(A) -3 (B) $-\frac{3}{2}$ (C) $\frac{3}{2}$ (D) 3 (E) 5

6. $f(x^2+1)=x^4+5x^2+3$일 때 $f(x^2-1)$은?

(A) x^4+5x^2+1 (B) x^4+x^2-3 (C) x^4-3x^2+1
(D) x^4-5x^2+1 (E) x^4+x^2+3

7. $x^2+y^2=14x+6y+6$일 때 $3x+4y$의 최댓값은?

(A) 72　　(B) 73　　(C) 74　　(D) 75　　(E) 76

8. 방정식 $\frac{x}{100} = \sin x$의 실근의 개수는?

(A) 61　　(B) 62　　(C) 63　　(D) 64　　(E) 65

9. 다음 그래프는 사차다항식 $P(x) = x^4 + ax^3 + bx^2 + cx + d$의 일부분이다. 다음 중 값이 가장 작은 것은?

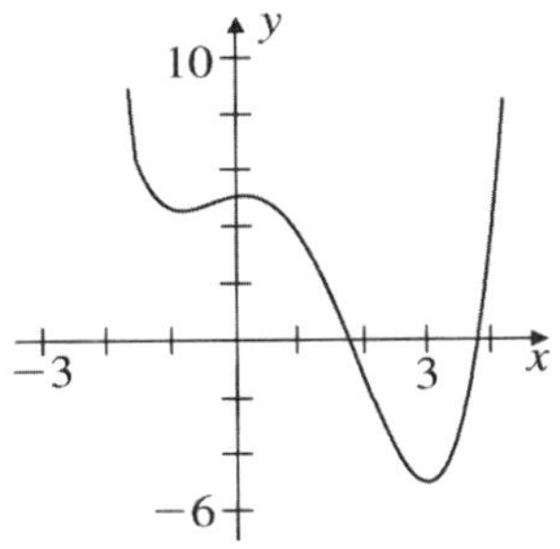

(A) $P(-1)$　　(B) P의 근들의 곱

(C) P의 실수가 아닌 근들의 곱　　(D) P의 계수들의 합

(E) P의 실근들의 합

10. $f(x) = x^2 + 6x + 1$이라 하고, 좌표평면에서

$$f(x) + f(y) \le 0, \quad f(x) - f(y) \le 0$$

을 만족하는 점 (x, y)들의 집합을 R라 하자. R의 넓이에 가장 가까운 값은?

(A) 21　　(B) 22　　(C) 23　　(D) 24　　(E) 25

17장 로그

17.1 서론

로그의 성질을 어렵게 느끼는 학생들도 있지만, 이런 문제를 풀기 위해 알아야 할 개념은 그리 많지 않다. 따라서 로그를 포함하는 대부분의 문제는 시험지 뒷부분에 나오지만 대개 어렵지 않다. 시험에서 계산기가 사용되지 않는다면, 로그는 좀 더 중요시되었을 주제이다. AMC 10에서는 로그 문제가 나오지 않는다.

17.2 정의와 성질

정의 1 $a \neq 1$이고 x가 양의 실수라 하자. x가 a의 y제곱과 같을 때 y는 a를 밑으로 하는 x의 **로그**(logarithm)라 하고 $y = \log_a x$라 나타낸다. 즉,

$$y = \log_a x \iff x = a^y$$

이다.

로그와 지수의 관계식으로부터 다음 성질들을 쉽게 얻을 수 있다.

성질 1 $a \neq 1$가 양의 실수일 때 다음이 성립한다.

$$\log_a 1 = 0, \quad \log_a a = 1, \quad \log_a \frac{1}{a} = -1$$

성질 2 $a \neq 1$이고 x와 y가 양의 실수이며 $\log_a x = \log_a y$이면 $x = y$이다.

성질 3 $a \neq 1$, $b \neq 1$이고 x와 y가 양의 실수이고 r는 임의의 실수라 하면 다음이 성립한다.

- $a^{\log_a x} = x$
- $\log_a a^r = r$
- $\log_a (xy) = \log_a x + \log_a y$
- $\log_a x^r = r \log_a x$
- $\log_a (\frac{x}{y}) = \log_a x - \log_a y$

$a \neq 1$이라 하자. 성질 3의 첫 번째 관계식은

$$x = a^{\log_a x}$$

이다. 만약 $b \neq 1$이면, 이 식의 양변에 b를 밑으로 하는 로그를 취하면

$$\log_b x = \log_b a^{\log_a x} = \log_a x \cdot \log_b a$$

이다. 양변에서 $\log_b a$를 나누면 다음 성질을 얻을 수 있다.

성질 4 $a \neq 1$와 $b \neq 1$가 양의 실수이고 x가 양수이면 다음이 성립한다.

$$\log_a x = \frac{\log_b x}{\log_b a}$$

이 결과에 의하면 모든 로그는 특정한 밑을 갖는 로그의 상수배로 나타낼 수 있다. 로그들 사이의 관계에서 $x = b$라 하면 $\log_b x = \log_b b = 1$이므로 다음과 같은 특별한 성질을 갖는다. 이 성질은 AMC에서 로그 문제를 푸는 데 가장 자주 이용되는 성질이다.

성질 5 양수 $a \neq 1$와 $b \neq 1$에 대하여 다음이 성립한다.

$$\log_a b = \frac{1}{\log_b a}$$

로그에서 가끔 이용되는 또 다른 성질은 로그 값이 언제 유리수가 되는가에 관한 것이다.

성질 6 $a \neq 1$이 양수라 하자. $\log_a b$가 정수(유리수)일 필요충분조건은 $b = a^r$이고 r가 정수(유리수)인 것이다.

로그함수의 또 다른 중요한 성질은 지수함수의 역함수라는 것이다.

정의 2 로그함수는 $f(x) = \log_a x$ 형태이다. 여기서 $a \neq 1$는 양의 실수이다.

다음 그래프는 함수 $f(x) = \log_a x$와 $g(x) = a^x$의 $a > 1$일 때와 $0 < a < 1$일 때를 그린 것이다. 이 두 함수는 서로 역함수 관계이므로 $y = f(x)$의 그래프는 $y = g(x)$의 그래프를 직선 $y = x$에 대하여 대칭 이동시킨 것이다.

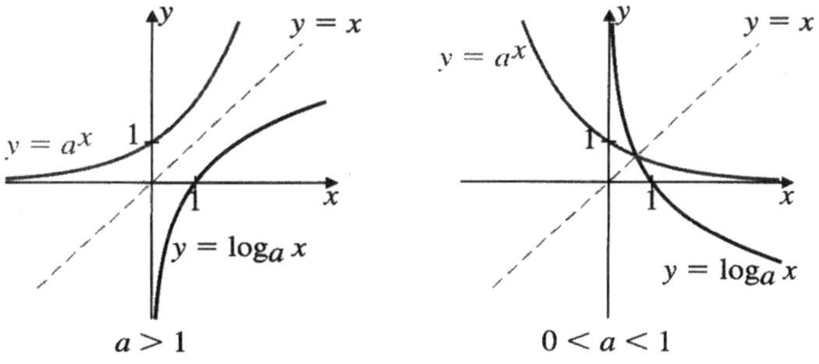

● 제17장 예제

첫 번째 예제는 1996년 AHSME의 8번 문제이다.

예제 1 $3 = k \cdot 2^r$이고 $15 = k \cdot 4^r$일 때 r는?

(A) $-\log_2 5$ (B) $\log_5 2$ (C) $\log_{10} 5$ (D) $\log_2 5$ (E) $\frac{5}{2}$

정답 (D) 방정식 $3 = k \cdot 2^r$을 k에 대하여 풀어서 방정식 $15 = k \cdot 4^r$에 대입하면

$$k = \frac{3}{2^r}, \quad 15 = \frac{3}{2^r} \cdot 4^r = 3 \cdot 2^r$$

이다. 따라서 $2^r = \frac{15}{3} = 5$이고 $r = \log_2 5$이다. ■

다음 예제는 2003년 AMC 12B의 17번 문제이다.

예제 2 $\log xy^3 = 1$이고 $\log x^2 y = 1$일 때 $\log xy$는?

(A) $-\frac{1}{2}$ (B) 0 (C) $\frac{1}{2}$ (D) $\frac{3}{5}$ (E) 1

정답 (D) 로그의 성질에 의하여

$$1 = \log xy^3 = \log x + 3\log y, \qquad 1 = \log x^2 y = 2\log x + \log y$$

이다. 첫 번째 방정식에 2를 곱하고 두 번째 방정식을 빼면 $1 = 5\log y$이므로

$$\log y = \frac{1}{5}, \quad \log x = 1 - 3\log y = \frac{2}{5}$$

이다. 따라서 $\log xy = \log x + \log y = \frac{3}{5}$이다.

별해 $1 = \log x^2 y$이므로

$$2 = 2\log x^2 y = \log x^4 y^2$$

이다. 또 $1 = \log xy^3$이므로

$$\begin{aligned} 3 &= 1 + 2 = \log xy^3 + \log x^4 y^2 \\ &= \log (xy^3)(x^4 y^2) = \log (xy)^5 = 5\log (xy) \end{aligned}$$

이다. 따라서 $\log xy = \frac{3}{5}$이다. ■

마지막 예제는 2002년 AMC 12B의 22번 문제이다.

예제 3 1보다 큰 정수 x에 대하여

$$a_n = \frac{1}{\log_n 2002}$$

이라 정의하자. $b = a_2 + a_3 + a_4 + a_5$라 하고 $c = a_{10} + a_{11} + a_{12} + a_{13} + a_{14}$라 할 때 $b - c$는?

(A) -2 (B) -1 (C) $\frac{1}{2002}$ (D) $\frac{1}{1001}$ (E) $\frac{1}{2}$

정답 (B) 17.2절 성질 5에 있는 로그의 성질에 의하여 a_n을 다음과 같이 다시 표현하자.

$$a_n = \frac{1}{\log_n 2002} = \log_{2002} n$$

따라서

$$\begin{aligned} b - c &= a_2 + a_3 + a_4 + a_5 - a_{10} - a_{11} - a_{12} - a_{13} - a_{14} \\ &= \log_{2002} 2 + \log_{2002} 3 + \log_{2002} 4 + \log_{2002} 5 \\ &\quad - \log_{2002} 10 - \log_{2002} 11 - \log_{2002} 12 - \log_{2002} 13 - \log_{2002} 14 \\ &= \log_{2002} \frac{2 \cdot 3 \cdot 4 \cdot 5}{10 \cdot 11 \cdot 12 \cdot 13 \cdot 14} \end{aligned}$$

이므로

$$b - c = \log_{2002} \frac{1}{11 \cdot 13 \cdot 14} = \log_{2002} \frac{1}{2002} = -\log_{2002} 2002$$

이고 $b - c = -1$이다. ■

제17장 연습문제

1. $\log_2(\log_3(\log_5(\log_7 N))) = 11$일 때 N의 약수 중에서 서로 다른 소수의 개수는?

   (A) 1 (B) 2 (C) 3 (D) 4 (E) 7

2. $\log_2(\log_2(\log_2 x)) = 2$ 일 때 x를 10진수로 나타내면 몇 자릿수인가?

(A) 5 (B) 7 (C) 9 (D) 11 (E) 13

3. $\log_b 729$가 자연수가 되는 자연수 b의 개수는?

(A) 0 (B) 1 (C) 2 (D) 3 (E) 4

4. 모든 자연수 n에 대하여 $f(n) = \log_{2002} n^2$이라 하자.

$$N = f(11) + f(13) + f(14)$$

일 때 다음 중 참인 것은?

(A) $N > 1$ (B) $N = 1$ (C) $1 < N < 2$

(D) $N = 2$ (E) $N > 2$

5. 어떤 실수 a, b에 대하여 방정식

$$8x^3 + 4ax^2 + 2bx + a = 0$$

은 세 개의 서로 다른 양의 근을 갖고, 세 근의 2를 밑으로 하는 로그의 합이 5일 때 a의 값은?

(A) -256 (B) -64 (C) -8 (D) 64 (E) 256

6. 양의 정수 n에 대하여 다음과 같이 정의하자.

$$f(n) = \begin{cases} \log_8 n, & \log_8 n\text{이 유리수일 때} \\ 0, & \text{그 외의 경우} \end{cases}$$

이때 $\sum_{n=1}^{1997} f(n)$은?

(A) $\log_8 2047$ (B) 6 (C) $\frac{55}{3}$ (D) $\frac{58}{3}$ (E) 585

7. 다음 값을 계산하면?

$$N=\frac{1}{\log_2 100!}+\frac{1}{\log_3 100!}+\frac{1}{\log_4 100!}+\cdots+\frac{1}{\log_{100} 100!}$$

(A) 0.01 (B) 0.1 (C) 1 (D) 2 (E) 10

8. $y=\log_{10}x$의 그래프 G를 원점을 중심으로 반시계 방향으로 90° 회전시킨 그래프를 G'이라 할 때 G'의 방정식은?

(A) $y=\log_{10}\left(\frac{x+90}{9}\right)$ (B) $y=\log_x 10$ (C) $y=\frac{1}{x+1}$

(D) $y=10^{-x}$ (E) $y=10^x$

9. 다음 값을 계산하면?

$$S=\log_{10}(\tan 1^\circ)+\log_{10}(\tan 2^\circ)+\cdots+\log_{10}(\tan 88^\circ)+\log_{10}(\tan 89^\circ)$$

(A) 0 (B) $\frac{1}{2}\log_{10}\left(\frac{1}{2}\sqrt{3}\right)$ (C) $\frac{1}{2}\log_{10}2$

(D) $\frac{1}{2}\log_{10}3$ (E) 1

10. $a \geq b > 1$일 때 다음 식의 최댓값은?

$$\log_a\frac{a}{b}+\log_b\frac{b}{a}$$

(A) -2 (B) 0 (C) 2 (D) 3 (E) 4

18장 복소수

18.1 서론

AMC 12 문제 중 많은 것들이 복소수를 다룬다. 이 문제들은 대개 마지막에 나온다. 왜냐하면 많은 응시자들이 복소수를 잘 모르고 또 계산도 복잡하기 때문이다. 그러나 이러한 문제들을 푸는 데 필요한 개념은 많지 않기 때문에 때로는 비교적 쉽게 풀린다. AMC 10에는 복소수 문제가 나오지 않는다.

18.2 정의

정의 1 복소수의 집합은 $z=a+bi$ 형태 전체의 집합으로 $\mathbb{C}$라 나타낸다. 여기서 a와 b는 실수이고 $i=\sqrt{-1}$ 이다. 즉,

$$\mathbb{C}=\{z=a+bi : a\text{와 } b\text{는 실수이고 } i^2=-1\}$$

이다. a는 z의 **실수부**(real part), b는 z의 **허수부**(imaginary part)라 한다. 허수부가 0인 복소수는 실수이다.

복소수는 여러 가지 형태로 쓸 수 있지만 복소수의 표준 형태는 다음과 같다.

$$(\text{실수부})+(\text{허수부})\,i$$

정의 2 두 복소수가 같을 필요충분조건은 실수부와 허수부가 서로 같은 것이다. 즉,

$$a+bi=c+di \quad \Leftrightarrow \quad a=c \text{ 이고 } b=d$$

두 복소수 $z=a+bi$와 $w=c+di$의 합과 곱은 다음과 같이 정의된다.

$$z+w=(a+c)+(b+d)i, \quad z\cdot w=(ac-bd)+(ad+bc)i$$

이 연산들은 실수부와 허수부를 구분하고 $i^2=-1$임을 이용하면 쉽게 보일 수 있다. 곱을 이렇게 정의한 이유는 다음 계산에서 알 수 있다.

$$\begin{aligned} z\cdot w=(a+bi)\cdot(c+di) &= a\cdot c+(a\cdot d)i+i(b\cdot c)+i(b\cdot d)i \\ &= ac+ad\cdot i+bc\cdot i+bd\cdot i^2 \\ &= (ac-bd)+(ad+bc)i \end{aligned}$$

정의 3 복소수 $z=a+bi$의 **켤레복소수**(complex conjugate)는 $\overline{z}=a-bi$이다.

z가 실수일 필요충분조건은 $z=\overline{z}$인 것이다. 켤레복소수는 여러 가지 중요한 성질들을 만족한다. 예를 들면, 다음 성질들이 성립한다.

$$\overline{\overline{z}}=z, \quad \overline{z+w}=\overline{z}+\overline{w}, \quad \overline{z\cdot w}=\overline{z}\cdot\overline{w}, \quad \overline{\left(\frac{1}{z}\right)}=\frac{1}{\overline{z}}$$

정의 4 복소수 $z=a+bi$의 **절댓값**(absolute value) 또는 **크기**(magnitude)는 다음과 같이 정의된다.

$$|z|=\sqrt{a^2+b^2}=\sqrt{z\cdot\overline{z}}$$

z의 허수부가 0이 아니면 $|z|^2=z^2$이 성립하지 않는다. 그러나 모든 복소수 $z=a+bi$에 대하여 다음이 성립한다.

$$|\overline{z}|=|a-bi|=\sqrt{a^2+b^2}=|z|$$

실수일 때와 마찬가지로, 임의의 복소수 z와 w에 대하여 다음과 같은 **삼각부등식**(triangle inequality)이 성립한다.

$$|z+w| \leq |z|+|w|$$

3.4절에서, 제곱근을 포함하는 분수에서 분모를 유리화하는 것에 관하여 공부하였다. 예를 들면,

$$\frac{\sqrt{3}}{\sqrt{3}-\sqrt{2}}=\frac{\sqrt{3}}{\sqrt{3}-\sqrt{2}}\cdot\frac{\sqrt{3}+\sqrt{2}}{\sqrt{3}+\sqrt{2}}=\frac{3+\sqrt{6}}{1}=3+\sqrt{6}$$

이다. 비슷한 방법으로, 켤레복소수를 이용하여 복소수의 역수를 표준형으로 다음과 같이 다시 표현할 수 있다.

$$\frac{1}{z}=\frac{1}{a+bi}=\frac{1}{a+bi}\cdot\frac{a-bi}{a-bi}=\frac{a-bi}{a^2+b^2}=\frac{\overline{z}}{|z|^2}=\frac{a}{a^2+b^2}+\frac{-b}{a^2+b^2}i$$

이 식에 의하여 다음 결과도 얻을 수 있다.

$$\frac{1}{z}=\frac{a-bi}{a+bi}=\frac{\overline{z}}{|z|^2}$$

정의 5 ▌ 복소평면은 x축이 **실수축**이고 y축이 **허수축**인 xy평면과 같다. 점 $z=a+bi$에서 원점 $0=0+0i$까지의 거리는 $|z|$이다. 따라서 두 복소수 z와 w 사이의 거리는 $|z-w|$이다.

정의 6 ▌ 모든 복소수 $z=a+bi$는 다음과 같은 **극형식**(polar form)으로 표현할 수 있다.

$$z=r(\cos\theta+i\sin\theta)$$

여기서 $r=|z|$이고 θ는 원점에서부터 점 z를 연결하는 반직선이 양의 실수축과 이루는 라디안 각이다. 각 θ를 z의 **편각**(argument)이라 한다.

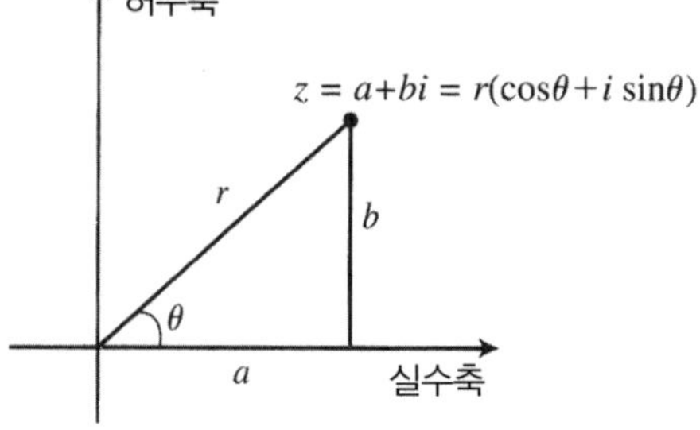

$z = a + bi$의 켤레복소수의 극형식은

$$\bar{z} = r(\cos(-\theta) + i\sin(-\theta)) = r(\cos\theta - i\sin\theta)$$

이다. 왜냐하면 $\bar{z}$의 편각은 z의 편각의 음수이고 z와 $\bar{z}$의 크기는 같기 때문이다. 따라서 복소수의 역수는 다음과 같이 표현할 수도 있다.

$$\frac{1}{z} = \frac{\bar{z}}{|z|^2} = \frac{r(\cos\theta - i\sin\theta)}{r^2} = \frac{1}{r}(\cos\theta - i\sin\theta)$$

18.3 복소수의 중요한 성질

복소수의 표준형이

$$(\text{실수부}) + (\text{허수부})\,i$$

이므로 복소함수도 이 형태로 나타내는 것이 자연스럽다. 가장 중요한 결과는, 역사상 가장 많은 연구를 한 수학자 중 한 사람인 오일러(Leonhard Euler)가 발견한 것이다. 이 성질은 초월수인 $e \approx 2.71$과 관련이 있고, e를 밑으로 하는 지수함수와 사인, 코사인 함수 사이의 중요한 관계를 말해 준다.

성질 1 오일러 공식(Euler's formula) : 모든 실수 θ에 관하여 다음 관계가 성립한다.

$$e^{i\theta} = \cos\theta + i\sin\theta$$

오일러 공식에 의하면 모든 θ에 대하여

$$|e^{i\theta}| = |\cos\theta + i\sin\theta| = \sqrt{(\cos\theta)^2 + (\sin\theta)^2} = 1$$

이다. 오일러 공식을 이용하면 복소수의 극형식을 다음과 같이 쓸 수 있다.

$$z = r(\cos\theta + i\sin\theta) = re^{i\theta}$$

여기서 $r = |z|$는 z의 크기이고 θ는 편각이다.

x와 y가 실수 변수일 때 e^{x+iy}에 오일러 공식을 적용하면 다음과 같다.

$$e^{x+iy} = e^x \cdot e^{iy} = e^x(\cos y + i\sin y)$$

따라서 e^{x+iy}의 크기, 즉 원점으로부터의 거리는 실수 변수 x에만 의존한다. 허수 변수 y는 이 복소수가 중심이 원점이고 반지름이 e^x인 원 위에서 어디에 있는지를 알려 준다.

두 복소수 $z_1 = a_1 + b_1 i$와 $z_2 = a_2 + b_2 i$의 합을 아래 그림에서 벡터 합으로 나타내었다. a_1과 a_2는 수평축 방향을 나타내고, b_1과 b_2는 수직축 방향을 나타낸다.

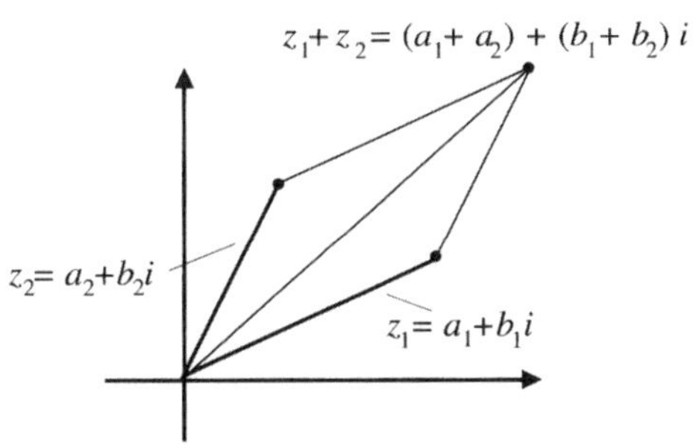

복소수를 표준형으로 나타내면 곱셈을 벡터로 설명할 수 없다. 복소수를 극형식으로 나타내고 오일러 공식을 이용하면

$$z_1 = a_1 + b_1 i = r_1(\cos\theta_1 + i\sin\theta_1) = r_1 e^{i\theta_1}$$

이고

$$z_2 = a_2 + b_2 i = r_2(\cos\theta_2 + i\sin\theta_2) = r_2 e^{i\theta_2}$$

이다. 지수함수의 성질과 오일러 공식을 다시 한 번 이용하면

$$z_1 \cdot z_2 = r_1 e^{i\theta_1} \cdot r_2 e^{i\theta_2} = r_1 r_2 e^{i(\theta_1+\theta_2)} = r_1 r_2 (\cos(\theta_1+\theta_2) + i\sin(\theta_1+\theta_2))$$

이다. 따라서 z_1과 z_2의 곱은 다음 그림과 같이 두 복소수의 크기를 곱하고 편각을 더하면 얻을 수 있음을 알 수 있다.

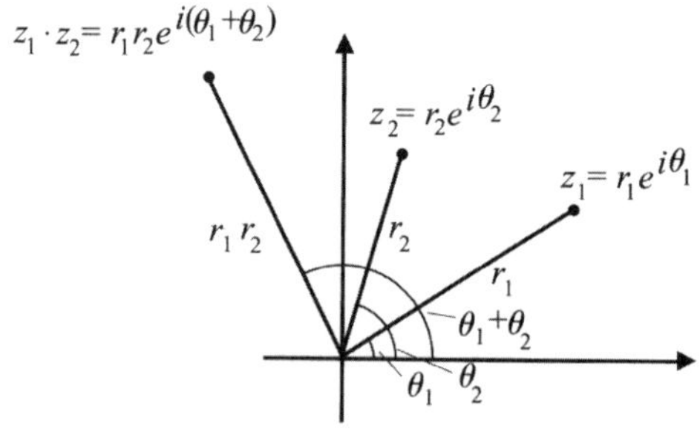

성질 2 **복소수의 역수**: 오일러 공식을 이용하면 복소수의 역수를 구할 수도 있다. 지수 법칙을 이용하면 $z = re^{i\theta}$일 때 $\frac{1}{z}$은 다음과 같다.

$$\frac{1}{z} = \frac{1}{re^{i\theta}} = \frac{1}{r}e^{-i\theta}$$

성질 3 **드무아브르 공식(De Moivre's formula)**:

$$(\cos\theta + i\sin\theta)^n = \cos n\theta + i\sin n\theta$$

이 성질은 오일러 공식과 지수 법칙에 의하여 다음과 같이 쉽게 얻을 수 있다.

$$(\cos\theta + i\sin\theta)^n = (e^{i\theta})^n = e^{in\theta} = \cos n\theta + i\sin n\theta$$

드무아브르 공식을 이용하면 실수나 복소수의 n제곱근을 쉽게 구할 수 있다.

성질 4 **복소수의 제곱근**: n이 양의 정수이고 z는 복소수라 하자. z의 n제곱근은 다음과 같이 n개가 있다.

$$w_i = r^{1/n}\left(\cos\left(\frac{\theta+2k\pi}{n}\right)+i\sin\left(\frac{\theta+2k\pi}{n}\right)\right), \quad k=0, 1, \cdots, n-1$$

이 성질을 증명하기 위해 w와 z를 극형식으로 쓰자. 즉,

$$w = s(\cos\phi + i\sin\phi), \quad z = r(\cos\theta + i\sin\theta)$$

여기서 $r \geq 0$이고 $s \geq 0$이다.

$$\begin{aligned} z = r(\cos\theta + i\sin\theta) &= w^n = s^n(\cos\phi + i\sin\phi)^n \\ &= s^n(\cos n\phi + i\sin n\phi) \end{aligned}$$

이기 위해서는

$$s = r^{1/n}, \quad n\phi = \theta + 2k\pi, \quad k\text{는 정수}$$

여야 한다. 따라서 성질 4에서와 같은 결론을 얻을 수 있다.

● 제18장 예제

첫 번째 예제는 1994년 AHSME의 12번 문제이다.

예제 1 $i^2 = -1$일 때 $(i - i^{-1})^{-1}$은?

(A) 0　　(B) $-2i$　　(C) $2i$　　(D) $-\frac{i}{2}$　　(E) $\frac{i}{2}$

정답 (D) 먼저 i^{-1}을 간단히 하면 다음과 같다.

$$i^{-1} = \frac{1}{i} = \frac{i}{i^2} = \frac{i}{-1} = -i$$

따라서 다음과 같이 계산할 수 있다.

$$(i - i^{-1})^{-1} = (i+i)^{-1} = (2i)^{-1} = 2^{-1}i^{-1} = \frac{1}{2}(-i) = -\frac{i}{2}$$ ■

다음 예제는 1990년 AHSME의 22번 문제이다.

예제 2 $z^6 = -64$의 여섯 개의 해를 실수 a, b에 대하여 $a+bi$ 형태로 나타내자. $a>0$인 해들의 곱은?

(A) -2 (B) 0 (C) $2i$ (D) 4 (E) 16

정답 (D) $-64 = 64(\cos\pi + i\sin\pi)$이므로 드무아브르 공식에 의하면 여섯 개의 6제곱근은

$$z_k = 64^{1/6}\left(\cos\left(\frac{\pi+2k\pi}{6}\right) + i\sin\left(\frac{\pi+2k\pi}{6}\right)\right), \quad k=0,\ 1,\ 2,\ 3,\ 4,\ 5$$

이다. 이 복소수들은 반지름이 $64^{1/6}=2$인 원 위에서 같은 간격으로 놓여 있고 첫 번째 것은

$$z_0 = 2\left(\cos\frac{\pi}{6} + i\sin\frac{\pi}{6}\right) = \sqrt{3}+i$$

이다. 다음 그림과 같이 $z^6 = -64$의 해 중에서 실수부가 양수인 것은

$$z_0 = \sqrt{3}+i, \quad z_5 = \sqrt{3}-i$$

이고 따라서 곱은 다음과 같다.

$$z_0 \cdot z_5 = z_0 \cdot \overline{z_0} = |z_0|^2 = (\sqrt{3})^2 + 1^2 = 4$$

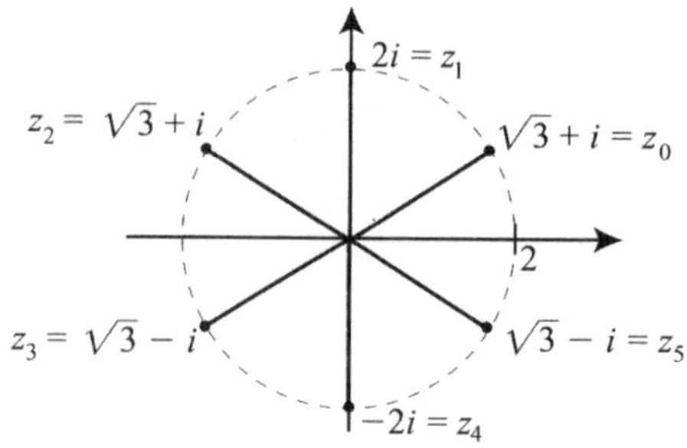

■

마지막 예제는 1981년 AHSME의 24번 문제이다.

예제 3 n이 양의 정수이고 $z+\frac{1}{z}=2\cos\theta$, $0<\theta<\pi$라 할 때 $z^n+\frac{1}{z^n}$의 값은?

(A) $2\cos\theta$ (B) $2^n\cos\theta$ (C) $2\cos^n\theta$

(D) $2\cos n\theta$ (E) $2^n\cos^n\theta$

정답 (D) 주어진 방정식을 z에 관한 이차 방정식으로 표현하면

$$z^2-(2\cos\theta)z+1=0$$

이므로 근의 공식에 의하여

$$z=\frac{2\cos\theta}{2}\pm\frac{\sqrt{(4\cos\theta)^2-4}}{2}=\cos\theta\pm\sqrt{-\sin^2\theta}=\cos\theta\pm i\sin\theta$$

이다. z의 크기는 1이므로 복소수의 역수에 관한 성질을 이용하면

$$\frac{1}{z}=\bar{z}=\cos(-\theta)\pm i\sin(-\theta)=\cos\theta\mp i\sin\theta$$

이다. 따라서 드무아브르 공식을 이용하면 다음과 같이 계산할 수 있다.

$$z^n+\frac{1}{z^n}=z^n+\left(\frac{1}{z}\right)^n=(\cos n\theta\pm i\sin n\theta)+(\cos n\theta\mp i\sin n\theta)=2\cos n\theta$$ ■

제18장 연습문제

1. 네 개의 복소수가 복소평면에서 정사각형의 네 꼭짓점에 각각 놓여 있다. 세 개의 점이 $1+2i$, $-2+i$, $-1-2i$일 때 나머지 한 점은?

(A) $2+i$ (B) $2-i$ (C) $1-2i$ (D) $-1+2i$ (E) $-2-i$

2. 그림은 복소평면 위에 있는 몇 개의 점을 보여 준다. 그림의 원이, 중심이 원점인 단위원일 때 F의 역수는?

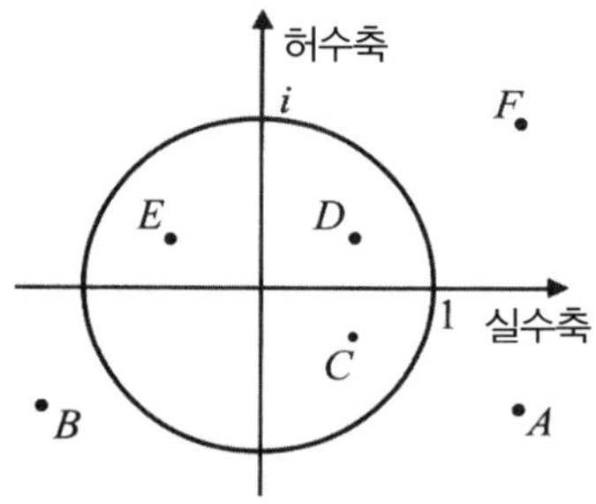

(A) A (B) B (C) C (D) D (E) E

3. 복소수의 수열을 다음과 같이 정의하자. $z_1 = 0$이고 n이 자연수일 때 $z_{n+1} = z_n^2 + i$. 이때 $|z_{2005}|$는?

(A) 1 (B) $\sqrt{2}$ (C) $\sqrt{3}$ (D) $\sqrt{2004}$ (E) $\sqrt{2^{1002}}$

4. 복소평면에서 $(3+4i)z$가 실수가 되는 z들의 집합을 S라 할 때, 다음 중 S에 대하여 맞게 설명한 것은?

(A) 원점을 지나는 직선 (B) 원점을 지나지 않는 직선
(C) 원 (D) 쌍곡선
(E) 포물선

5. $(i+1)^{2008} - (i-1)^{2008}$을 간단히 하면?

(A) -2^{1004} (B) $-2^{1004}i$ (C) 0
(D) $2^{1004}i$ (E) 2^{1004}

6. $\sum_{n=0}^{40} i^n \cos(45+90n)^\circ$의 값은?

(A) $\frac{\sqrt{2}}{2}$ (B) $-10i\sqrt{2}$ (C) $\frac{21\sqrt{2}}{2}$
(D) $\frac{\sqrt{2}}{2}(21-20i)$ (E) $\frac{\sqrt{2}}{2}(21+20i)$

7. 복소수 z가 $z+|z|=2+8i$를 만족할 때 $|z|^2$은?

(A) 68 (B) 100 (C) 169 (D) 208 (E) 289

8. 실수 a, b, c, d에 대하여 다항식

$$P(x)=x^4+ax^3+bx^2+cx+d$$

의 영점은 단위원 위에 있는 복소수라 하자. $P(x)$의 영점들의 역수의 합은?

(A) a (B) b (C) c (D) $-a$ (E) $-b$

9. $x=(-1+i\sqrt{3})/2$이고 $y=(-1-i\sqrt{3})/2$일 때 다음 중 옳지 않은 것은?

(A) $x^5+y^5=-1$ (B) $x^7+y^7=-1$ (C) $x^9+y^9=-1$

(D) $x^{11}+y^{11}=-1$ (E) $x^{13}+y^{13}=-1$

10. 방정식 $z^2-z=5-5i$의 해들의 실수부의 곱은?

(A) -25 (B) -6 (C) -5 (D) $5/4$ (E) 25

연습문제 풀이

제01장 ▮ 비의 계산

1. **정답(B)** 처음에 콩사탕이 x개 있었다고 하자. 제니가 매일 20 %를 먹으니까 첫날 저녁에는 $0.8x$개가 남아 있고, 둘째 날 저녁에는 $0.8 \cdot 0.8x = 0.64x$개가 남아 있다. 따라서

$$32 = 0.64x$$

를 만족해야 하므로, 콩사탕의 개수는 다음과 같다.

$$x = \frac{32}{0.64} = \frac{1}{0.02} = 50$$

별해 임의의 숫자만큼 콩사탕이 있다고 가정하고 풀어서 처음 가정한 개수를 보완하여 구할 수도 있다. 처음에 콩사탕이 125개였다고 하자(80 %를 반복하여 계산한 수가 정수가 되는 다른 수를 택해도 된다). 그러면 첫날 저녁에는 $\frac{4}{5} \cdot 125 = 100$개가 남아 있고, 둘째 날 저녁에는 $\frac{4}{5} \cdot 100 = 80$개가 남아 있다. 그런데 둘째 날 저녁에는 32개가 남아 있다고 했으므로 처음 콩사탕의 개수는 다음과 같다.

$$\frac{32}{80} \cdot 125 = \frac{2}{5} \cdot 125 = 50$$ ■

2. **정답 (B)** A와 B는 각각 3일째, 4일째 되는 수업일마다 질문 방에 있으므로 두 사람은 12일째 되는 날 같이 나온다. C는 6일째 되는 날에 있으므로, A와 B가 함께 있는 날에 C도 나온다. 그런데 D는 7일째 되는 날 질문 방에 있으므로 세 사람 모두 질문 방에 있는 날은

$$\text{lcm}\{3, 4, 6, 7\} = 7 \cdot 3 \cdot 4 = 84$$

일째 되는 날이다. ■

3. **정답 (D)** 이 문제는 무엇을 구하는지를 생각하고 비례식만 잘 만들면 된다.

$$b\text{ 홉} = c\text{ 스킵}, \quad d\text{ 점프} = e\text{ 홉}, \quad f\text{ 점프} = g\text{ 미터}$$

이므로

$$1\text{ 미터} = \frac{f}{g}\text{ 점프}, \quad 1\text{ 점프} = \frac{e}{d}\text{ 홉}, \quad 1\text{ 홉} = \frac{c}{b}\text{ 스킵}$$

이다. 따라서

$$1\text{ 미터} = \frac{f}{g} \cdot \frac{e}{d} \cdot \frac{c}{b}\text{ 스킵} = \frac{cef}{bdg}\text{ 스킵}$$

이다. ■

4. **정답 (C)** 먼저 다음과 같이 변수를 정하자.

- 처음 통의 반지름과 높이: 각각 r와 h
- 새로 만든 통의 반지름과 높이: 각각 R와 H

지름이 25 % 커졌다고 했으므로 반지름도 같은 비율로 커진다. 즉, $R = 1.25r = \frac{5}{4}r$이다. 원기둥 통의 부피는 밑넓이 곱하기 높이이므로

$$\pi r^2 h = \pi R^2 H = \pi\left(\frac{5}{4}r\right)^2 H$$

이고

$$H = \frac{\pi r^2}{\pi\left(\frac{5}{4}r\right)^2}h = \frac{1}{25/16}h = \frac{16}{25}h$$

이다. 따라서 높이가 줄어드는 비율은 다음과 같다.

$$1 - \frac{16}{25} = \frac{9}{25} = \frac{36}{100} = 36\ \%$$ ■

처음 통의 지름과 부피가 적당한 값이라고 생각하고 풀어도 된다. 새로운 통의 부피는 그대로이고 지름이 25 % 증가한다는 사실을 이용하면 새로운 통의 높이는 원래의 $\frac{16}{25}$이 됨을 알 수 있다. 부피는 지름의 제곱의 상수 배이고 높이의 상수 배임을 생각하면 더 쉽다. 따라서 지름이 원래의 5/4가 되고 부피가 일정하려면 높이는 원래의 $1/(5/4)^2 = 16/25$이 되어야 한다.

5. **정답 (B)** 집에서 회사까지의 거리를 D라 하고, 버드 씨가 제 시간에 회사에 출근하기 위한 속력과 시간을 각각 R와 T라 하자. 3분은 1/20시간이고 출근 거리는 같으므로

$$D = 40\left(T + \frac{1}{20}\right), \quad D = 60\left(T - \frac{1}{20}\right)$$

이다. 두 식을 같게 놓고 풀면

$$40T + 2 = 60T - 3, \quad 20T = 5$$

이므로 $T = 1/4$시간이다. 따라서

$$D = 40\left(\frac{1}{4} + \frac{1}{20}\right) = 12\text{마일}$$

이고

$$R = \frac{12\text{마일}}{1/4\text{시간}} = 48\text{마일/시}$$

이다. ■

6. **정답 (B)** 반지름이 r인 구의 부피는 $V_s = \frac{4}{3}\pi r^3$이고, 밑면의 반지름이 r이고 높이가 h인 원뿔의 부피는 $V_c = \frac{1}{3}\pi r^2 h$이다. 구 모양의 아이스크림이 녹으면 원래 부피의 $\frac{3}{4}$이 되고 이것은 원뿔의 부피와 같다고 했으므로

$$\frac{3}{4}V_s = \frac{3}{4}\left(\frac{4}{3}\pi r^3\right) = \frac{1}{3}\pi r^2 h = V_c,$$

즉

$$h = \frac{\pi r^3}{(1/3)\pi r^2} = 3r$$

이다. 따라서 높이 h와 반지름 r의 비는 3 : 1이다. ■

7. **정답 (C)** 두 변수를 다음과 같이 정하자.

- 정오 이후 카산드라의 시계가 가리키는 시각까지의 시간: T_c
- 정오 이후 실제 시각까지의 시간: T_t

실제 시각이 1시일 때

$$T_c = 57 + \frac{36}{60} = 57 + \frac{3}{5}, \quad T_t = 60$$

이므로

$$60\,T_c = \left(57 + \frac{3}{5}\right)T_t = \frac{288}{5}T_t,$$

즉

$$T_t = \frac{60 \cdot 5}{288}T_c = \frac{25}{24}T_c$$

이다. 카산드라의 시계가 오후 10시를 가리킬 때 $T_c = 600$이므로

$$T_t = \frac{25}{24} \cdot 600 = 600 + 25$$

이다. 따라서 실제 시각은 10시 25분이다. ■

8. **정답 (B)** 잭은 올라갈 때의 속력이 15 km/h 이므로 정상까지 도달하는 데 $5/15 = 1/3$시간이 걸린다. 그런데 10분 후부터 시간을 측정하기로 했으므로 정상까지 도달하는 데 $1/6$시간이 걸린다. 그 시간 동안 질은 $16 \cdot 1/6 = 8/3$ km를 언덕 위를 향하여 뛰었고 정상에 도달하기까지는 $5 - 8/3 = 7/3$ km가 남았다. 따라서 이제부터 잭은 20 km/h의 속력으로 언덕 아래를 향하여 달리고 질은 16 km/h의 속력으로 언덕 위를 향하여 $7/3$ km를 달리게 된다. 언덕 위로부터 D만큼 떨어진 지점에서 두 사람이 만난다고 하자. 만날 때까지 걸린 시간 T는 두 사람 모두 같으므로

$$\frac{D}{20} = T, \quad T = \frac{7/3 - D}{16} = \frac{7}{48} - \frac{D}{16}$$

여야 한다. 따라서

$$\frac{7}{48} = \frac{D}{20} + \frac{D}{16} = \frac{9}{80}D$$

이므로 마주치는 지점은 다음과 같다.

$$D = \frac{7}{48} \cdot \frac{80}{9} = \frac{35}{27}\ \text{km}$$

■

9. **정답 (D)** 한 번 섞은 후에 두 번째 컵에는 커피 2온스와 크림 4온스를 합해서 6온스의 용액이 있다. 잘 섞어서 두 번째 컵의 절반을 첫 번째 컵에 부으면 첫 번째 컵으로 1온스의 커피와 2온스의 크림이 들어가는 것이므로, 첫 번째 컵에는 3온스의 커피와 2온스의 크림이 있게 된다. 이 과정을 그림으로 나타내면 다음과 같다.

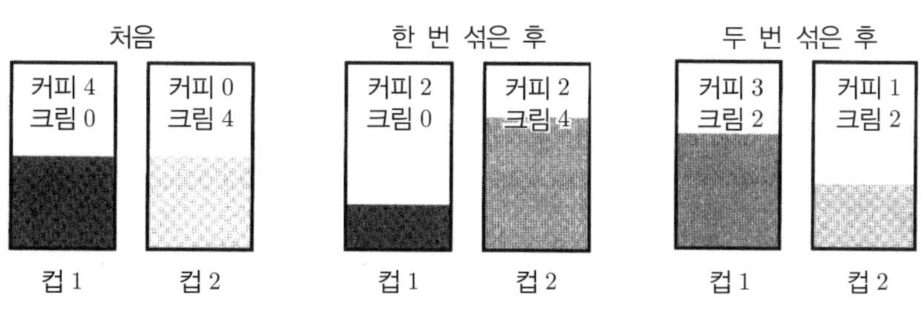

따라서 첫 번째 컵에서 크림의 비는 $2/5$이다. ■

10. **정답 (C)** 다음과 같이 변수를 정하자.

- 샘의 속력: R_s
- 월트의 속력: R_w
- 처음 경주에서 샘이 걸린 시간: T_1
- 두 번째 경주에서 샘이 걸린 시간: T_2

첫 번째 경주에서의 조건을 수식으로 나타내면 다음과 같다.

$$h = R_s \cdot T_1, \quad h - d = R_w \cdot T_1$$

따라서

$$R_s = \frac{h}{h-d} R_w$$

이다. 두 번째 경주에서는

$$h + d = R_s \cdot T_2 = \frac{h}{h-d} R_w \cdot T_2$$

이므로

$$R_w \cdot T_2 = (h+d)\frac{h-d}{h} = \frac{h^2-d^2}{h} = h - \frac{d^2}{h}$$

이다. T_2 시간에 샘은 출발점으로부터 거리가 h 되는 지점에 있고, 월트는 $R_w \cdot T_2 = h - d^2/h$ 되는 지점에 있다. 따라서 두 번째 경주에서도 샘이 월트보다 d^2/h 만큼 앞서게 된다. ■

제 02 장 ▌ 다항식과 근

1. **정답 (D)** $y = P(x)$의 그래프는 직선이고 직선의 기울기는 상수이다. 따라서

$$\frac{P(12)-P(2)}{12-2}=\frac{P(6)-P(2)}{6-2}=\frac{12}{4}=3$$

이고

$$P(12)-P(2)=10\cdot 3=30$$

이다. ■

2. **정답 (B)** 문제의 조건에서

$$3{x_2}^2-hx_2=b=3{x_1}^2-hx_1$$

이므로

$$\begin{aligned}0&=3{x_2}^2-3{x_1}^2-hx_2+hx_1\\&=3(x_2+x_1)(x_2-x_1)-h(x_2-x_1)\\&=(3(x_2+x_1)-h)(x_2-x_1)\end{aligned}$$

이다. 그런데 $x_1\neq x_2$라 했으므로 $3(x_1+x_2)-h=0$이고 따라서 $x_1+x_2=h/3$이다.

별해 x_1과 x_2가 이차 방정식 $0=3x^2-hx-b$의 해이므로 x_1과 x_2는

$$0=x^2-\frac{h}{3}x-\frac{b}{3}$$

의 해이기도 하다. 그런데 이 방정식의 두 해의 합은 일차항의 계수에 음의 부호를 붙인 것과 같으므로 $x_1+x_2=h/3$이다. ■

3. **정답 (D)** 인수 정리에 의하면 $x^{51}+51$을 $x+1$로 나누었을 때 나머지는 상수 C이다. 따라서 적당한 50차 다항식 $Q(x)$에 대하여

$$x^{51}+51=(x+1)Q(x)+C$$

이다. 즉,

$$C = x^{51} + 51 - (x+1)Q(x)$$

이다. $x = -1$을 대입하면 다음과 같다.

$$C = (-1)^{51} + 51 - (-1+1)Q(-1) = -1 + 51 = 50$$

별해 2.4절 성질 1의 인수 정리에 의하여 $P(x) = x^{51} + 51$을 $x+1$로 나누었을 때의 나머지는 $P(-1)$이다. 2.4절의 성질 5를 이용하면 다음과 같다.

$$P(-1) = 51 + (-1)^{51} = 51 - 1 = 50$$ ■

4. **정답 (C)** 교점은 $P(x) = Q(x)$ 또는 $P(x) - Q(x) = 0$일 때 생긴다. $P(x)$와 $Q(x)$는 사차 다항식이고 최고차항의 계수가 1이므로 다항식 $P(x) - Q(x)$의 차수는 많아야 3이다. 따라서 $P(x) - Q(x)$의 실수 영점은 많아야 3개이다. 이 영점들에서 그래프의 교점이 생긴다. ■

실제로 교점이 3개 생기는 경우가 있다. 예를 들어, $P(x) = x^4$이고 $Q(x) = x^4 + x^3 - x$라 하면 $y = P(x)$와 $y = Q(x)$의 교점은 x가 0, 1, -1일 때 생긴다.

5. **정답 (E)** 원래의 방정식은

$$y(x) = a(x-h)^2 + k = ax^2 - 2ahx + ah^2 + k$$

이고, 대칭 이동시킨 방정식은

$$y_r(x) = -a(x-h)^2 + k = -ax^2 + 2ahx - ah^2 + k$$

이다. 2.4절의 성질 5에 의하여

$$y(1) = a + b + c = a - 2ah + ah^2 + k$$

이고

$$y_r(1) = d + e + f = -a + 2ah - ah^2 + k$$

이다. 따라서

$$a+b+c+d+e+f=y(1)+y_r(1)=2k$$

이다.

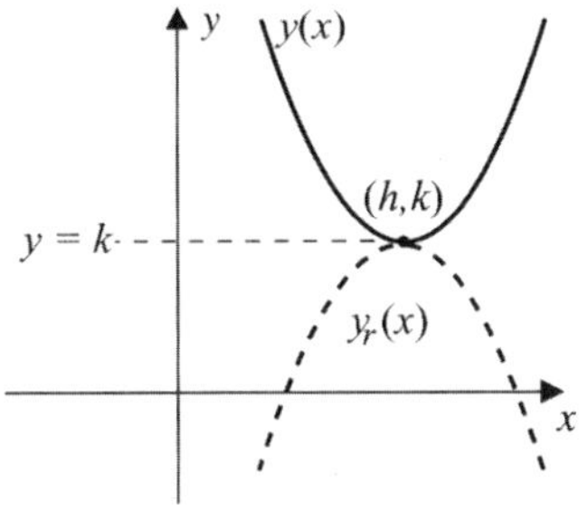

6. **정답 (C)** $(x-19)(x-99)$가 이차 다항식이므로 이것으로 $P(x)$를 나누었을 때의 나머지는 일차식이다. 즉,

$$P(x)=(x-19)(x-99)Q(x)+ax+b$$

이고 a와 b는 상수이다. 인수 정리에 의하여

$$99=P(19)=19a+b, \quad 19=P(99)=99a+b$$

이다. 두 식을 빼면

$$80a=-80$$

이므로 $a=-1$이고 $b=99-(-1)\cdot 19=118$이다. 따라서 나머지는 $-x+118$이다. ■

7. **정답 (A)** y절편은 $x=0$일 때 생기므로 $c=P(0)=2$이다. 2.4절 성질 4의 영점-계수 관계를 이용하면 모든 영점들의 곱은 $-c=-2$이고, 이 값은 영점들의 평균과 같다. 영점들의 합은 $-a$인데 이것은 평균의 세 배와 같으므로

$$a=-3\cdot(-c)=-3\cdot(-2)=6$$

이다. 마지막으로 $P(x)$의 계수들의 합은 영점들의 곱과 같고 영점들의 곱은

$-c=-2$이므로

$$1+a+b+c=-c$$

이고, 따라서

$$b=-2c-1-a=-4-1-6=-11$$

이다. ■

8. **정답 (B)** 우선

$$P\left(\frac{x}{3}\right)=x^2+x+1=9\left(\frac{x}{3}\right)^2+3\left(\frac{x}{3}\right)+1$$

이므로

$$P(x)=9x^2+3x+1$$

이고

$$P(3x)=81x^2+9x+1$$

이다. $7=P(3x)=81x^2+9x+1$이라 하면

$$0=81x^2+9x-6=81\left(x^2+\frac{1}{9}x-\frac{2}{27}\right)$$

이다. 이차 다항식에 대한 영점－계수 관계에 의하여 영점들의 합은 일차항의 계수에 음의 부호를 붙인 것이다. 따라서 $P(3x)=7$ 되는 모든 x들의 합은 $-1/9$이다. ■

9. **정답 (B)** 두 방정식이 같은 해를 갖는다면

$$x^2+ax+1=x^2-x-a$$

이므로

$$(a+1)(x+1)=0$$

이다. 따라서 $a=-1$ 또는 $x=-1$이다. $a=-1$이라면 두 방정식은

$$x^2-x+1=0$$

이 되어 실근을 갖지 않는다. 왜냐하면 판별식이 $(-1)^2-4\cdot 1\cdot 1<0$이기 때문이다. $x=-1$이면

$$a=x^2-x=(-1)^2-(-1)=2$$

이다. 따라서 두 방정식이 같은 실수해를 갖기 위한 a의 값은 하나뿐이다. 실제로 $a=2$이면 두 방정식은

$$0=x^2+2x+1=(x+1)^2, \quad 0=x^2-x-2=(x+1)(x-2)$$

이므로 공통인 해는 $x=-1$이다. ■

10. **정답 (B)** $x^2+mx+n=0$의 해를 a와 b라 하면 $x^2+px+q=0$의 해는 a^3과 b^3이다. 영점-계수 관계를 이용하면

$$a\cdot b=n, \quad a^3\cdot b^3=q$$

이고

$$a+b=-m, \quad a^3+b^3=-p$$

이다. $(a+b)^3$을 전개하면

$$\begin{aligned}(a+b)^3&=a^3+3a^2b+3ab^2+b^3\\&=(a^3+b^3)+3ab(a+b)\end{aligned}$$

이므로

$$(-m)^3=(-p)+3n\cdot(-m)$$

이다. 따라서 $p=m^3-3mn$이다. ■

1. **정답 (C)** 지수 법칙을 이용하여 다음과 같이 간단히 할 수 있다.

$$4^4 \cdot 9^4 \cdot 4^9 \cdot 9^9 = (4 \cdot 9)^4 (4 \cdot 9)^9 = 36^4 \cdot 36^9 = 36^{4+9} = 36^{13}$$

또는

$$4^4 \cdot 9^4 \cdot 4^9 \cdot 9^9 = (4^4 \cdot 4^9) \cdot (9^4 \cdot 9^9) = 4^{13} \cdot 9^{13} = (4 \cdot 9)^{13} = 36^{13}$$ ■

2. **정답 (E)** 분모와 분자를 모두 밑이 15인 지수로 표현하면 다음과 같다.

$$\frac{15^{30}}{45^{15}} = \frac{15^{30}}{15^{15} \cdot 3^{15}} = \frac{15^{30-15}}{3^{15}} = \frac{15^{15}}{3^{15}} = \left(\frac{15}{3}\right)^{15} = 5^{15}$$ ■

3. **정답 (C)** 우변의 지수가 2004이므로 좌변도 지수를 2004로 표현해 보자.

$$\begin{aligned} k \cdot 2^{2004} &= 2^{2004} \cdot 2^3 - 2^{2004} \cdot 2^2 - 2^{2004} \cdot 2 + 2^{2004} \\ &= (8-4-2+1)2^{2004} = 3 \cdot 2^{2004} \end{aligned}$$

이므로 $k = 3$이다. ■

4. **정답 (D)** 지수 법칙을 이용하여 간단히 하면 다음과 같다.

$$\frac{x^y y^x}{y^y x^x} = \frac{x^y x^{-x}}{y^y y^{-x}} = \frac{x^{y-x}}{y^{y-x}} = \left(\frac{x}{y}\right)^{y-x}$$ ■

5. **정답 (B)** 밑을 같은 수로 표현하여 간단히 해 보자. $4 = 2^2$이고 $8 = 2^3$이므로 밑을 2로 하면 다음과 같다.

$$\begin{aligned} \sqrt{\frac{8^{10}+4^{10}}{8^4+4^{11}}} &= \sqrt{\frac{(2^3)^{10}+(2^2)^{10}}{(2^3)^4+(2^2)^{11}}} = \sqrt{\frac{2^{30}+2^{20}}{2^{12}+2^{22}}} \\ &= \sqrt{\frac{2^{20}(2^{10}+1)}{2^{12}(1+2^{10})}} = \sqrt{2^8} = 2^4 = 16 \end{aligned}$$ ■

6. **정답 (E)** $x \neq 0$일 때 $0^x = 0$이다. 그리고 x가 어떤 값이라 하더라도 $f(x)$의 각 항의 밑과 지수는 서로 다른 수이다. 따라서 $f(0) = 0$이고 $f(-2) = 0$임을 쉽게 알 수 있다. 따라서 주어진 식을 간단히 하면 다음과 같다.

$$f(-1) + f(-3) = (-1)^0(1)^2 + (-3)^{-2}(-1)^0 = 1 + \frac{1}{9} = \frac{10}{9}$$ ■

7. **정답 (B)** $y = 1/x$이라 놓고 주어진 식의 양변을 모두 밑이 5인 지수로 변형하여 간단히 하면 다음과 같다.

$$5^{-4} = \frac{5^{48y}}{5^{26y} \cdot 5^{34y}} = \frac{5^{48y}}{5^{60y}} = \frac{1}{5^{12y}} = 5^{-12y}$$

따라서 $-4 = -12y$이고 $y = 1/3$이므로 $x = 1/y = 3$이다. ■

8. **정답 (C)** 문제의 설명에 따라 계산하면 다음과 같다.

$$a^b \cdot x^b = r = (3a)^{3b} = 3^{3b}a^{3b} = (3^3)^b(a^3)^b = 27^b \cdot a^{3b} = a^b \cdot 27^b \cdot a^{2b}$$

양변을 a^b으로 나누면

$$x^b = 27^b a^{2b} = (27a^2)^b$$

이므로 $x = 27a^2$이다. ■

9. **정답 (E)** 표현을 간단히 하기 위하여 $a = 2^x - 4$, $b = 4^x - 2$ 라 놓자. 이것을 주어진 방정식에 대입하면 다음과 같다.

$$a^3 + b^3 = (4^x + 2^x - 6)^3 = ((2^x - 4) + (4^x - 2))^3 = (a+b)^3$$

$(a+b)^3$에 이항 정리를 적용하면

$$a^3 + b^3 = (a+b)^3 = a^3 + 3a^2b + 3ab^2 + b^3$$

이므로

$$0 = 3a^2b + 3ab^2 = 3ab(a+b)$$

이다. 따라서 다음 세 가지 경우를 생각할 수 있다.

- $a = 0$이면 $2^x = 4$이므로 $x = 2$
- $b = 0$이면 $4^x = 2$이므로 $x = 1/2$
- $a+b = 0$이면 $2^x + 4^x = 6$이므로 $x = 1$

따라서 주어진 방정식을 만족하는 x들의 합은 $2 + \frac{1}{2} + 1 = \frac{7}{2}$이다. ■

$2^x + 4^x = 6$의 해가 $x = 1$뿐이라는 것을 보이는 방법은 여러 가지가 있다. 한 가지 방법은 함수 2^x과 4^x이 증가함수라는 사실을 이용하는 것이다. 따라서 $x < 1$이면 $2^x + 4^x < 6$이고 $x > 1$이면 $2^x + 4^x > 6$이다. 또 다른 방법으로 다음 방정식을 생각해 보자.

$$0 = 2^x + 4^x - 6 = (2^x)^2 + 2^x - 6 = (2^x - 2)(2^x + 3)$$

$2^x + 3$은 모든 실수 x에 대하여 0이 아니므로 이 방정식의 실근은 $2^x = 2$일 때, 즉 $x = 1$뿐이다.

10. **정답 (B)** 앞의 문제들에서 보았듯이 많은 지수 문제에서 해야 할 첫 번째 단계는 모든 지수의 밑을 통일시키는 것이다. 이 문제에서는 $60^a = 3$이고 $60^b = 5$이므로 구하려는 식도 밑을 60으로 변형해 보자.

$$12 = \frac{60}{5}, \quad 5 = 60^b$$

이므로

$$12 = \frac{60}{60^b} = 60^{1-b}$$

이다. 따라서

$$12^{(1-a-b)/(2-2b)} = (60^{(1-a-b)/(2-2b)})^{1-b} = 60^{(1-a-b)/2} = (60^{(1-a-b)})^{1/2}$$

이고, 더 간단히 하면 다음과 같다.

$$12^{(1-a-b)/(2-2b)} = \left(\frac{60}{60^a \cdot 60^b}\right)^{1/2} = \sqrt{\frac{60}{3 \cdot 5}} = \sqrt{4} = 2$$ ■

제04장 ▌함수와 연산

1. **정답(E)** 임의의 실수 y에 대하여

$$12 = 3 \circ y = 4 \cdot 3 - 3y + 3y = 12$$

이므로 모든 실수 y에 대하여 $3 \circ y = 12$이다. 즉, 이 식은 항등식이다.

■

2. **정답(E)** 안에 있는 연산을 순서대로 계산하면

$$[60, 30, 90] = \frac{60+30}{90} = 1, \quad [2, 1, 3] = \frac{2+1}{3} = 1$$

이고

$$[10, 5, 15] = \frac{10+5}{15} = 1$$

이다. 따라서

$$[[60, 30, 90], [2, 1, 3], [10, 5, 15]] = [1, 1, 1] = \frac{1+1}{1} = 2$$

이다. ■

3. **정답(B)** 거짓인 명제를 찾을 때까지 하나씩 살펴보자. (A)는 교환법칙에 관한 것이다.

$$\begin{aligned} x * y &= (x+1)(y+1)-1 \\ &= (y+1)(x+1)-1 = y * x \end{aligned}$$

이므로 참이다. (B)에서 좌변은

$$x * (y+z) = (x+1)(y+z+1)-1$$

이고 우변은

$$\begin{aligned} x * y + x * z &= (x+1)(y+1)-1+(x+1)(z+1)-1 \\ &= (x+1)(y+z+2)-2 \end{aligned}$$

이므로 $x=0$일 때를 제외하고는 거짓이다. 정답을 찾긴 했지만 나머지 것들에 대해서도 살펴보자. (C)는

$$\begin{aligned} (x-1) * (x+1) &= (x-1+1)(x+1+1)-1 \\ &= x^2+2x-1 = (x^2+2x+1)-2 \\ &= (x+1)(x+1)-2 = x * x - 1 \end{aligned}$$

이므로 참이고, (D)는

$$x * 0 = (x+1)(0+1)-1 = x+1-1 = x$$

이므로 참이다. 마지막으로 (E)는 결합법칙에 관한 것인데 좌변은

$$\begin{aligned} x * (y * z) &= (x+1)((y * z)+1)-1 \\ &= (x+1)(((y+1)(z+1)-1)+1)-1 \\ &= (x+1)(y+1)(z+1)-1 \end{aligned}$$

이고 우변은

$$\begin{aligned} (x * y) * z &= (x * y+1)(z+1)-1 \\ &= ((x+1)(y+1)-1+1)(z+1)-1 \\ &= (x+1)(y+1)(z+1)-1 \end{aligned}$$

이므로 참이다. ■

거짓인 명제를 빨리 발견하지 못하면 계산해야 할 것이 많다. 따라서 직접 계산해 보기 전에 가장 참이 아닐 것 같은 명제를 골라서 계산해 보아야 한다.

4. **정답 (C)** 먼저 $x \heartsuit y$의 값은 음수가 될 수 없다. 따라서 $x < 0$이면 (C)는 거짓이다. 나머지 것들은 다음과 같이 계산해 보면 참임을 알 수 있다. (A)는

$$x \heartsuit y = |x - y| = |y - x| = y \heartsuit x$$

이고, (B)는

$$2(x \heartsuit y) = 2|x - y| = |2x - 2y| = 2x \heartsuit 2y$$

이고, (D)는

$$x \heartsuit x = |x - x| = |0| = 0$$

이고, (E)는

$$x \heartsuit y = |x - y| \geq 0$$

이고 등호가 성립할 필요충분조건은 $x = y$이다. ■

$x \heartsuit y = |x - y|$는 x와 y 사이의 거리와 같으므로 보기는 다음과 같이 표현할 수도 있다.

(A) x에서 y까지의 거리는 y에서 x까지의 거리와 같다.
(B) x에서 y까지의 거리의 두 배는 $2x$에서 $2y$까지의 거리와 같다.
(C) x에서 0까지의 거리는 x이다. (거리는 음이 아니므로 $x < 0$일 때는 거짓이다.)
(D) x에서 x까지의 거리는 0이다.
(E) $x \neq y$일 때 x에서 y까지의 거리는 양수이다.

5. **정답 (E)** 이러한 유형의 문제를 풀 때는 N을 $a \cdot 10 + b$ 형태로 놓고 시작하자. 여기서 a는 1, 2, ⋯, 9 중 하나이고 b는 0, 1, ⋯, 9 중 하나이다. 이때, 주어진 방정식을 이용하여 b를 구하자.

$$a \cdot 10 + b = N = P(N) + S(N) = a \cdot b + (a + b)$$

이므로 $9a = ab$이다. 그런데 $a \neq 0$이므로 $b = 9$이다. ■

6. **정답 (E)** n을 $a \cdot 10 + b$로 쓰자. 여기서 a와 b는 음이 아닌 한 자리 정수이고 $a \neq 0$이다. n이 두 자리 자연수일 때 $\clubsuit(n)$의 최댓값은 $9+9=18$이다. $m=\clubsuit(n)$이라 하자. $\clubsuit(m)=3$이기 위해서는 m은 3, 12 또는 21이어야 한다. 그런데 $m=21>18$이므로 m은 21이 될 수 없다. 따라서 m이 3이거나 12일 경우만 보자.

$$3 = m = \clubsuit(n)\text{이면,} \qquad n = 12,\ 21,\ 30$$

이고

$$12 = m = \clubsuit(n)\text{이면,} \qquad n = 39,\ 93,\ 48,\ 84,\ 57,\ 75,\ 66$$

이므로 가능한 n은 모두 10개이다. ■

7. **정답 (C)** $f(500)$의 값을 알고 있을 때 $f(600)$의 값을 구해야 한다. 곱의 함숫값에 대한 성질이 주어졌으므로 600을 500의 곱으로 나타내자. $600=500 \cdot (6/5)$이므로

$$f(600) = f\left(500 \cdot \frac{6}{5}\right) = \frac{f(500)}{6/5} = \frac{3}{6/5} = 3 \cdot \frac{5}{6} = \frac{5}{2}$$

이다.

별해 $f(500)$을 $f(1)$을 이용하여 나타내 보자.

$$3 = f(500) = \frac{f(1)}{500}$$

이므로 $f(1)=1500$이다. 따라서

$$f(600) = \frac{f(1)}{600} = \frac{1500}{600} = \frac{5}{2}$$

이다. ■

이 풀이에 의하면 주어진 조건을 만족하는 함수 f가 존재한다는 것을 알 수 있다. $f(1)=1500$이므로

$$f(x)=f(1\cdot x)=\frac{f(1)}{x}=\frac{1500}{x}$$

이다.

8. **정답 (A)** 이 문제는 특정한 숫자를 대입하여 계산하는 것보다 일반적인 경우를 계산하는 것이 더 쉽다. 왜냐하면 다음과 같이 적절히 약분되기 때문이다.

$$\frac{\binom{a}{k}}{\binom{a+1}{k}}=\frac{\dfrac{a(a-1)(a-2)\cdots(a-(k-2))(a-(k-1))}{k(k-1)(k-2)\cdots(2)(1)}}{\dfrac{(a+1)(a)(a-1)\cdots((a+1)-(k-2))((a+1)-(k-1))}{k(k-1)(k-2)\cdots(2)(1)}}$$

$$=\frac{a+1-k}{a+1}$$

이므로 $a=-1/2$이고 $k=100$이라 하면 다음과 같이 계산할 수 있다.

$$\binom{-\frac{1}{2}}{100}\Bigg/\binom{\frac{1}{2}}{100}=\frac{-\frac{1}{2}+1-100}{-\frac{1}{2}+1}=\frac{-\frac{199}{2}}{\frac{1}{2}}=-199$$ ■

9. **정답 (C)** 참인 것을 찾아야 하므로 쉬운 것부터 시작하자. (A)는 $a=0$이고 $b=0$이라 하면

$$f(a+b)+f(a-b)=2f(a)+2f(b)$$

에서

$$f(0)+f(0)=2f(0)+2f(0)$$

이므로 $f(0)=0\neq 1$이다. (B)와 (C)는 $a=0$이고 $b=x$라 하면

$$f(x)+f(-x)=2f(0)+2f(x)=2f(x)$$

이므로 $f(x)=f(-x)$이다. 따라서 (C)가 참이다.

(D)가 거짓임을 보이자. 모든 x, y에 대하여 (D)가 성립한다고 하고, x는 $f(x)\neq 0$을 만족하는 값이라 하자. 그러면

$$0 = f(0) = f(x+(-x)) = f(x) + f(-x) = f(x) + f(x) = 2f(x)$$

이므로 $f(x) = 0$이어야 하는데 $f(x) \neq 0$이라 했으므로 모순이다. 따라서 (D)는 거짓이다.

(E)는 f가 주기함수라는 뜻이다. $f(x) = x^2$은 주기함수가 아닌데

$$\begin{aligned} f(a+b) + f(a-b) &= (a+b)^2 + (a-b)^2 \\ &= a^2 + 2ab + b^2 + a^2 - 2ab + b^2 \\ &= 2a^2 + 2b^2 \\ &= 2f(a) + 2f(b) \end{aligned}$$

이므로 주어진 관계식을 만족한다. 따라서 (E)도 참이 아니다. ■

10. **정답 (D)** $f(0) = f(0+0) = f(0)f(0)$인데 모든 x에 대하여 $f(x) > 0$이므로 양변을 $f(0)$으로 나누면 $f(0) = 1$이다. 따라서 Ⅰ은 참이다.

$$1 = f(0) = f(x+(-x)) = f(x)f(-x)$$

이므로

$$f(-x) = \frac{1}{f(x)}$$

이고, 따라서 Ⅱ도 참이다.

$$\begin{aligned} f(3x) &= f(x+2x) = f(x)f(2x) = f(x)f(x+x) \\ &= f(x)f(x)f(x) = (f(x))^3 \end{aligned}$$

이므로 Ⅲ도 참이다. 이쯤 되면 이 성질들은 어떤 특정한 함수의 성질이 아닌가 하는 생각을 해볼 수 있다. 실제로 양수 a에 대하여 지수함수 $f(x) = a^x$이 이 성질들을 만족한다. $a = 1$일 때 Ⅳ는 만족되지만, $a \neq 1$일 때는

$$0 < a < 1 \text{이면,} \quad f(1) = a < 1$$

이고

$$a > 1\text{이면},\quad f(-1) = a^{-1} < 1$$

이므로 Ⅳ는 참이 아니다. 따라서 Ⅰ, Ⅱ, Ⅲ만 항상 참이다. ■

제05장 ‖ 삼각형

1. **정답(D)** $\angle ABC = 90 - 20 = 70°$이므로 $\angle DBC = 35°$이고

$$\angle BDC = 90 - 35 = 55°$$

이다. ■

2. **정답(E)** 우선

$$BG = BC + CF + FG = 5 + DE + 5 = 5 + 10 + 5 = 20$$

이다. $\triangle BAG$는 $45 - 45 - 90°$삼각형이므로

$$AB = AG = BG \cdot \frac{\sqrt{2}}{2} = 20 \cdot \frac{\sqrt{2}}{2} = 10\sqrt{2}$$

이다. 따라서 다각형의 넓이는 다음과 같다.

$$\triangle ABG\text{의 넓이} + \square CDEF\text{의 넓이} = \frac{1}{2}(10\sqrt{2})^2 + 10 \cdot 20 = 300$$ ■

3. **정답(B)** $15 = 3 \cdot 5,\ 20 = 4 \cdot 5,\ 25 = 5 \cdot 5$이므로

$$15^2 + 20^2 = 5^2(3^2 + 4^2) = 5^2 \cdot 5^2 = 25^2$$

이고 따라서 $\triangle ABC$는 직각삼각형이다.

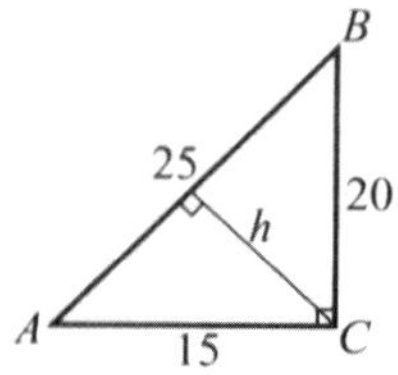

두 변 $\overline{AC}$와 $\overline{BC}$는 서로 수직이고 길이는 각각 15, 20이다. 직각삼각형의 수선 정리에 의하여 수선 h는 다음 관계를 만족한다.

$$\frac{h}{15}=\frac{20}{25}=\frac{4}{5}$$

따라서 $h=12$이고 이것이 가장 짧은 높이이다.

별해 다음과 같이 구할 수도 있다.

$$h=\frac{\triangle ABC\text{의 넓이}}{\frac{1}{2}\cdot AB}=\frac{\frac{1}{2}\cdot 15\cdot 20}{\frac{1}{2}\cdot 25}=12$$ ■

4. **정답 (E)** 그림과 같이 삼각형들의 교점을 연결하는 점선을 그려 보자.

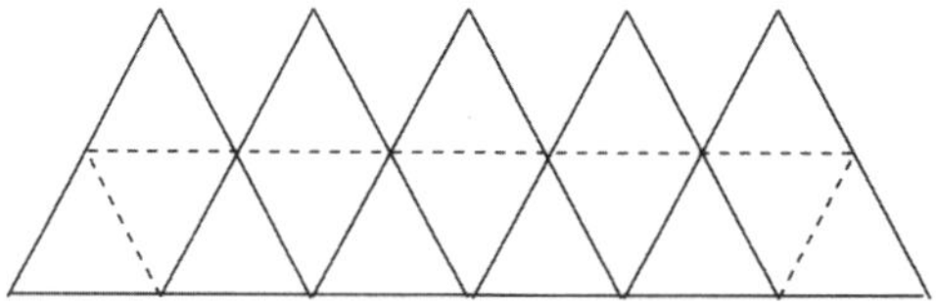

그러면 그림의 영역은 서로 겹치지 않는 작은 정삼각형 16개로 나눌 수 있다. 작은 정삼각형의 한 변의 길이는 $\sqrt{3}$이고 높이는 $\frac{3}{2}$이므로 넓이는

$$\frac{1}{2}\cdot\sqrt{3}\cdot\frac{3}{2}=\frac{3\sqrt{3}}{4}$$

이고 전체 넓이는 다음과 같다.

$$16\left(\frac{3\sqrt{3}}{4}\right)=12\sqrt{3}$$ ■

5. **정답 (E)** $\triangle ABC$의 꼭짓점 B에서 AC에 내린 수선의 발을 H라 하자. 또 $h=BH$, $x=AH=HD$, $y=DC$라 하자.

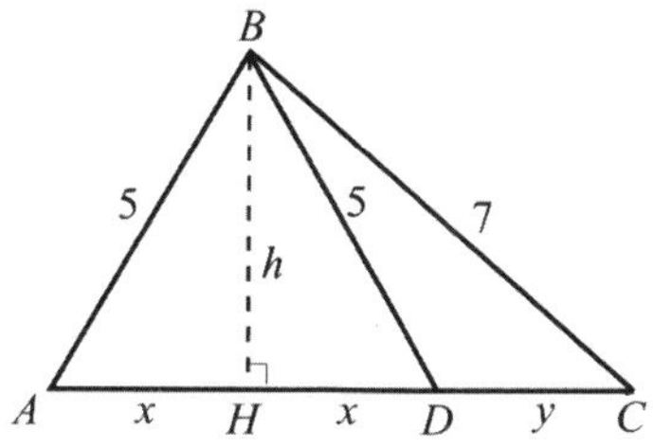

직각삼각형 BHD와 BHC에 피타고라스 정리를 각각 적용하면

$$25=x^2+h^2,\quad 49=(x+y)^2+h^2=x^2+2xy+y^2+h^2$$

이므로

$$49=(x^2+h^2)+2xy+y^2=25+2xy+y^2$$

이고

$$2xy+y^2=24$$

이다. 또한 $AC=2x+y=9$이므로

$$24=2xy+y^2=(2x+y)y=9y$$

이다. 따라서 $y=\dfrac{8}{3}$이고 $x=\dfrac{1}{2}(9-y)=\dfrac{19}{6}$이므로

$$\frac{AD}{DC}=\frac{2x}{y}=\frac{19/3}{8/3}=\frac{19}{8}$$

이다. ■

6. **정답 (C)** 두 삼각형의 넓이를 구하는 것이 아니라 넓이의 비를 구하는 것이므로 내접 정삼각형의 한 변의 길이를 $ED=1$이라 하는 것이 간단하다. $\angle ECD=60°$이므로

$$EC = \frac{2\sqrt{3}}{3}, \quad CD = \frac{1}{2}EC = \frac{\sqrt{3}}{3}$$

이다. $FE \perp AC$ 이고 $DE = FE$이므로 삼각형 CDE와 AEF는 합동이다. 따라서

$$AE = DC = \frac{\sqrt{3}}{3}$$

이고

$$AC = AE + EC = \frac{\sqrt{3}}{3} + \frac{2\sqrt{3}}{3} = \sqrt{3}$$

이다. $\triangle DEF$와 $\triangle ABC$는 닮은 삼각형이므로 이 두 삼각형의 넓이의 비는 변 길이의 비의 제곱과 같다. 따라서

$$\frac{\triangle DEF\text{의 넓이}}{\triangle ABC\text{의 넓이}} = \left(\frac{1}{\sqrt{3}}\right)^2 = \frac{1}{3}$$

이다. ■

7. **정답 (C)** 직각삼각형의 수선 정리에 의하면 $\triangle ADC$, $\triangle CDB$, $\triangle ACB$는 닮은 직각삼각형이고

$$\frac{AD}{15} = \frac{15}{AB} = \frac{15}{AD + DB} = \frac{15}{AD + 16}$$

이므로 $AD^2 + 16AD = 225$ 이고

$$0 = AD^2 + 16AD - 225 = (AD - 9)(AD + 25)$$

이다. 따라서

$$AD = 9, \quad AB = \frac{15^2}{AD} = \frac{225}{9} = 25$$

이고

$$BC = \sqrt{25^2 - 15^2} = 5\sqrt{5^2 - 3^2} = 20$$

이며

$$\triangle ABC\text{의 넓이} = \frac{1}{2} \cdot AC \cdot BC = \frac{1}{2} \cdot 15 \cdot 20 = 150$$

이다.

별해 다른 방법으로는 $AB = 25$이고 높이가 $DC = \sqrt{15^2 - 9^2} = 12$라는 사실을 이용하면

$$\triangle ABC\text{의 넓이} = \frac{1}{2} \cdot AB \cdot DC = \frac{1}{2} \cdot 25 \cdot 12 = 150$$

임을 구할 수 있다. ■

8. **정답 (B)** $CD = 8$이고 $EA = 9 - 4 = 5$이다. $\triangle CDE$와 $\triangle GFE$는 닮은 삼각형이므로

$$\frac{CD}{DE} = \frac{8}{4} = \frac{GF}{FE} = \frac{GF}{FD+4}$$

이고

$$GF = 2FD + 8$$

이다. 또한 $\triangle GFA$와 $\triangle ABH$는 닮은 삼각형이므로

$$\frac{AB}{BH} = \frac{8}{6} = \frac{GF}{FA} = \frac{GF}{FD+9}$$

이고

$$3GF = 4FD + 36$$

이다. 두 방정식 $GF = 2FD + 8$과 $3GF = 4FD + 36$을 GF에 대하여 풀면

$$3GF = 4FD + 36 = 2(GF - 8) + 36 = 2GF + 20$$

이므로 $GF = 20$이다. ■

9. **정답** (B) $\triangle MCB$와 $\triangle ACN$은 직각삼각형이고 $AC=2MC$, $BC=2NC$ 이므로

$$22^2 = MC^2 + (2CN)^2 = MC^2 + 4CN^2$$

이고

$$19^2 = CN^2 + (2MC)^2 = 4MC^2 + CN^2$$

이다.

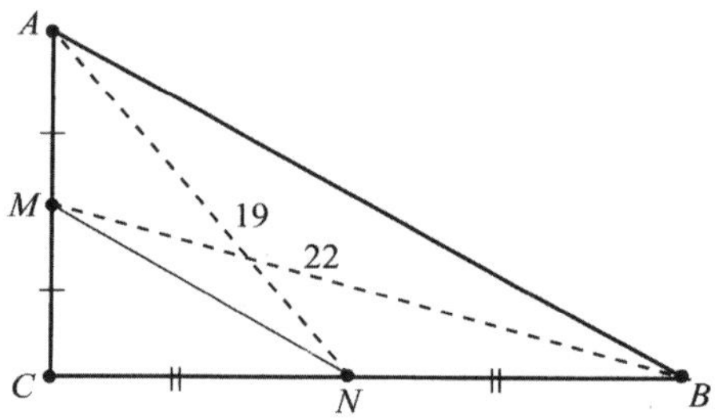

이 두 식의 양변을 각각 더하고 $\triangle MCN$이 직각삼각형이라는 사실을 이용하면

$$22^2 + 19^2 = 5(MC^2 + CN^2) = 5MN^2$$

이므로

$$MN = \sqrt{\frac{22^2 + 19^2}{5}} = \sqrt{\frac{845}{5}} = \sqrt{169} = 13$$

이다. $\triangle ACB$와 $\triangle MCN$에 삼각형의 평행선 정리를 적용하면 $AB = 2MN = 26$ 이다. ■

10. **정답** (A) 이 문제를 푸는 데 중요한 점은 다음과 같이 그림을 정확하게 그리는 것이다.

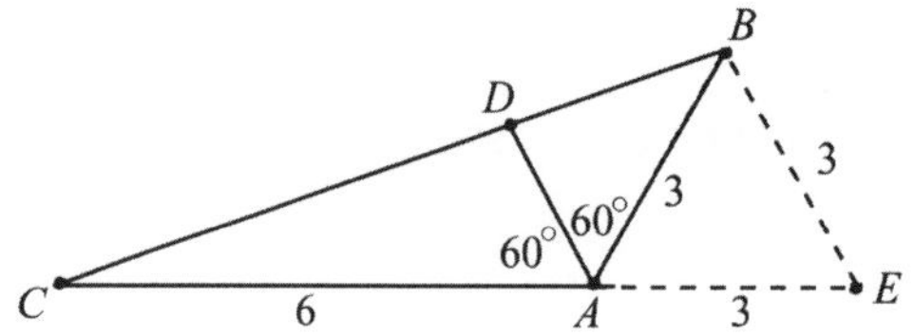

그림에서처럼 $\overline{CA}$를 E까지 연장하면 정삼각형 ABE를 만들 수 있다. $\triangle ABE$의 각 변의 길이는 3이므로 삼각형의 평행선 정리에 의해

$$\frac{AD}{BE} = \frac{CA}{CE}$$

이므로

$$AD = BE \cdot \frac{CA}{CE} = 3 \cdot \frac{6}{9} = 2$$

이다. ■

제06장 ▌원

1. **정답(E)** 원 전체의 둘레는 $2\pi \cdot 1 = 2\pi$이므로 괴물의 원 부분의 둘레는

$$\frac{360-60}{360} \cdot 2\pi = \frac{5}{3}\pi$$

이다. 직선 부분의 길이는 각각 1이므로 전체 둘레의 길이는 $5\pi/3+2$이다. ■

2. **정답(B)** 원 전체 호의 합은 $360°$이고 $\widehat{AB}$, $\widehat{BC}$, $\widehat{CD}$의 길이는 같으므로

$$360° = 3\widehat{BC} + \widehat{AD}$$

이고

$$\widehat{BC} = \frac{1}{3}(360° - \widehat{AD}) = 120° - \frac{1}{3}\widehat{AD}$$

이다. 외부할선 정리에 의하여

$$40° = \angle AED = \frac{1}{2}(\widehat{BC} - \widehat{AD}) = \frac{1}{2}\left(120° - \frac{1}{3}\widehat{AD} - \widehat{AD}\right)$$

$$= 60° - \frac{2}{3}\widehat{AD}$$

이므로 $\widehat{AD} = 30°$이다. 원주각 정리에 의하여 $\angle ACD = \widehat{AD}/2 = 15°$이다. ■

3. **정답 (C)** 먼저 현 $\overline{CF}$를 그리자.

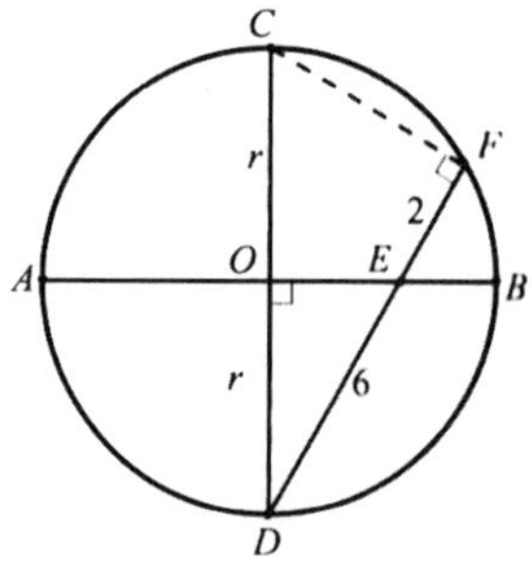

$CD = 2r$가 원의 지름이므로 $\triangle CFD$는 직각삼각형이다. $\triangle CFD$와 $\triangle DOE$는 $\angle D$가 공통이므로 닮은 삼각형이고

$$\frac{2r}{6+2} = \frac{6}{r}$$

즉, $r^2 = 24$이다. 따라서 원의 넓이는 24π이다. ■

4. **정답 (B)** O와 O'이 각 원의 중심이라 하면 직각삼각형 PAO와 직각삼각형 PBO'은 닮은 삼각형이다.

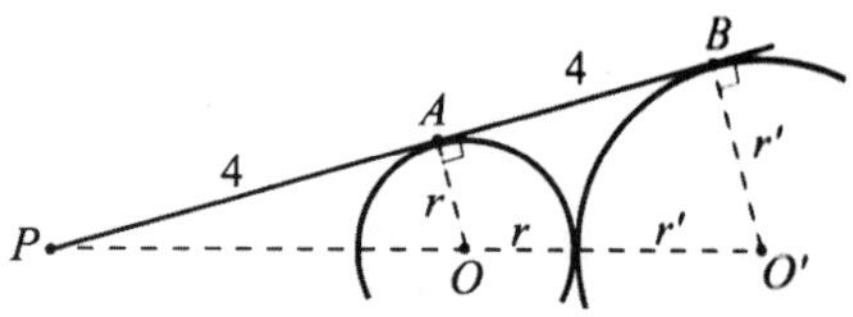

작은 원과 큰 원의 반지름을 각각 r, r'이라 하면

$$\frac{PA}{r} = \frac{PB}{r'}$$

이므로

$$r' = \frac{PB}{PA}r = \frac{8}{4}r = 2r$$

이고

$$\frac{PO}{r} = \frac{PO'}{r'} = \frac{PO+3r}{2r}$$

이므로 $PO = 3r$이다. $\triangle PAO$에 피타고라스 정리를 적용하면

$$9r^2 = PO^2 = PA^2 + AO^2 = 16 + r^2$$

이므로 $r^2 = 2$이다. 따라서 작은 원의 넓이는 $\pi r^2 = 2\pi$이다. ■

5. **정답 (B)** 먼저 중심 O로부터 작은 원의 접점 D까지 반지름 $\overline{OD}$를 그리자.

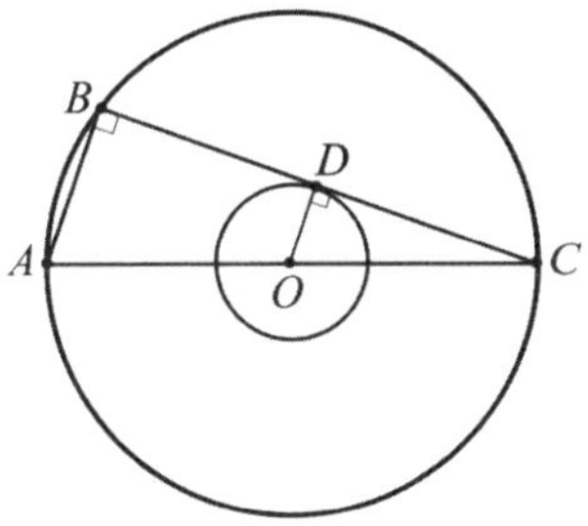

그러면 $\angle ODC$는 직각이고 문제의 조건에 의하여 $OC = 3OD$이다. $\triangle ABC$의 빗변이 지름이므로 $\angle ABC$도 직각이고 $\triangle ODC$와 $\triangle ABC$는 닮은 삼각형이다. 따라서

$$\frac{1}{2} = \frac{OC}{AC} = \frac{OD}{AB} = \frac{OD}{12}$$

이고 $OC = 3OD = 3 \cdot 6 = 18$이다. ■

6. **정답 (C)** 먼저 그림과 같이, 작은 반원과 그 아래의 정삼각형으로 이루어진 영역을 생각해 보자.

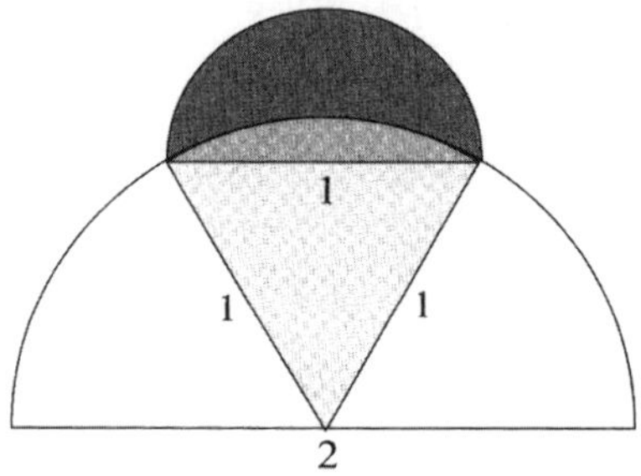

이 영역의 넓이는

$$\frac{1}{2}\cdot 1\cdot \frac{\sqrt{3}}{2}+\frac{1}{2}\pi\left(\frac{1}{2}\right)^2=\frac{\sqrt{3}}{4}+\frac{1}{8}\pi$$

이다. 활꼴의 넓이는 이 값에서 큰 반원에 포함된 영역의 넓이인

$$\frac{1}{6}\pi\cdot 1^2=\frac{1}{6}\pi$$

를 빼면 된다. 따라서

$$\frac{\sqrt{3}}{4}+\frac{1}{8}\pi-\frac{1}{6}\pi=\frac{\sqrt{3}}{4}-\frac{1}{24}\pi=\frac{1}{24}(6\sqrt{3}-\pi)$$

이다. ■

7. **정답 (E)** $\overset{\frown}{CD}=\angle ABO=60°$ 이므로 원주각 정리에 의하여 $\angle BAO=30°$ 이고 $\triangle AOB$는 $30-60-90°$ 삼각형이며

$$AB=2\cdot OB=10,\quad AO=\sqrt{3}\,OB=5\sqrt{3}$$

이다. 또 $\triangle ACD$의 빗변은 원의 지름이므로 $\angle ACD$는 직각이며 $\triangle ACD$와 $\triangle AOB$는 닮은 삼각형이다. 따라서

$$\frac{AC}{AD}=\frac{AO}{AB}$$

이고

$$AC = AD \cdot \frac{AO}{AB} = 2 \cdot 5\sqrt{3} \cdot \frac{5\sqrt{3}}{10} = 15$$

이다. 따라서 $BC = AC - AB = 15 - 10 = 5$이다. ■

8. **정답 (D)** 문제의 그림은 AB를 한 변으로 하는 정삼각형 ABC를 작도하는 방법이다.

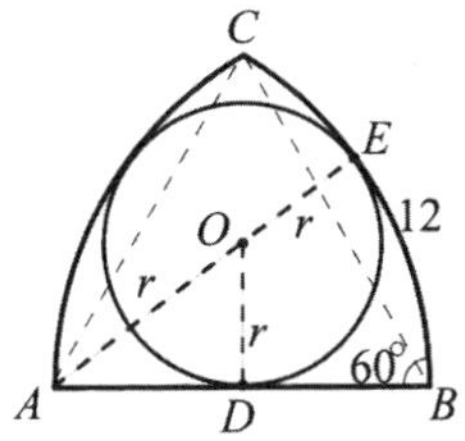

$\widehat{BC}$는 반지름이 AB인 원 둘레의 $1/6$이므로

$$12 = \frac{1}{6}(2\pi \cdot AB)$$

이고 $AB = 36/\pi$이다. 원의 중심을 O, 반지름을 r, $\overline{AB}$의 중점을 D라 하자. 영역이 좌우 대칭이므로 OD는 $\overline{AB}$의 수직이등분선이다. O를 지나고 $\widehat{BC}$와 점 E에서 만나는 선분 $\overline{AE}$를 그리자. 그러면 $AE = AB$이고 $r = OE = OD$이므로 직각삼각형 ADO에서

$$\frac{36}{\pi} = AE = AO + OE = \sqrt{AD^2 + DO^2} + OE = \sqrt{\left(\frac{18}{\pi}\right)^2 + r^2} + r$$

이다. 따라서

$$0 = \left(\frac{36}{\pi} - r\right)^2 - \left(\left(\frac{18}{\pi}\right)^2 + r^2\right) = 3\left(\frac{18}{\pi}\right)^2 - \frac{72}{\pi}r$$

이고

$$r = \frac{\pi}{72} \cdot 3\left(\frac{18}{\pi}\right)^2 = \frac{27}{2\pi}$$

이다. 따라서 원 둘레는 다음과 같다.

$$2\pi r = 2\pi \cdot \frac{27}{2\pi} = 27$$

■

9. **정답 (A)** 선분의 길이의 곱을 묻는 문제이므로 할선의 정리를 이용하면 되지 않을까 하는 생각을 할 수 있다. 그런데 할선의 정리는 원이 필요하므로 중심이 P이고 반지름이 $AP = BP = 3$인 원을 그리자. 그림과 같이 $\overline{PB}$의 연장선이 원과 만나는 점을 E라 하자.

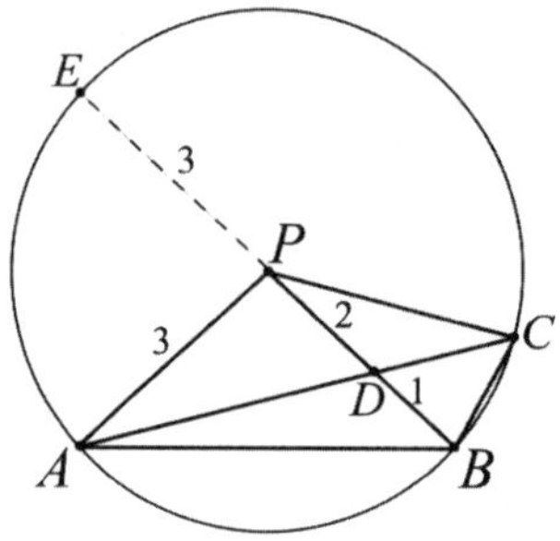

$\angle APB = 2\angle ACB$이므로 원주각 정리에 의하여 이 원은 C를 지난다. $\overline{AC}$와 $\overline{EB}$에 내부할선 정리를 적용하면 다음과 같다.

$$AD \cdot CD = ED \cdot DB = 5 \cdot 1 = 5$$

■

10. **정답 (D)** 첫 번째 단계는 외부할선 정리를 이용하여 할선 PD에서 PC의 길이를 구하는 것이다.

$$\begin{aligned} PA \cdot PB &= PD \cdot PC \\ &= (PC + CD) \cdot PC = (PC + 7) \cdot PC \end{aligned}$$

이므로

$$PC(PC + 7) = 18 \cdot 8$$

이고 따라서 $PC = 9$이다. 그림은 문제의 조건을 만족하도록 원 위의 점을 약간 옮겨서 그린 것이다. 문제에서의 그림은 실제와는 조금 다르게 그려졌기 때문에 그 그림을 보고 다음 풀이를 할 수는 없다.

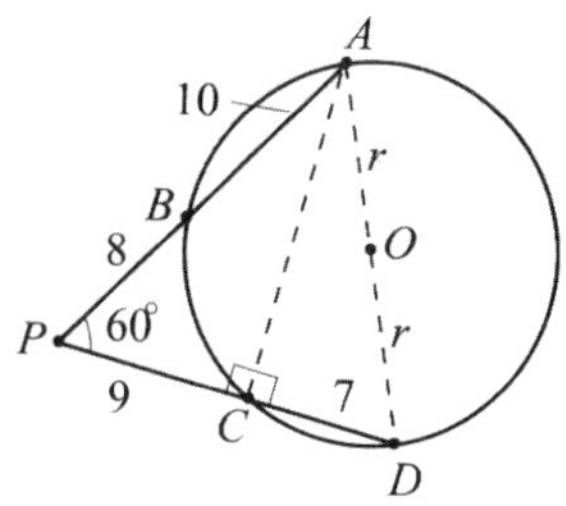

$PA = 2PC$이고 $\angle APC = 60°$이므로, 삼각형 ACP는 $30-60-90°$삼각형이고 $\angle ACP = 90°$이다. 따라서 $\triangle ACD$는 원에 내접하는 직각삼각형이고 $\overline{AD}$는 원의 지름이다. $\overline{AD}$를 구하기 위해 $30-60-90°$삼각형 ACP를 이용하면 $AC = \sqrt{3}PC = 9\sqrt{3}$이다. 그리고 직각삼각형 ACD에서

$$(2r)^2 = AD^2 = CD^2 + AC^2 = 7^2 + (9\sqrt{3})^2 = 292$$

이므로 $r^2 = 292/4 = 73$이다. ■

제07장 ▌다각형

1. **정답(C)** 횡단보도는 밑변이 15피트이고 높이가 40피트인 평행사변형 모양이므로 넓이는 $15 \cdot 40 = 600$제곱피트이다.

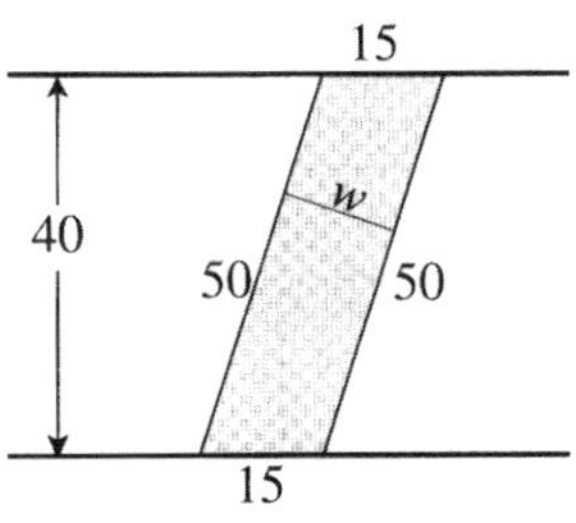

그런데 밑변이 50피트이고 높이가 횡단보도의 폭 w인 평행사변형으로 볼 수도 있다. 따라서 $600 = 50 \cdot w$이므로 $w = 600/50 = 12$피트이다. ■

2. **정답(C)** AD와 BC는 평행하므로 $\angle EDF = \angle BAF$이다. 또 $\angle DFE =$

$\angle AFB$이므로 $\triangle DFE$와 $\triangle AFB$는 닮은 삼각형이다. 따라서

$$\frac{16}{4}=\frac{AF}{DF}=\frac{10-DF}{DF}$$

이므로

$$4DF=10-DF$$

이고 $DF=2$이다. ■

3. **정답 (E)** 개는 묶여 있는 꼭짓점으로부터 반지름이 2야드인 원에서 중심각이 240°인 부채꼴 영역에서 움직일 수 있고, 또 이웃한 두 꼭짓점으로부터 반지름이 1야드인 원에서 중심각이 60°인 부채꼴 영역에서 움직일 수 있다.

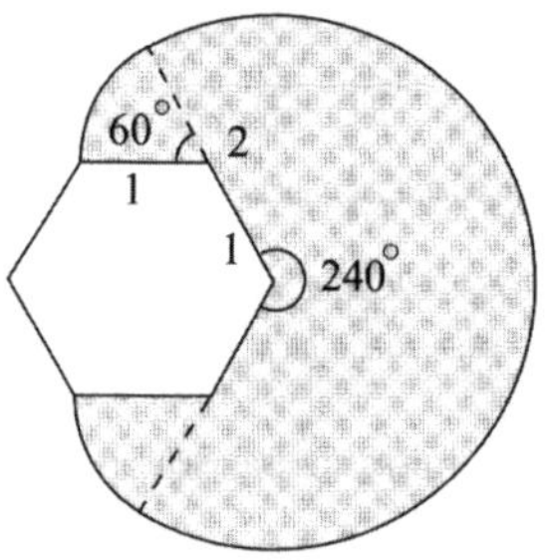

따라서 이 영역의 넓이는 다음과 같다.

$$\pi\cdot 2^2\cdot\frac{240}{360}+2\left(\pi\cdot 1^2\cdot\frac{60}{360}\right)=\frac{8}{3}\pi+\frac{1}{3}\pi=3\pi$$ ■

4. **정답 (E)** 변 $\overline{CD}$와 $\overline{GF}$의 교점을 I라 하고, 변 $\overline{BC}$와 $\overline{GH}$의 교점을 J라 하자.

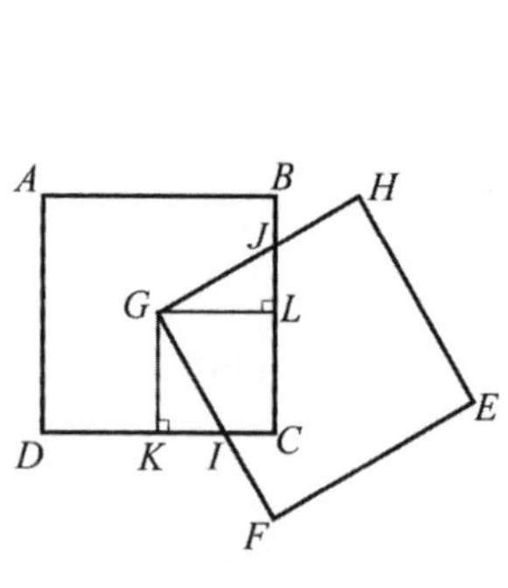

정사각형 $ABCD$의 중심인 G에서 변 $\overline{CD}$와 $\overline{BC}$에 내린 수선의 발을 각각 K, L이라 하자. 그러면 $\triangle GKI$와 $\triangle GLJ$는 합동이다. 따라서 두 정사각형이 겹치는 영역의 넓이는 정사각형 $GKCL$의 넓이와 같은데, 이 넓이는 정사각형 $ABCD$ 또는 $EFGH$의 넓이의 1/4이다. 따라서 전체 넓이는 다음과 같다.

$$ABCD\text{의 넓이} + EFGH\text{의 넓이} - GKCL\text{의 넓이} = 100 + 100 - 25 = 175$$

별해 정사각형 $ABCD$와 $GHEF$가 겹쳐지는 방향이 주어지지 않았으므로 $GF \perp DC$이고 $GH \perp BC$라 가정하자.

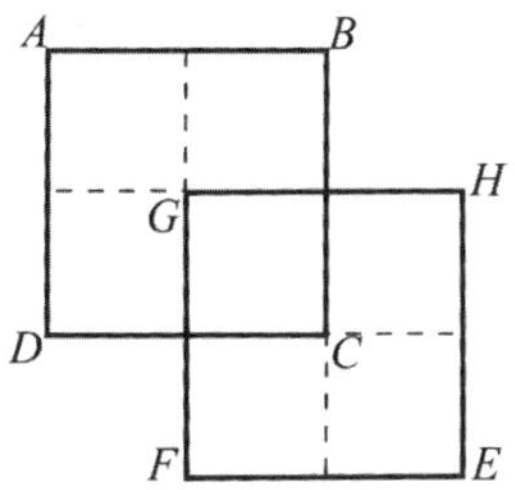

따라서 두 사각형의 합집합의 넓이는 사각형 $ABCD$ 넓이의 7/4이다. 즉, $(7/4) \cdot 100 = 175$이다. ■

5. **정답(C)** 사다리꼴의 넓이를 구하기 위해서는 평행인 두 선분 $\overline{AB}$와 $\overline{DC}$ 사이의 거리를 알아야 한다. 이 거리는 두 선분 $\overline{AD}$와 $\overline{BC}$를 만날 때까지 연장하고 삼각형의 닮음을 이용하여 구할 수도 있다. 여기서는 좀 더 간단한 방법을 생각해 보자.

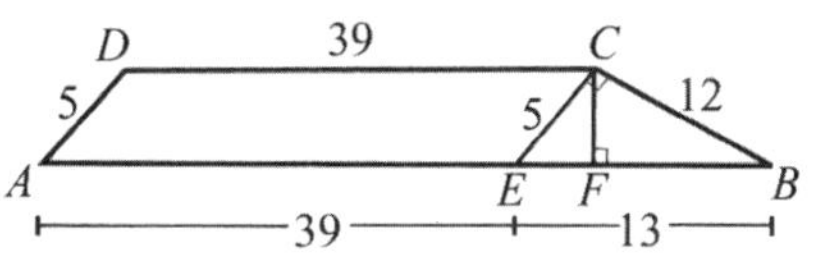

먼저 $\overline{AD}$와 $\overline{EC}$가 평행하도록 점 E를 $\overline{AB}$ 위에 잡자. 그러면 $AECD$는 평행사변형이다. $EC = 5$이고 $CB = 12$이므로 $\triangle ECB$는 빗변이 $EB = 13$인 직각삼각형이다. 이제 이 삼각형에서 수선 $\overline{FC}$를 그리자. 직각삼각형의 수선 정리에 의하여 $\triangle EFC$와 $\triangle ECB$는 닮은 삼각형이므로 $CF/CE = CB/EB$이다. 따라서

$$CF = CE \cdot \frac{CB}{EB} = 5 \cdot \frac{12}{13}$$

이고

$$ABCD\text{의 넓이} = \frac{1}{2}(52+39)\frac{60}{13} = 210$$

이다. ■

6. **정답** (D) 선분 $\overline{NL}$을 그리고 AD, BC와의 교점을 각각 E, F라 하자.

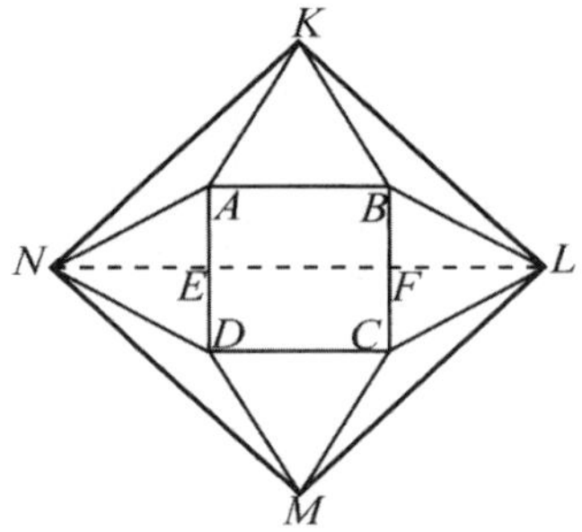

$\triangle DNA$는 정삼각형이고 $AD = 4$이고 E는 AD의 중점이므로 대칭에 의하여

$$NL = NE + EF + FL = \frac{\sqrt{3}}{2} \cdot 4 + 4 + \frac{\sqrt{3}}{2} \cdot 4 = 4(1+\sqrt{3})$$

이다. 그런데 $\triangle NKL$은 $45-45-90°$ 삼각형이므로 정사각형 $KLMN$의 넓이는 다음과 같다.

$$KN^2 = \left(\frac{NL}{\sqrt{2}}\right)^2 = \left(\frac{4(1+\sqrt{3})}{\sqrt{2}}\right)^2 = 8(1+2\sqrt{3}+3) = 32+16\sqrt{3}$$ ■

7. **정답** (C) 먼저 B와 D를 연결하는 대각선을 그리자. $\angle BAD$가 직각이므로, $\angle BAE + \angle EAD = 90°$이다. 그런데 $\triangle AFB$가 직각삼각형이므로 $\angle BAE + \angle ABF = 90°$이다. 따라서 $\angle EAD = \angle ABF$이고 직각삼각형 AED와 직각삼각형 BFA는 닮은 삼각형이다. 따라서

$$\frac{AF}{BF} = \frac{DE}{AE}$$

이고

$$AF = \frac{DE}{AE}BF = \frac{5}{3}BF$$

이다.

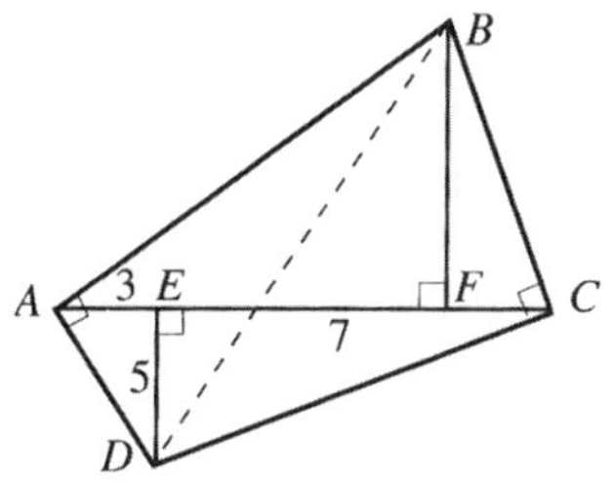

같은 방법으로 $\angle CBF = \angle DCE$ 이므로 직각삼각형 CFB와 직각삼각형 DEC는 닮은 삼각형이고

$$\frac{CF}{BF} = \frac{ED}{EC}$$

이므로

$$CF = \frac{ED}{EC}BF = \frac{5}{7}BF$$

이다. 따라서

$$AE + EC = 3 + 7 = 10 = AF + FC = \frac{5}{3}BF + \frac{5}{7}BF = \frac{50}{21}BF$$

이고 $BF = 21/5 = 4.2$ 이다. ■

8. **정답 (A)** 정m각형의 외각 하나의 크기는 $(m+2)180°/m$ 이므로 $m = 10$ 일 때는 $\frac{12 \cdot 180}{10} = 216°$ 이다.

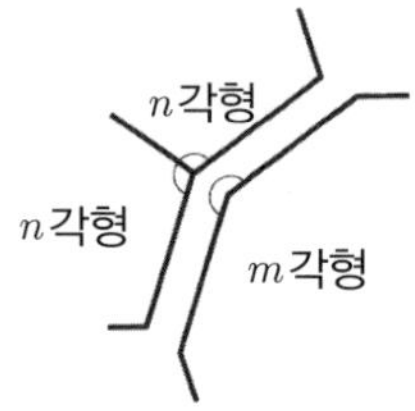

정m각형의 각 꼭짓점 바깥으로는 두 개의 정n각형이 만나게 된다. 따라서 정n각형의 한 내각의 크기는 정m각형의 한 꼭짓점의 외각의 크기의 절반이 되어야 한다. 따라서

$$\frac{n-2}{n}180 = \frac{1}{2} \cdot 216$$

이어야 하므로 $\frac{n-2}{n} = \frac{3}{5}$ 이고 $n = 5$ 이다. ■

9. **정답 (E)** 이 문제를 풀기 위해서는 점 P 에 대하여 어떤 특별한 성질이 만족되는지 살펴볼 필요가 있다. 다행히

$$(AP + PC)(BP + PD) = 52 \cdot 77 = 4004 = 2 \cdot ABCD\text{의 넓이}$$

이므로 7.3절의 성질 7에 의하여 P는 사각형 $ABCD$의 두 대각선의 교점이고 두 대각선은 직교함을 알 수 있다.

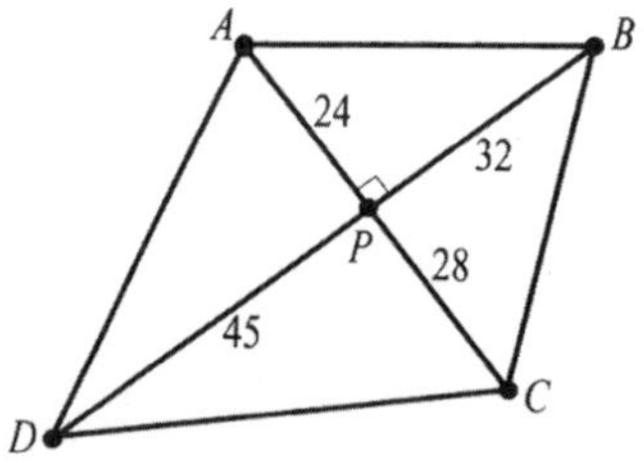

따라서

$$AB = \sqrt{24^2 + 32^2} = 40, \quad BC = \sqrt{32^2 + 28^2} = 4\sqrt{113},$$
$$CD = \sqrt{28^2 + 45^2} = \sqrt{2809} = 53, \quad DA = \sqrt{45^2 + 24^2} = 51$$

이고 둘레의 길이는 다음과 같다.

$$40 + 4\sqrt{113} + 53 + 51 = 4(36 + \sqrt{113})$$ ■

10. **정답(C)** 마름모 $ABCD$의 두 대각선의 교점을 O라 하자. 마름모의 두 대각선은 서로 수직 이등분하므로 $AO = 8$, $BO = 15$이고 평행사변형 $PNQO$는 직사각형이다.

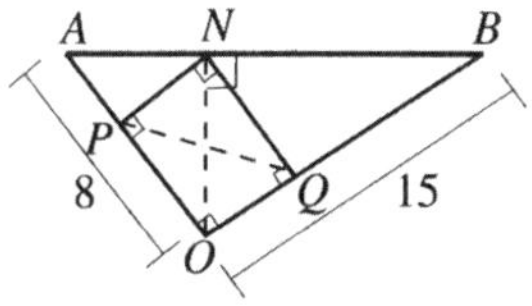

직사각형의 두 대각선의 길이는 같으므로 $PQ = NO$이다. NO가 최소가 되려면 N은 $\triangle AOB$에서 변 AB에 내린 수선의 발이어야 한다. $\triangle AOB$에 직각삼각형의 수선 정리를 적용하면

$$\frac{NO}{AO} = \frac{OB}{AB} = \frac{OB}{\sqrt{AO^2 + OB^2}} = \frac{15}{\sqrt{8^2 + 15^2}} = \frac{15}{17}$$

이다. 따라서 PQ의 최솟값은 다음과 같다.

$$PQ = NO = \frac{15}{17} \cdot 8 = \frac{120}{17} = 7 + \frac{1}{17} \approx 7.0$$ ■

제08장 ▌개수 세기

1. **정답(D)** 남자가 12명이고 각자 3명의 여자와 춤을 추게 되므로 춤추는 남녀 쌍의 수는 $12 \cdot 3 = 36$이다. 여자의 수가 w명이라 하면, 각자 2명의 남자와 춤을 추게 되므로 춤추는 남녀 쌍의 수는 $2w$이다. 따라서 $2w = 36$이므로 $w = 18$이다. ■

2. **정답** (C) 고기를 선택하는 방법은 3가지뿐이지만 다른 재료를 선택하는 방법은 여러 가지이다. 재료를 i개$(0 \le i \le 8)$ 선택하는 방법은 $\binom{8}{i}$가지가 있다. 재료를 하나도 선택하지 않는 경우부터 8가지 모두를 선택하는 경우가 있으므로

$$\sum_{i=0}^{8}\binom{8}{i} = \binom{8}{0}+\binom{8}{1}+\binom{8}{2}+\binom{8}{3}+\binom{8}{4}+\binom{8}{5}+\binom{8}{6}+\binom{8}{7}+\binom{8}{8}$$

$$= 1+8+28+56+70+56+28+8+1 = 256$$

가지가 있다. 따라서 전체 햄버거의 종류는 $3 \cdot 256 = 768$가지이다. ■

재료를 선택하는 방법의 수가 256이라는 것을 찾는 방법은 여러 가지가 있다. 이항 정리에 의하여

$$256 = 2^8 = (1+1)^8 = \sum_{i=0}^{8}\binom{8}{i}$$

로 계산할 수도 있다. 또 다른 방법으로는 각 재료에 대하여, 그것이 포함되는 햄버거 또는 포함되지 않는 햄버거를 만들 수 있다. 모두 8가지의 재료가 선택되거나 선택되지 않을 수 있으므로 2^8가지가 있을 수 있다.

3 **정답** (C) 처음에 가방에는 R개의 빨간색 구슬과 B개의 파란색 구슬이 있어서 모두 $R+B$개의 구슬이 있었다고 하자. 빨간색 구슬을 계속 넣어서 구슬의 개수가 $3B$가 되면 파란색 구슬이 B개이고 빨간색 구슬이 $2B$개이다. 그다음에 노란색 구슬을 계속 넣어서 전체 구슬의 개수가 $5B$가 되면, 파란색 구슬이 B개, 빨간색 구슬이 $2B$개, 노란색 구슬이 $2B$개가 된다. 마지막으로 파란색 구슬의 개수가 $2B$가 되도록 하면, 각 색깔의 구슬이 $2B$개씩 있으므로 파란색 구슬의 비율은 $\frac{1}{3}$이다.

앞에서처럼 자세히 계산하지 않아도 된다. 마지막 단계에서 파란색 구슬이 추가되기 전에 파란색 구슬은 B개, 그 외의 구슬은 $4B$개가 있다. 파란색 구슬이 $2B$개가 되면 다른 구슬이 $4B$개가 되므로 파란색 구슬의 비율은 $\frac{1}{3}$이다. ■

4. **정답(C)** 과거 자동차 번호판 형식에서 만들어질 수 있는 번호판 개수는

$$\begin{aligned}\text{문자}\cdot\text{숫자}\cdot\text{숫자}\cdot\text{숫자}\cdot\text{숫자} &= 26\cdot 10\cdot 10\cdot 10\cdot 10\\ &= 26\times 10^4\end{aligned}$$

이고 새로운 형식에서는

$$\begin{aligned}\text{문자}\cdot\text{문자}\cdot\text{문자}\cdot\text{숫자}\cdot\text{숫자}\cdot\text{숫자} &= 26\cdot 26\cdot 26\cdot 10\cdot 10\cdot 10\\ &= 26^3\times 10^3\end{aligned}$$

개의 번호판이 만들어진다. 따라서 두 수의 비는 다음과 같다.

$$\frac{26^3\times 10^3}{26\times 10^4}=\frac{26^2}{10}$$

■

5. **정답(D)** 120개의 단어 중에서 처음 24개는 A로 시작하고, 그다음 24개는 M으로 시작하며, 그다음 24개는 O로, 그다음 24개는 S로 시작한다. 따라서 U로 시작하는 단어 앞에는 96개의 단어가 있다. U로 시작하는 단어의 두 번째 문자를 생각해 보면, 처음 6개는 A이고 그다음 6개는 M이며 그다음 6개는 O이다. 따라서 $96+18=114$개의 단어가 US로 시작하는 단어 앞에 있다. US로 시작하는 첫 번째 단어가 $USAMO$이다. 따라서 115번째 단어이다.

별해 $USAMO$는 거의 끝 부분의 단어이므로 뒤에서부터 세는 것이 더 쉽다. 마지막 단어부터 써 보면 $USOMA$, $USOAM$, $USMOA$, $USMAO$, $USAOM$, $USAMO$ 순이다. 모두 120개의 단어가 있으므로 $USAMO$는 115번째 단어이다.

■

6. **정답(D)** (글레이즈, 초콜릿, 파우더) 도넛을 선택하는 방법은 다음과 같다.

- 한 종류만 선택하는 방법: (4, 0, 0), (0, 4, 0), (0, 0, 4)
- 한 종류는 세 개, 다른 한 종류는 하나 선택하는 방법: (3, 1, 0), (3, 0, 1), (1, 3, 0), (0, 3, 1), (1, 0, 3), (0, 1, 3)
- 두 종류를 두 개씩 선택하는 방법: (2, 2, 0), (2, 0, 2), (0, 2, 2)

• 한 종류를 두 개, 나머지 두 종류에서 하나씩 선택하는 방법: (2, 1, 1), (1, 2, 1), (1, 1, 2)

따라서 모두 15가지 방법이 있다.

별해 예제 2에서와 같이 도넛을 올려놓을 칸 네 개와 구분하는 칸 두 개를 생각하자. 구분하는 칸을 놓는 방법은

$$\binom{6}{2} = \frac{6!}{2! \cdot 4!} = \frac{6 \cdot 5}{2} = 15$$

이므로 도넛을 선택하는 방법은 15가지이다. ■

7. **정답 (B)** n을 다음과 같이 나타낼 수 있다.

$$n = 100 \cdot q + r = 99 \cdot q + (q + r)$$

따라서 n이 11로 나누어질 필요충분조건은 $q+r$가 11로 나누어지는 것이다. 다섯 자릿수는 10,000부터 99,999까지이므로 11로 나누어지는 것의 개수는 다음과 같다.

$$\left\lfloor \frac{99,999}{11} \right\rfloor - \left\lfloor \frac{10,000}{11} \right\rfloor = 9090 - 909 = 8181$$ ■

8. **정답 (C)** 처음 세 숫자 $d_1d_2d_3$의 가짓수는 $10 \cdot 10 \cdot 10 = 10^3$이다. 각각의 이 숫자에 대하여 $d_4d_5d_6$은 똑같은 숫자이고 d_7은 어떤 숫자가 되어도 되므로 $(10^3) \cdot 10 = 10^4$가지가 가능하다. 같은 방법으로, $d_5d_6d_7$이 $d_1d_2d_3$과 같고 d_4는 임의의 숫자가 되는 경우도 10^4가지가 있다. 이 둘을 합하면 20,000가지인데 여기에는 중복으로 계산된 것들이 포함되어 있다. 중복된 것은 $d_4d_5d_6$과 $d_5d_6d_7$이 모두 $d_1d_2d_3$과 같은 경우이다. 이 경우에는 $d_1 = d_4 = d_5$이고 $d_2 = d_5 = d_6$이며 $d_3 = d_6 = d_7$이다. 즉, 전화번호의 모든 수가 같은 경우이고 이것은 10가지가 있다. 포함–배제의 원리에 따라 이 수를 빼면 "기억하기 쉬운" 번호의 개수는 $20,000 - 10 = 19,990$개이다. ■

9. **정답(C)** 다음과 같이 9개의 의자가 있다고 생각해 보자.

의자1 의자2 의자3 의자4 의자5 의자6 의자7 의자8 의자9

의자 1과 9에는 선생님이 앉을 수 없다. 의자 2에 선생님이 앉고 다른 선생님이 의자 4에 앉는다면 세 번째 선생님은 의자 6 ,7 , 8에 앉을 수 있다. 따라서 의자 2와 4에 선생님이 앉는다면 세 선생님이 앉는 방법은 3가지가 있다. 의자 2와 5에 선생님이 앉는다면 세 번째 선생님이 앉을 수 있는 의자는 7, 8 두 가지가 있다. 또 의자 2와 6에 선생님이 앉는다면 세 번째 선생님이 앉을 수 있는 의자는 8밖에 없다. 따라서 선생님이 앉는 첫 번째 의자가 의자 2라면 나머지 두 선생님이 앉을 수 있는 방법은 6가지 방법이 있다.

첫 번째 선생님이 의자 3에 앉고 두 번째 선생님이 의자 5에 앉는다면 세 번째 선생님은 의자 7 또는 8에 앉을 수 있다. 또 첫 번째 선생님이 의자 3에 앉고 두 번째 선생님이 의자 6에 앉는다면 세 번째 선생님은 의자 8에 앉아야 한다. 따라서 선생님이 앉는 첫 번째 의자가 의자 3이라면 나머지 두 선생님이 앉을 수 있는 방법은 3가지 방법이 있다.

마지막으로 의자 4, 6, 8에 선생님들이 앉을 수 있다.

이것을 모두 더하면 선생님들이 의자에 앉을 수 있는 방법은 $6+3+1=10$가지가 있다. 그런데 세 선생님들이 앉는 순서는 $3!=6$ 가지가 있다. 이 두 사건은 서로 독립이므로 세 선생님 알파, 베타, 감마가 의자에 앉는 방법은 $10 \cdot 6=60$ 가지가 있다.

별해 학생들이 먼저 와서 앉는다고 생각하고 풀어도 된다. 그러면 선생님들이 학생들 사이에 앉으면 된다.

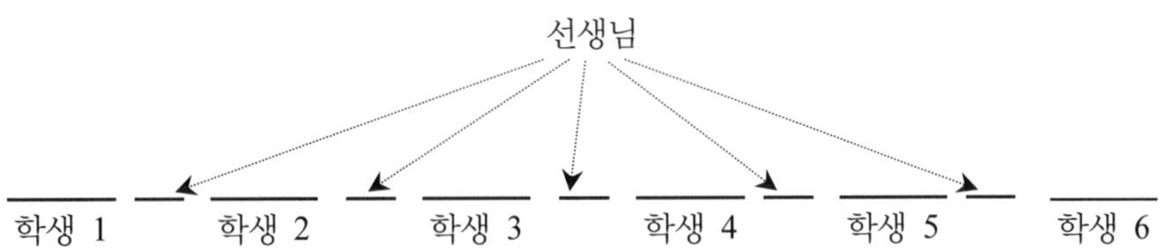

그림에서처럼 선생님들이 앉을 수 있는 곳은 5군데가 있다. 이 5군데 중에서 3곳을 골라서 앉으면 되므로 $\binom{5}{3}=10$가지 방법이 있다. 그다음 풀이는 앞의 풀이

와 같다. ■

10. **정답** (A) 이 문제는 보기보다 어렵다. 처음 5개의 문자는 B와 C에서만 선택해야 하므로, 처음 5개의 문자에 A가 없다는 조건만 만족하는 경우는 $10 \cdot 9 \cdot 8 \cdot 7 \cdot 6$가지가 있다. 그러나 그다음 5개의 문자는 5개의 A와 C에서 선택해야 하는데 C의 개수는 처음 5개의 문자에 따라 달라진다. 따라서 좀 더 구분하여 계산해야 한다.

처음 5개의 문자에서 B만 이용했다고 하자. 이렇게 하는 방법은 1가지가 있다. 그러면 C는 모두 두 번째 5개의 문자에 나열되어야 하고(왜냐하면 마지막 5개의 문자에는 C가 올 수 없기 때문이다.) 마지막 5개의 문자에 A가 나열되어야 한다. 따라서 이렇게 나열하는 방법은 1^3가지가 있다. 또 처음 5개의 문자에 모두 C를 나열하는 방법도 똑같이 1^3가지가 있다.

처음 5개의 문자에 4개의 B와 1개의 C를 사용한다면 이렇게 선택하는 방법은 $\binom{5}{1}$가지가 있다. 그러면 4개의 C와 1개의 A를 두 번째 5개의 문자에 사용하여야 하고, 1개의 B와 4개의 A를 마지막 5개의 문자에 사용하여야 하며, 1개의 B와 4개의 A를 마지막 5개의 문자에 사용하여야 한다. 두 번째와 세 번째 5개의 문자를 선택하는 방법이 $\binom{5}{1}^3$가지이다. 3개의 B와 2개의 C를 사용하는 경우도 같은 방법으로 $\binom{5}{2}^3$임을 알 수 있다.

이것들을 더하면 전체 방법의 수는

$$2 \cdot 1^3 + 2\binom{5}{1}^3 + 2\binom{5}{2}^3$$

이다. 그런데 이것은 보기에는 없다.

$$1 = \binom{5}{0} = \binom{5}{5}, \quad \binom{5}{1} = \binom{5}{4}, \quad \binom{5}{2} = \binom{5}{3}$$

이므로

$$2 \cdot 1^3 + 2\binom{5}{1}^3 + 2\binom{5}{2}^3 = \binom{5}{0}^3 + \binom{5}{1}^3 + \binom{5}{2}^3 + \binom{5}{3}^3 + \binom{5}{4}^3 + \binom{5}{5}^3$$

이다. 따라서 정답은 $\sum_{i=0}^{5}\binom{5}{i}^3$ 이다. ■

제09장 ▌확률

1. **정답(E)** 60의 약수는 1, 2, 3, 4, 5, 6, 10, 12, 15, 20, 30, 60으로 모두 12개이다. 이 중에서 7보다 작은 것은 6개이므로 확률은 $6/12 = 1/2$이다. ■

2. **정답(C)** 가능한 모든 경우를 써놓고 두 수의 곱이 합보다 큰 경우를 세어도 된다. 그러나 $8 \cdot 8 = 64$가지 경우가 있으므로 모두 계산해 보기에는 시간이 너무 많이 걸린다. 그 대신 다음과 같이 생각해 보자. 두 수의 합이 곱보다 큰 것은 두 수 중 하나가 1인 경우뿐이다. 또 두 수가 모두 2일 때는 합과 곱이 같다. 적어도 한 주사위에서 1이 나올 경우의 수는 $8+8-1=15$이다. (두 주사위에서 모두 1이 나오는 경우, 하나를 빼야 한다.) 따라서 두 수의 곱이 합보다 크지 않을 확률은 $16/64=1/4$이다. 따라서 두 수의 곱이 합보다 클 확률은 $1-1/4=3/4$이다. ■

3. **정답(A)** 문제의 영역과 직선 $y=x$의 그래프가 다음 그림에 있다. 직선 왼쪽 영역의 넓이는 $1/2$이고 전체 직사각형의 넓이는 4이다. 따라서 직사각형 안에서 임의로 선택한 점 (x, y)가 $x<y$를 만족할 확률은 $(1/2)/4=1/8$이다. ■

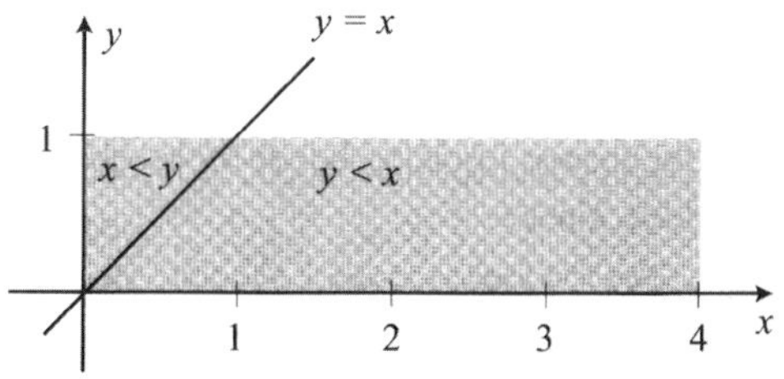

4. **정답(B)** 문제를 바꾸어서 수직으로 있는 네 면이 빨간색일 때 성공이라고 가정해 보자. 이렇게 하면 계산이 좀 더 간단해지고 문제에서 요구하는 확률의

절반이 된다. 성공일 경우는 다음 세 가지이다.

- 경우 Ⅰ: 모든 면이 빨간색이거나 또는
- 경우 Ⅱ: 한 면을 제외한 모든 면이 빨간색이거나 또는
- 경우 Ⅲ: 네 면이 빨간색이고 두 면이 파란색이며 파란색은 정육면체의 서로 반대되는 면에 칠해져 있다.

정육면체를 칠하는 방법은 $2^6 = 64$가지가 있으며, 모두 빨간색으로 칠해지는 방법은 한 가지이다. 따라서 경우 Ⅰ의 확률은 1/64이다. 경우 Ⅱ에서 한 면만 파란색이 칠해지므로 확률은 6/64 = 3/32이다. 경우 Ⅲ에서는, 세 쌍의 마주 보는 면이 있는데 이 중 한 면만 파란색이어야 하므로 확률은 3/64이다. 따라서 수직으로 있는 네 면이 빨간색일 확률은 다음과 같다.

$$\frac{1}{64}+\frac{3}{32}+\frac{3}{64}=\frac{5}{32}$$

수직으로 있는 네 면이 파란색일 확률도 5/32이므로 문제의 정답은 2(5/32) = 5/16이다. ■

5. **정답 (D)** 마지막으로 꺼낸 칩이 흰색일 경우는 다음 여섯 가지이다.

- 경우 Ⅰ: R, R, W, W 확률: $\frac{3}{5}\cdot\frac{2}{4}\cdot\frac{2}{3}\cdot\frac{1}{2}=\frac{1}{10}$
- 경우 Ⅱ: R, W, R, W 확률: $\frac{3}{5}\cdot\frac{2}{4}\cdot\frac{2}{3}\cdot\frac{1}{2}=\frac{1}{10}$
- 경우 Ⅲ: R, W, W 확률: $\frac{3}{5}\cdot\frac{2}{4}\cdot\frac{1}{3}=\frac{1}{10}$
- 경우 Ⅳ: W, R, R, W 확률: $\frac{2}{5}\cdot\frac{3}{4}\cdot\frac{2}{3}\cdot\frac{1}{2}=\frac{1}{10}$
- 경우 Ⅴ: W, R, W 확률: $\frac{2}{5}\cdot\frac{3}{4}\cdot\frac{1}{3}=\frac{1}{10}$
- 경우 Ⅵ: W, W 확률: $\frac{2}{5}\cdot\frac{1}{4}=\frac{1}{10}$

이 여섯 가지 경우 중 한 가지가 일어날 확률은 각 확률을 더하면 되므로 다음과

같다.

$$6 \cdot \frac{1}{10} = \frac{3}{5}$$ ■

6. **정답(C)** 두 수의 곱이 3의 배수가 되려면, 그중 하나 또는 둘 다 3의 배수가 되어야 한다. 주사위에서 나올 수 있는 수 중에 3의 배수는 두 개이다. 따라서 포함-배제의 원리에 의하여 곱이 3의 배수가 되는 경우의 수를 계산하면

$$2 \cdot 6 + 8 \cdot 2 - 2 \cdot 2 = 24$$

가지이다. 그런데 두 주사위를 던졌을 때 나올 수 있는 방법의 수는 $8 \cdot 6 = 48$이므로, 곱이 3의 배수가 될 확률은 $24/48 = 1/2$이다. ■

7. **정답(C)** 둔각은 $90°$보다 큰 각을 의미한다. 그림에서 점 P는 $\angle APB = 90°$를 만족한다. 이 경우에 P는 중심이 $\overline{AB}$의 중점인 $(2, 1)$이고 반지름이 $\sqrt{2^2+1^2} = \sqrt{5}$인 반원 위의 점이다.

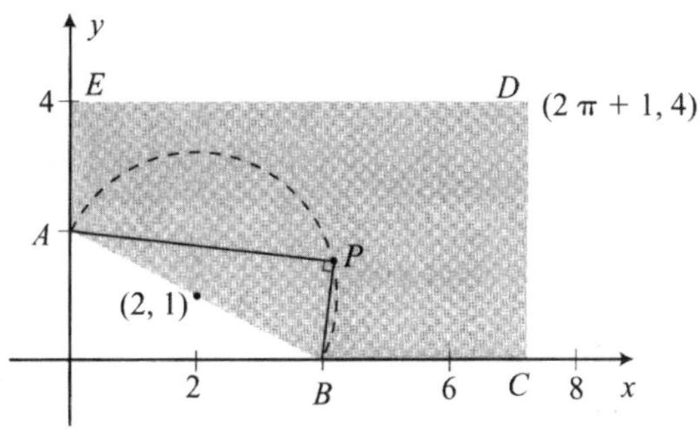

P가 이 반원 외부의 점일 때 $\angle APB < 90°$이고, 반원 내부의 점일 때 $\angle APB > 90°$이다. 반원의 넓이는

$$\frac{1}{2}\pi(\sqrt{5})^2 = \frac{5\pi}{2}$$

이고, 오각형의 넓이는

$$(2\pi + 1)(4) - \frac{1}{2}(2 \cdot 4) = 8\pi$$

이다. 따라서 점 P가 반원 내부에 존재해서 $\angle APB$가 둔각일 확률은 다음과 같다.

$$\frac{5\pi/2}{8\pi}=\frac{5}{16}$$ ■

8. **정답 (E)** 첫 번째 항에는 1이 올 수 없으므로 S의 순열의 수는

$$4\cdot4\cdot3\cdot2\cdot1=96$$

이고, 두 번째 항이 2인 순열의 수는

$$3\cdot1\cdot3\cdot2\cdot1=18$$

이다. 따라서 두 번째 항이 2일 확률은 $18/96=3/16$이므로 $3+16=19$이다.

별해 순열의 첫 번째 항이 2일 확률은 $1/4$이고 이 경우에 성공 확률은 0이다. 첫 번째 항이 2가 아닐 확률은 $3/4$이고 이 중에서 2가 두 번째 항에 있을 확률은 $1/4$이다. 따라서 두 번째 항에 2가 있을 확률은 다음과 같다.

$$\frac{1}{4}\cdot0+\frac{3}{4}\cdot\frac{1}{4}=\frac{3}{16}$$

이고 따라서 $3+16=19$이다. ■

9. **정답 (D)** 원래의 주사위에는

$$1+2+3+4+5+6=21$$

개의 점이 표시되어 있다. 두 가지 경우를 생각해 보자. 첫 번째 경우는, 주사위를 굴려서 나온 면이 원래 주사위에서 짝수인 2, 4, 6 중 하나이고 그 면에서 점 하나가 지워진 것이라 하자. 이때의 확률은

$$2\text{일 경우}:\ \frac{1}{6}\cdot\frac{2}{21},\quad 4\text{일 경우}:\ \frac{1}{6}\cdot\frac{4}{21},\quad 6\text{일 경우}:\ \frac{1}{6}\cdot\frac{6}{21}$$

이다. 두 번째 경우는, 주사위를 굴려서 나온 면이 원래 주사위에서 홀수인 1, 3, 5 중 하나이고 그 외의 면에서 점 하나가 지워진 것이라 하자. 이때의 확률은

$$1\text{일 경우: } \frac{1}{6}\cdot\frac{20}{21},\quad 3\text{일 경우: } \frac{1}{6}\cdot\frac{18}{21},\quad 5\text{일 경우: } \frac{1}{6}\cdot\frac{16}{21}$$

이다. 따라서 점 하나가 제거된 주사위를 굴렸을 때 홀수가 나올 확률은 다음과 같다.

$$\frac{1}{6}\cdot\frac{1}{21}(2+4+6+20+18+16)=\frac{66}{6\cdot 21}=\frac{11}{21}$$

별해 원래 주사위의 홀수 면에서 점 하나가 지워졌다고 하자. 그러면 홀수 면이 2개이고 짝수 면이 4개이므로 홀수 면이 나올 확률은 1/3이다. 반면에, 원래 주사위의 짝수 면에서 점 하나가 지워졌다고 하면, 홀수 면이 4개이고 짝수 면이 2개이므로 홀수 면이 나올 확률은 2/3이다. 각 점이 지워질 확률은 1/21이므로, 주사위를 굴렸을 때 홀수가 나올 확률은 다음과 같다.

$$\left(\frac{1}{3}\right)\left(\frac{1+3+5}{21}\right)+\left(\frac{2}{3}\right)\left(\frac{2+4+6}{21}\right)=\frac{33}{63}=\frac{11}{21}$$ ■

10. **정답(C)** 그림은 $\triangle ABC$와 세 변의 이등분점 D, E, F 그리고 무게중심 M을 표시한 것이다.

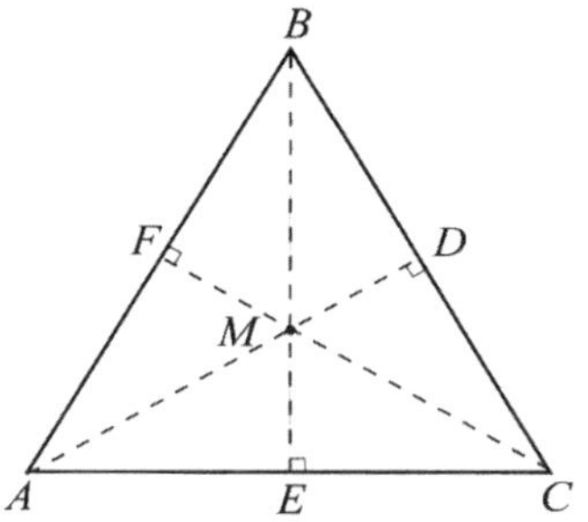

$\triangle ABC$는 M을 꼭짓점으로 갖는 여섯 개의 합동인 직각삼각형으로 나누어진다. 다음의 왼쪽 그림에서 알 수 있듯이, 점 P가 선분 $\overline{AD}$보다 아래에 있으면 $\triangle ABP$의 넓이는 $\triangle APC$의 넓이보다 크다. 마찬가지로, 오른쪽 그림에서 알 수 있듯이, 점 P가 선분 $\overline{BE}$의 오른쪽에 있으면 $\triangle ABP$의 넓이는 $\triangle BPC$의 넓이보다 크다.

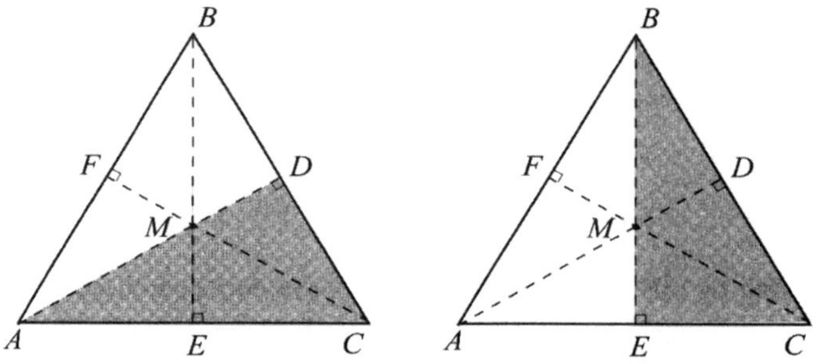

두 조건이 모두 만족되려면 P는 $\triangle DMC$와 $\triangle EMC$의 합집합에 포함되어야 한다. M을 꼭짓점으로 갖는 여섯 개의 삼각형은 합동이고 넓이가 같으므로 점 P가 $\triangle DMC$와 $\triangle EMC$의 합집합에 포함될 확률은 $2/6 = 1/3$이다. ■

제 10 장 ▌소인수분해

1. **정답 (B)** 주사위의 수는 1, 2, 3, 4, 5, 6이므로 p는 $6! = 2^4 \cdot 3^2 \cdot 5$의 약수이다. 4가 안 보이는 경우가 있으므로 p를 반드시 나누려면 2의 지수가 4에서 2로 줄어야 한다. 마찬가지 방법으로, 3이 안 보일 수도 있으므로 3의 지수가 2에서 1로 줄어야 하고, 5가 안 보일 수도 있으므로 5의 지수가 1에서 0으로 줄어야 한다. 2나 6이 안 보이는 경우는 위의 경우에 포함된다. 따라서 $2^2 \cdot 3^1 \cdot 5^0 = 12$가 모든 경우의 p를 모두 나누는 가장 큰 수이다. ■

2. **정답 (D)** 어떤 수의 각 자릿수의 합을 구하는 문제는 그 수를 10의 거듭제곱으로 나타내면 쉽게 구할 수 있다. 즉, 2와 5의 거듭제곱으로 나타내면 된다.

$$2^{2004} \cdot 5^{2006} = (2 \cdot 5)^{2004} \cdot 5^2 = 25 \times 10^{2004}$$

이다. 10^{2004}을 곱한 것은 자릿수의 합을 구하는 데는 아무 영향이 없으므로 각 자릿수의 합은 $2 + 5 = 7$이다. ■

3. **정답 (B)** 이 문제도 10의 거듭제곱으로 나타내면 풀 수 있다.

$$N=(25^{64}\cdot 64^{25})^{1/2}=((5^2)^{64})^{1/2}\cdot((2^6)^{25})^{1/2}$$
$$=5^{2\cdot 64\cdot(1/2)}\cdot 2^{6\cdot 25\cdot(1/2)}$$
$$=5^{64}\cdot 2^{75}=(5\cdot 2)^{64}\cdot 2^{11}=10^{64}\cdot 2048$$

이므로 N의 각 자릿수의 합은 $2+0+4+8=14$이다. ■

4. **정답 (B)** 방정식의 두 근을 p와 $q(1\le p\le q)$라 하자. 두 근의 합은 일차항의 계수의 음수이므로

$$p+q=-(-63)=63$$

이므로 홀수이다. 따라서 소수인 두 근 중 하나는 짝수이고 하나는 홀수이다. 짝수인 소수는 2뿐이므로 $p=2$이고 $q=61$이며 $k=2\cdot 61=122$이다. ■

5. **정답 (E)** 이 문제는 이항 정리를 이용하여 N을 다음과 같이 나타낼 수 있음을 알아야 풀 수 있다.

$$N=69^5+5\cdot 69^4+10\cdot 69^3+10\cdot 69^2+5\cdot 69+1$$
$$=(69+1)^5=70^5=2^5\cdot 5^5\cdot 7^5$$

따라서 N의 약수의 개수는 $(5+1)(5+1)(5+1)=6^3=216$개이다. ■

6. **정답 (B)** 먼저 이 수를 소인수분해하여 다음과 같이 나타내자.

$$1!\cdot 2!\cdots 9!=1^9\cdot 2^8\cdot 3^7\cdots 9^1$$
$$=2^8\cdot 3^7\cdot(2^2)^6\cdot 5^5\cdot(2\cdot 3)^4\cdot 7^3\cdot(2^3)^2\cdot 3^2$$
$$=2^{30}\cdot 3^{13}\cdot 5^5\cdot 7^3$$

완전제곱인 약수를 가지려면 각 소수의 지수가 짝수여야 한다. 2에 대해서는 16가지가 있을 수 있다. 즉, 2^0, 2^2, 2^4, $\cdots$, 2^{30}이다. 마찬가지로 3에 대해서는 3^0, 3^2, 3^4, $\cdots$, 3^{12}의 7가지, 5에 대해서는 5^0, 5^2, 5^4의 세 가지, 7에 대해서는 7^0, 7^2의 두 가지가 있을 수 있다. 각각의 경우에 서로 다른 완전제곱수가 생기므로 전체 가짓수는 $16\cdot 7\cdot 3\cdot 2=672$개이다. ■

7. **정답 (C)** 먼저 $1 \le n \le 50$에 대하여 n을 소인수분해하여

$$n = 2^{p_2} \cdot 3^{p_3} \cdot 5^{p_5} \cdots 47^{p_{47}}$$

로 나타내자. 여기서 $p_i \ge 0$이다. 그러면 n의 약수의 개수는

$$(p_2+1)(p_3+1)(p_5+1) \cdots (p_{47}+1)$$

이다. 약수의 개수가 홀수이기 위해서는 위의 곱에서 모든 항이 홀수여야 하므로 p_1, p_3, p_5, $\cdots$, p_{47}은 짝수여야 한다. 따라서 0이 아닌 p_k 중에서 k가 가장 큰 경우는 7이고, 약수가 홀수 개인 수는

$$1, \quad 4 = 2^2, \quad 9 = 3^2, \quad 16 = 2^4, \quad 25 = 5^2, \quad 36 = 2^2 \cdot 3^2, \quad 49 = 7^2$$

으로 모두 7개이다. ■

8. **정답 (D)** 7장에서 정n각형의 한 내각의 크기는

$$\frac{n-2}{n}180 = 180 - \frac{360}{n}$$

임을 공부하였다. 따라서 이 각이 자연수일 필요충분조건은 n이 $360 = 2^3 \cdot 3^2 \cdot 5$의 약수여야 한다. 360의 약수의 개수는 $(3+1)(2+1)(1+1) = 24$이므로 이것이 정답이라고 오해할 수도 있다. 하지만 $n=1$이거나 $n=2$일 때는 다각형이 만들어지지 않으므로 정답은 22이다. ■

9. **정답 (C)** 유리수 r를 순환소수로 나타냈을 때

$$r = \beta_m\beta_{m-1} \cdots \beta_1.\overline{\alpha_1\alpha_2 \cdots \alpha_n}$$

이라면

$$10^n r = \beta_m\beta_{m-1} \cdots \beta_1\alpha_1\alpha_2 \cdots \alpha_n.\overline{\alpha_1\alpha_2 \cdots \alpha_n}$$

이다. 따라서

$$(10^n - 1)r = \beta_m \beta_{m-1} \cdots \beta_1 \alpha_1 \alpha_2 \cdots \alpha_n - \beta_m \beta_{m-1} \cdots \beta_1$$

이고

$$r = \frac{\beta_m \beta_{m-1} \cdots \beta_1 \alpha_1 \alpha_2 \cdots \alpha_n - \beta_m \beta_{m-1} \cdots \beta_1}{10^n - 1}$$

이다. 이 문제의 경우는 $n = 2$이고

$$r = \frac{ab}{99}$$

라 나타낼 수 있다. 분모가 다른 분수는 $ab = 10a + b$가 $99 = 3^2 \cdot 11$의 약수일 때 생긴다. 99의 약수는 1, 3, 9, 11, 33, 99이다. 그런데 1일 때는 $r = 0.\overline{99}$이므로 a와 b 모두 9가 된다. 따라서 문제의 조건을 만족하는 경우는 다음 5가지이다.

$$3 : 0.\overline{33}, \quad 9 : 0.\overline{11}, \quad 11 : 0.\overline{09}, \quad 33 : 0.\overline{03}, \quad 99 : 0.\overline{01}$$ ■

10. **정답(C)** n을 소인수분해하여 다음과 같이 나타낼 수 있다고 하자.

$$n = 2^{p_2} \cdot 3^{p_3} \cdot 5^{p_5} \cdot 7^{p_7} \cdots$$

그러면

$$2n = 2^{p_2 + 1} \cdot 3^{p_3} \cdot 5^{p_5} \cdot 7^{p_7} \cdots$$

이고

$$3n = 2^{p_2} \cdot 3^{p_3 + 1} \cdot 5^{p_5} \cdot 7^{p_7} \cdots$$

이다. 따라서 n, $2n$, $3n$의 약수의 개수는 각각 다음과 같다.

$$n : (p_2 + 1)(p_3 + 1)(p_5 + 1)(p_7 + 1) \cdots$$
$$2n : (p_2 + 2)(p_3 + 1)(p_5 + 1)(p_7 + 1) \cdots = 28 = 2^2 \cdot 7$$
$$3n : (p_2 + 1)(p_3 + 2)(p_5 + 1)(p_7 + 1) \cdots = 30 = 2 \cdot 3 \cdot 5$$

세 번째 식에서 두 번째 식을 빼면

$$\begin{aligned}2&=((p_2+1)(p_3+2)-(p_2+2)(p_3+1))(p_5+1)(p_7+1)\cdots\\&=(p_2-p_3)(p_5+1)(p_7+1)\cdots\end{aligned}$$

이다. 모든 항이 정수이므로 다음 두 가지 경우가 가능하다.

경우 Ⅰ: $1=p_2-p_3$이고 $2=(p_5+1)(p_7+1)\cdots$

경우 Ⅱ: $2=p_2-p_3$이고 $1=(p_5+1)(p_7+1)\cdots$

그런데 경우 Ⅰ이면 $p_2=p_3+1$이므로

$$30=(p_2+1)(p_3+2)(p_5+1)(p_7+1)\cdots=(p_3+2)^2\cdot 2$$

즉

$$15=(p_3+2)^2$$

이다. 하지만 15는 어떤 정수의 제곱이 아니므로 경우 Ⅰ은 일어날 수 없다. 따라서 경우 Ⅱ가 성립해야 하고 $p_2=p_3+2$이며

$$28=7\cdot 4=(p_2+2)(p_3+1)=(p_3+4)(p_3+1)$$

이므로 $p_3=3$이고 $p_2=3+2=5$이다. 또한

$$1=(p_5+1)(p_7+1)\cdots$$

이므로 $k\ge 5$인 소수에 대해서 $p_k=0$이고

$$n=2^5\cdot 3^3$$

이다. 따라서 $6n$의 소인수분해는

$$6n=(2\cdot 3)n=(2\cdot 3)\cdot(2^5\cdot 3^3)=2^6\cdot 3^4$$

이므로 약수의 개수는 $(6+1)(4+1)=7\cdot 5=35$이다. ■

제 11 장 ‖ 정수론

1. **정답 (C)** 2^{1000}을 mod 13으로 계산해 보자. 계산을 간단히 하기 위하여 알아야 할 것은 $65 = 64 + 1$이므로

$$2^6 \bmod 13 \equiv (65 - 1) \bmod 13 \equiv -1$$

이라는 점이다. 따라서 다음과 같다.

$$\begin{aligned} 2^{1000} \bmod 13 &\equiv 2^{996} \cdot 2^4 \bmod 13 \\ &\equiv (2^6)^{166} \bmod 13 \cdot 16 \bmod 13 \\ &\equiv (2^6 \bmod 13)^{166} \cdot 16 \bmod 13 \\ &\equiv (-1)^{166} \cdot 3 = 3 \end{aligned}$$

■

2. **정답 (D)** 세 자리 9진법의 수 중에서 가장 큰 것은 $9^3 - 1 = 728$이고, 세 자리 11진법의 수 중에서 가장 작은 것은 $11^2 = 121$이다. $121 \le n \le 728$을 만족하는 자연수는 608개가 있고, 세 자리 자연수는 모두 900개가 있으므로 확률은 $608/900 = 152/225$이다. ■

3. **정답 (B)** N이 3이나 9의 배수일 필요충분조건은 각 자릿수의 합이 3이나 9의 배수인 것이다. N의 각 자릿수의 합을 S라 하자. 더하는 순서를 바꾸고

$$1 + 2 + \cdots + 8 = 36, \quad 1 + 2 + \cdots + 9 = 45$$

임을 이용하면

$$\begin{aligned} S &= 1 + 9 + 2 + 0 + 2 + 1 + \cdots + 9 + 1 + 9 + 2 \\ &= 10 + 2 \cdot 10 + (1 + 2 + \cdots + 9) + 3 \cdot 10 + (1 + 2 + \cdots + 9) + \cdots \\ &\quad + 8 \cdot 10 + (1 + 2 + \cdots + 9) + 3 \cdot 9 + 1 + 2 \\ &= 10 \cdot (1 + 2 + \cdots + 8) + 7 \cdot (1 + 2 + \cdots + 9) + 3 \cdot 9 + 3 \\ &= 10 \cdot 36 + 7 \cdot 45 + 3 \cdot 9 + 3 \\ &= 78 \cdot 9 + 3 \end{aligned}$$

이다. 따라서 S와 N은 3으로는 나누어지지만 9로는 나누어지지 않으므로 $k=1$ 이다. ■

4. **정답 (D)** 5진수 VYZ, VYX, VVW가 연속된 수이므로

$$Z=3, \quad X=4, \quad W=0, \quad V=Y+1$$

이어야 한다. 남은 수는 1과 2이므로 $Y=1$이고 $V=2$이다. 따라서

$$XYZ_5 = 413_5 = 4 \cdot 5^2 + 1 \cdot 5 + 3 = 108$$

이다. ■

5. **정답 (B)** 주어진 수는 두 자리 8진수 $n=s \cdot 8+t$의 제곱이라 하자. 여기서 $0 \le t < 8$이다. $n^2 = ab3c_8$이므로

$$n^2 = s^2 \cdot 8^2 + 2st \cdot 8 + t^2 = a \cdot 8^3 + b \cdot 8^2 + 3 \cdot 8 + c$$

이다. n^2에서 8의 자리를 보자. $2st$는 짝수인데 3은 홀수이므로 t^2에서 8의 자릿수가 홀수여야 한다. 다음 표는 일의 자릿수의 제곱을 8진수로 나타낸 것이다.

t	0	1	2	3	4	5	6	7
t^2(10진수)	0	1	4	9	16	25	36	49
t^2(8진수)	0_8	1_8	4_8	11_8	20_8	31_8	44_8	61_8

3과 5의 제곱의 8진수에서 8의 자릿수가 홀수이고 이때 일의 자릿수는 모두 1이다. 따라서 $c=1$이다. ■

6. **정답 (A)** $N-1$년이나 N년이 윤년이냐 아니냐에 따라 달라진다. $N-1$년의 첫째 날부터 세어 보자. $N-1$년이 윤년이 아니라고 하면 N년의 300번째 날은 $300+365=665$번째 날이 된다. $665 \bmod 7 \equiv 0$이므로 $N-1$년의 첫째 날은 N년의 300번째 날과 같은 요일이 되므로 화요일이다. N 년도 윤년이 아니라면 $N+1$년의 200번째 날은 $2 \cdot 365+200=930$번째 날이다. 그런데 $930 \bmod 7 \equiv$

6이므로 이날은 월요일이 된다. 따라서 N년은 윤년이고 $N-1$년은 윤년이 아니어야 한다. $100 \bmod 7 \equiv 2$ 이므로 $N-1$년의 100번째 날은 화요일보다 이틀 뒤이므로 목요일이다. ■

7. **정답 (B)** 앉아 있는 사람 중 한 명을 택하여 그 자리가 1번 자리라 하고, 시계 방향으로 2번부터 60번까지 번호를 붙이자. N이, 주어진 조건을 만족하는 최소가 되기 위해서는 두 번째 사람은 4번 자리, 그다음 사람은 7번 자리, 이런 방법으로 앉아 있어야 한다. 즉, mod 3으로 계산해서 1이 되는 20개의 자리에 사람이 앉고 두 칸씩 비워 두어야 한다. 이제부터 앉을 사람은 mod 3으로 계산해서 0 또는 2가 되는 자리에 앉으면 누군가의 옆자리에 앉게 된다. 따라서 N의 최솟값은 20이다. ■

8. **정답 (B)** 네 가지 색깔별로 각각 5개씩 꺼낸다면, 색깔별로 2켤레, 모두 8켤레의 양말을 얻을 수 있다. 21번째 양말을 꺼내면 9번째 켤레를 얻을 수 있다. 22번째 꺼낸 양말이 21번째 꺼낸 양말과 같은 색깔이라면 여전히 9켤레뿐이지만 23번째에는 어느 양말을 꺼내더라도 10번째 켤레를 얻을 수 있다. ■

9. **정답 (C)** 1부터 9까지 적혀 있는 디스크는 각각 10장이 안 되므로 이 디스크들을 모두 뽑을 수도 있는데 모두

$$1+2+\cdots+9=\frac{9\cdot 10}{2}=45$$

장이다. 이제 확장된 비둘기 집의 원리를 이용하자. 10부터 50까지 적혀 있는 41개의 상자가 있고, 그 안에 디스크를 넣는다고 생각하고 디스크가 비둘기라고 하자. 그러면 문제는, 이 중 하나의 상자에 적어도 10개의 디스크를 넣으려면 몇 개의 디스크가 필요한가 하는 문제가 된다. 정답은, 적어도

$$(10-1)\cdot 41+1=370$$

개의 디스크가 필요하다는 것이다. 여기에 1부터 9까지의 숫자가 적힌 디스크의 개수 45를 더하면 된다. 따라서 같은 숫자가 적힌 디스크를 적어도 10장 뽑으려

면 $370+45=415$장의 디스크를 꺼내야 한다. ■

10. **정답 (E)** $i=0, 1, 2, \cdots, 6$에 대하여 집합 $\{1, 2, 3, \cdots, 50\}$의 원소 중에서 mod 7로 같은 수들의 집합을 E_i라 하자. 즉,

$E_0=\{7, 14, 21, 28, 35, 42, 49\}$, $E_1=\{1, 8, 15, 22, 29, 36, 43, 50\}$,
$E_2=\{2, 9, 16, 23, 30, 37, 44\}$, $E_3=\{3, 10, 17, 24, 31, 38, 45\}$,
$E_4=\{4, 11, 18, 25, 32, 39, 46\}$, $E_5=\{5, 12, 19, 26, 33, 40, 47\}$,
$E_6=\{6, 13, 20, 27, 34, 41, 48\}$

이다. S는 E_0의 원소를 많아야 하나만 포함할 수 있다. 또 S는 E_1의 원소를 모두 다 포함할 수는 있지만 이 경우 E_6의 원소는 하나도 포함할 수 없다. 또 S는 E_2의 원소는 모두 다 포함할 수는 있지만 이 경우 E_5의 원소는 포함할 수 없고, E_3의 원소는 모두 다 포함할 수 있지만 이 경우 E_4의 원소는 포함할 수 없다. 따라서 S의 원소의 개수는 최대 $1+8+7+7=23$개이다. E_1 대신 E_6의 원소를 모두 다 포함할 수도 있지만 E_6의 개수가 E_1의 개수보다 하나 적다. ■

제 12 장 ▌수열과 급수

1. **정답 (D)** 위로부터 n번째 줄에 있는 캔의 개수를 a_n이라 하면

$$a_1=1,\quad a_2=3,\quad a_3=5,\quad \cdots,\quad a_n=1+(n-1)\cdot 2$$

이다. 이것은 등차수열이고 n번째 항까지의 합은

$$\frac{n}{2}(a_1+a_n)=\frac{n}{2}(1+(1+(n-1)\cdot 2))=\frac{n}{2}(2n)=n^2$$

이므로 이 합이 100이 되기 위해서는 $n=10$이다. ■

2. **정답 (B)** 기하급수의 첫째 항을 a, 공비를 r라 하자. 주어진 조건에 의하면

$$2 = ar$$

이고

$$6 = ar^3 = ar \cdot r^2 = 2r^2$$

이므로 $r^2 = 3$이다. 따라서 가능한 r의 값은 $r_1 = \sqrt{3}$ 또는 $r_2 = -\sqrt{3}$이다. 이때

$$a = \frac{2}{r_1} = \frac{2}{\sqrt{3}} = \frac{2\sqrt{3}}{3}$$

또는

$$a = \frac{2}{r_2} = \frac{2}{-\sqrt{3}} = -\frac{2\sqrt{3}}{3}$$

이다. ■

3. **정답 (C)** 이 그림에서 규칙을 찾는 방법은 여러 가지가 있는데, 다음 그림과 같이 큰 정사각형을 만들려면 작은 정사각형이 몇 개 필요한지 생각해 보자.

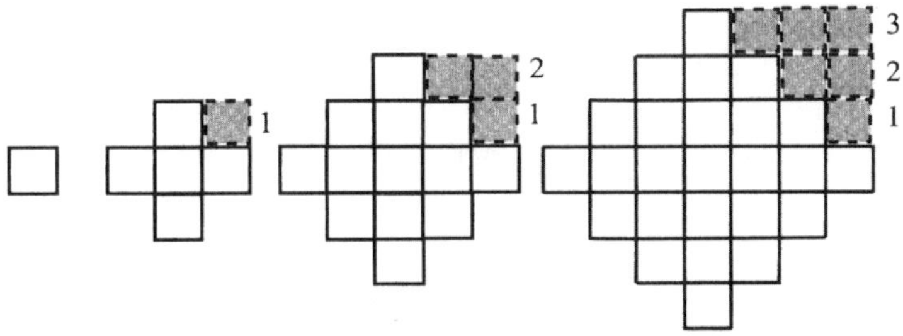

그림 0 그림 1 그림 2 그림 3

큰 정사각형의 한 줄은 $2n+1$개의 작은 정사각형으로 이루어져 있으므로 모두 $(2n+1)^2$개의 작은 정사각형이 필요하다. 그런데 n번째 그림에서 큰 정사각형을 만들려면 그림처럼 모서리에 작은 정사각형을 추가해야 하는데 추가하는 작은 정사각형의 개수는 다음과 같다.

$$1 + 2 + 3 + \cdots + n = \frac{n(n+1)}{2}$$

따라서 그림 n에서 작은 정사각형의 개수는 다음과 같다.

$$(2n+1)^2-4\cdot\frac{n(n+1)}{2}=4n^2+4n+1-2n^2-2n=2n^2+2n+1$$

$n=100$일 때는 $2\cdot100^2+2\cdot100+1=20{,}201$개의 작은 정사각형이 있다. ■

4. **정답 (A)** 두 수열의 일반항은 다음과 같다.

$$a_n=1+3(n-1),\qquad b_n=9+7(n-1)$$

S에는 2004개 항의 a_n과 2004개 항의 b_n이 있는데 이 중 몇 개는 겹친다. $a_{2004}=1+3(2003)=6010$은 $b_{2004}=9+7(2003)=14{,}030$보다 작으므로 겹치는 개수는 6010을 넘지 못한다.

첫 번째로 겹치는 수는 $a_6=1+3\cdot5=16=9+7\cdot1=b_2$이고 두 번째로 겹치는 수는 $a_{13}=1+3\cdot12=37=9+7\cdot4=b_5$이다. $\text{lcm}\{3,7\}=21$이므로, 처음 겹치는 16 이후 21씩 커질 때마다 겹친다. 16 다음에 이러한 수의 개수는

$$\left\lfloor\frac{6010-16}{21}\right\rfloor=\left\lfloor\frac{5996}{21}\right\rfloor=\left\lfloor 285+\frac{11}{21}\right\rfloor=285$$

이므로, 겹치는 수는 모두 286개이다. 따라서 S의 원소의 개수는 다음과 같다.

$$2004+2004-286=3722$$

■

5. **정답 (B)** 초항을 a, 공차를 d라 하면, 주어진 조건에 의하여

$$17=a_4+a_7+a_{10}=3a+(3+6+9)d=3a+18d$$

이고

$$77=11a+(3+4+\cdots+13)d=11a+88d$$

이다. 두 번째 식의 양변을 11로 나누고 a에 대하여 풀면

$$a=7-8d$$

이므로

$$17 = 3(7 - 8d) + 18d = 21 - 6d$$

이다. 이 식을 d에 대하여 풀고 a를 구하면

$$6d = 4, \quad d = \frac{2}{3}, \quad a = 7 - 8d = 7 - \frac{16}{3} = \frac{5}{3}$$

이다. $a_k = 13$이면

$$13 = a_k = \frac{5}{3} + (k-1)\frac{2}{3}$$

이므로

$$k - 1 = \frac{3}{2}\left(13 - \frac{5}{3}\right) = \frac{3}{2} \cdot \frac{34}{3} = 17$$

즉 $k = 18$이다. ■

6. **정답 (A)** 원래의 등차수열의 공차를 d라 하면 일반항은

$$a_n = 9 + (n-1)d$$

이다. 둘째 항에 2를 더하고 셋째 항에 20을 더하여 얻은 등비수열의 공비를 r라 하면

$$b_1 = 9, \quad 9r = b_2 = 2 + 9 + d = 11 + d$$

이고

$$9r^2 = b_3 = 20 + 9 + 2d = 29 + 2d$$

이므로 $d = 9r - 11$이고

$$9r^2 = 29 + 2(9r - 11) = 7 + 18r$$

이다. 따라서

$$0=9r^2-18r-7=(3r+1)(3r-7)$$

이므로, $r_1=-\frac{1}{3}$, $r_2=\frac{7}{3}$이다. 이 기하급수의 세 번째 합으로 가능한 값은

$$9r_1^2=9\left(-\frac{1}{3}\right)^2=1, \quad 9r_2^2=9\left(\frac{7}{3}\right)^2=49$$

이므로 가장 작은 값은 1이다. ■

7. **정답 (B)** 이 수열은 등차수열도 아니고 등비수열도 아니므로 일반항을 구하는 다른 규칙을 찾아야 한다. 모든 항이 한 자릿수이므로, 어떤 수들이 반복되는 규칙이 있는지 살펴보자. 몇 개의 항을 써 보면

$$4, 7, 1, 8, 9, 7, 6, 3, 9, 2, 1, 3, 4, 7, \cdots$$

이고, 연속되는 두 수가 이전에 나왔던 수가 나오면 같은 수들이 반복된다. 따라서 이 수열은 12개의 항이 반복되며, 이 12개의 수의 합은

$$4+7+1+8+9+7+6+3+9+2+1+3=60$$

이다. 그런데

$$\left\lfloor \frac{10{,}000}{60} \right\rfloor=166, \quad 10{,}000-166\cdot 60=40$$

이므로 합이 처음으로 10,000을 넘는 것은 항을 12개씩 묶어 놓은 것이 166개이고 그다음 항들의 합이 40을 넘으면 된다.

$$4+7+1+8+9+7=36, \quad 4+7+1+8+9+7+6=42$$

이므로 7개의 항이 더 추가되어야 한다. 따라서 $S_n>10{,}000$이기 위한 n의 최솟값은 $12\cdot 166+7=1999$이다. ■

8. **정답 (D)** 캐럴이 처음 던져서 이기려면 다른 두 사람은 6이 나오지 않고 캐럴은 6이 나와야 하므로 이 경우의 확률은

$$\frac{5}{6}\cdot\frac{5}{6}\cdot\frac{1}{6}=\frac{1}{6}\left(\frac{5}{6}\right)^2$$

이다. 캐럴이 두 번째 던져서 이기려면 6이 아닌 것이 5번 나오고 그다음에 6이 나와야 하므로 이 경우의 확률은

$$\frac{5}{6}\cdot\frac{5}{6}\cdot\frac{5}{6}\cdot\frac{5}{6}\cdot\frac{5}{6}\cdot\frac{1}{6}=\frac{1}{6}\left(\frac{5}{6}\right)^5$$

이다. 이러한 규칙이 반복되므로 캐럴이 세 번째 던져서 이길 확률은

$$\frac{1}{6}\left(\frac{5}{6}\right)^8$$

이고, 네 번째 던져서 이길 확률은

$$\frac{1}{6}\left(\frac{5}{6}\right)^{11}$$

이다. 사실 이런 경우도 가능하긴 하지만, 6이 이렇게 오랫동안 나오지 않는 경우는 드물다.

캐럴이 처음으로 6을 던질 확률은 앞의 각 확률을 모두 더한 것이다.

$$\frac{1}{6}\left(\frac{5}{6}\right)^2+\frac{1}{6}\left(\frac{5}{6}\right)^5+\frac{1}{6}\left(\frac{5}{6}\right)^8+\cdots=\frac{1}{6}\left(\frac{5}{6}\right)^2\left[1+\left(\frac{5}{6}\right)^3+\left(\frac{5}{6}\right)^6+\cdots\right]$$

이것은 첫째 항이

$$a=\frac{1}{6}\left(\frac{5}{6}\right)^2=\frac{25}{216}$$

이고 공비가

$$r=\left(\frac{5}{6}\right)^3=\frac{125}{216}$$

인 등비수열이다. 공비가 1보다 작으므로 급수는 수렴하고, 캐럴이 이길 확률은

$$\frac{a}{1-r} = \frac{25/216}{1-125/216} = \frac{25}{91}$$

이다. ■

9. **정답(B)** 먼저 점화식으로 표현된 것을 일반항을 직접 표현하는 것으로 나타내 보자. 처음 몇 항의 값을 끝까지 계산하지 않은 채로 나열하여 규칙을 찾아 보자.

$$a_1 = 2, \quad a_2 = a_1 + 2 \cdot 1 = 2 + 2 \cdot 1,$$
$$a_3 = a_2 + 2 \cdot 2 = 2 + 2 \cdot 1 + 2 \cdot 2 = 2 + 2(1+2)$$

이고

$$a_4 = a_3 + 2 \cdot 3 = 2 + 2(1+2+3)$$

이므로 일반항은 다음과 같이 예상할 수 있다.

$$a_n = 2 + 2(1+2+\cdots+(n-1)) = 2 + 2\frac{(n-1)n}{2} = 2 + (n-1)n$$

이 식이 맞는다는 것은 수학적 귀납법으로 증명할 수 있다. 먼저 이 식은 $n = 1, 2, 3, 4$일 때 성립한다. 임의의 자연수 n일 때 성립한다면

$$a_{n+1} = a_n + 2n = 2 + (n-1)n + 2n = 2 + n^2 - n + 2n = 2 + n(n+1)$$

이므로 $n+1$일 때도 성립한다. 따라서 $n = 100$일 때는

$$a_{100} = 2 + 99 \cdot 100 = 9902$$

이다. ■

10. **정답(D)** 이 수열에서 처음 두 항을 알면 나머지 모든 항을 알 수 있다. 편의상 $a_1 = a$, $a_2 = b$라 하자. 처음 여덟 개의 항을 써 보면 다음과 같다.

$$a_1 = a, \quad a_2 = b, \quad a_3 = a+b, \quad a_4 = a+2b, \quad a_5 = 2a+3b,$$

$$a_6 = 3a+5b, \quad a_7 = 5a+8b, \quad a_8 = 8a+13b$$

a와 b는 양의 정수이므로

$$120 = a_7 = 5a+8b$$

이다. 여기서 b는 5의 배수임을 알 수 있으므로 $b=5k$라 하면

$$120 = 5a+40k, \quad 24 = a+8k$$

이다. 그런데 이 식에서 a는 8의 배수임을 알 수 있으므로 $a=8j$라 하면

$$24 = 8j+8k, \quad 3 = j+k$$

이다. a와 b가 양의 정수이므로 j와 k도 양의 정수이다. 따라서 $j=2$이고 $k=1$이거나 $j=1$이고 $k=2$여야 한다.

경우 Ⅰ : $j=2$이고 $k=1$이면 $a=8j=16$이고 $b=5k=5$이다. 이때는 증가수열이 아니므로 조건에 모순이다.

경우 Ⅱ : $j=1$이고 $k=2$이면 $a_1=a=8j=8$, $a_2=b=5k=10$이고

$$a_8 = 8a+13b = 64+130 = 194$$

이다. 이때 a_7을 계산하면 $a_7=5a+8b=40+80=120$이다. ■

제 13 장 ▌통계

1. **정답 (D)** 중앙값을 크게 하기 위해서는 빠트린 수는 선택한 여섯 개의 수보다 큰 수여야 한다. 이 수를 a, b, c라 하고 크기순으로 나열하여 3, 5, 5, 7, 8, 9, a, b, c라 하자. 그러면 이 수들의 중앙값은 8이다. ■

2. **정답 (B)** 처음 두 항의 합은 $1+(-2)=-1$이고 처음 세 항의 합은 $1+(-2)+3+(-4)=-2$이고 일반적으로 처음 $2n$개의 항의 합은

$$(1+(-2))+(3+(-4))+\cdots+((2n-1)+(2n))=(-1)n=-n$$

이다. 따라서 처음 $2n$항의 평균은 $-n/(2n)=-0.5$이다. ■

3. **정답 (D)** 청중의 수를 N이라 하자. '들은 사람 수'×'분'을 모두 합하면

$$(0.2N)(60)+(0.1N)(0)+\frac{1}{2}(0.7N)(20)+\frac{1}{2}(0.7N)(40)$$

이므로 $12N+7N+14N=33N$이다. 따라서 평균은 $33N/N=33$분이다. ■

4. **정답 (A)** 1센트, 5센트, 10센트, 25센트 동전의 개수를 각각 p, n, d, q라 하자. 평균이 20센트이므로

$$20(p+n+d+q)=1\cdot p+5\cdot n+10\cdot d+25\cdot q$$

이다. 25센트짜리 동전이 하나 추가되면 평균이 21센트이므로

$$21(p+n+d+q+1)=1\cdot p+5\cdot n+10\cdot d+25\cdot(q+1)$$

이고 정리하면

$$\begin{aligned}21(p+n+d+q)&=(1\cdot p+5\cdot n+10\cdot d+25\cdot q)+4\\&=20(p+n+d+q)+4\end{aligned}$$

이다. 따라서 $p+n+d+q=4$이고 지갑에는 동전이 네 개 있다. 동전의 총액은 $20\cdot 4=80$센트인데, 이것은 25센트짜리 세 개와 5센트짜리 하나면 된다. 따라서 10센트짜리 동전은 없다. ■

5. **정답 (D)** 수학 반의 학생 수가 N이라 하자. 그러면 전체 점수는 $76N$이다. 5명의 학생은 100점이고 모든 학생이 60점 이상을 맞았으므로 100점 맞은 학생들을 빼고 전체 점수를 계산하면

$$60(N-5)\le 76N-5\cdot 100$$

이므로

$$200 = 5 \cdot 100 - 60 \cdot 5 \leq 76N - 60N = 16N$$

이다. 따라서 $N \geq 200/16 = 12.5$ 이다. 그런데 N은 자연수여야 하므로 $N \geq 13$ 이다. $N = 13$일 때 평균이 76점이 되는 경우는 5명이 100점을 받고 나머지 8명이 61점을 받는 것이다. ■

6. **정답 (C)** 여섯 번째 경기부터 아홉 번째 경기까지 경기당 평균 점수는

$$\frac{1}{4}(23 + 14 + 11 + 20) = 17$$

이므로 처음 다섯 경기에서의 평균 점수는 17점보다 낮아야 한다. 따라서 처음 다섯 경기에서의 점수의 합은 $5 \cdot 17 - 1 = 84$ 이하여야 한다. 처음 아홉 경기에서의 점수의 합은 다음 수를 넘지 못한다.

$$\begin{aligned}(5 \cdot 17 - 1) + (23 + 14 + 11 + 20) &= 5 \cdot 17 - 1 + 4 \cdot 17 \\ &= 9 \cdot 17 - 1 = 152\end{aligned}$$

열 경기의 평균 점수가 18점보다 높았으므로 점수의 합은 180점 이상이어야 하고 따라서 마지막 경기에서 적어도 $180 - 152 = 28$점 이상을 얻어야 한다. ■

7. **정답 (D)** 세 수를 크기순으로 a, b, c라 하자. 중앙값이 5이므로 $b = 5$이고

$$\frac{a+5+c}{3} = a + 10, \quad \frac{a+5+c}{3} = c - 15$$

이다. 이 두 식을 간단히 하면

$$-2a + c = 25, \quad a = 2c - 50$$

이다. 두 번째 식의 a를 첫 번째 식에 대입하면

$$25 = -2(2c - 50) + c = -3c + 100$$

이므로 $c = 25$이고, $a = 2c - 50 = 2 \cdot 25 - 50 = 0$이다. 따라서 합은 $0 + 5 + 25 = 30$이다.

별해 모든 항의 합은 평균과 항의 개수의 곱이므로

$$합 = a+5+c = 3(a+10) = 3a+30$$

이고

$$합 = a+5+c = 3(c-15) = 3c-45$$

이다. 따라서

$$2 \cdot 합 = 3a+30+3c-45 = 3(a+5+c)-30 = 3 \cdot 합 - 30$$

이므로 합 $=30$이다. ■

8. **정답 (D)** 중앙값과 최빈값이 8이므로 여덟 개의 정수를 크기순으로 나열하면 $a, b, c, 8, 8, d, e, f$이다. 최빈값은 8 하나뿐이므로 미지수 중에 같은 수가 있다면 c 또는 d 중 적어도 하나는 8이어야 한다. 또 평균이 8이므로

$$a+b+c+d+e+f = 8 \cdot 6 = 48$$

이고

$$(d-8)+(e-8)+(f-8) = (8-c)+(8-b)+(8-a)$$

이다. 따라서 평균보다 큰 수들과 평균의 차의 합은 평균과 평균보다 작은 수들의 차의 합과 같다.

이제 분포범위가 8이라는 것을 이용하자. 분포범위는 이 수들을 모두 포함하는 가장 작은 구간의 길이이다. 만약에 제일 큰 수가 15라면 제일 작은 수는 $15-8=7$이어야 한다. 그런데 이 경우는 있을 수 없다. 왜냐하면 이 경우에는 $7 \le a$, $7 \le b$, $7 \le c$이어야 하므로 $(8-c)+(8-b)+(8-a) \le 3$인데 $(d-8)+(e-8)+(f-8) \ge 7$이기 때문이다. 만약 제일 큰 수가 14라면 제일 작은 수는 $14-8=6$이어야 한다. 이 경우에는

$$(d-8)+(e-8)+(f-8) \ge 14-8=6$$

이고, $(8-c)+(8-b)+(8-a)=6$이려면 $a=b=c=6$이어야 한다. 그런데 최

빈값은 하나이고 8이므로 $d=e=8$이어야 한다. 따라서 가장 큰 수는 14이고 여덟 개의 수는 6, 6, 6, 8, 8, 8, 8, 14이다.

별해 6, 6, 6, 8, 8, 8, 8, 14가 문제의 조건을 만족하므로 정답은 최소한 14 이상이다. 가장 큰 수가 15라면 여덟 개의 수는 7, __, __, 8, 8, __, __, 15이다. 그런데 $7+8+8+15=38$이고 평균이 8이므로 모든 수의 합은 64가 되어야 한다. 이 경우에 모르는 네 수의 합은 $64-38=26$이고 이 네 수의 평균은 6.5이고 적어도 하나는 7보다 작아야 하는데 이것은 모순이다. 따라서 가장 큰 수는 14이다. ■

9. **정답 (E)** 문제의 조건에 의하여

$$a_3=\frac{1}{2}(a_1+a_2)=\frac{1}{2}(19+a_2)$$

이고

$$\begin{aligned}a_4&=\frac{1}{3}(a_1+a_2+a_3)=\frac{1}{3}\left(19+a_2+\frac{1}{2}(19+a_2)\right)\\&=\frac{1}{3}\cdot\frac{3}{2}(19+a_2)=\frac{1}{2}(19+a_2)=a_3\end{aligned}$$

이다. 따라서 a_3부터는 모두 같은 값일 것이라 예측할 수 있다. 이것을 증명하기 위해서 $n\geq 3$에 대하여 $\frac{1}{2}(19+a_2)=a_3=a_4=\cdots=a_n$이라 하자. 그러면

$$\begin{aligned}a_{n+1}&=\frac{1}{n}(a_1+a_2+\cdots+a_n)\\&=\frac{1}{n}((19+a_2)+a_3+\cdots+a_3)\\&=\frac{1}{n}(2a_3+a_3+\cdots+a_3)\\&=\frac{1}{n}\cdot na_3=a_3\end{aligned}$$

이므로 예측이 맞음을 알 수 있다. 따라서

$$99 = a_9 = \frac{1}{2}(19 + a_2)$$

이므로

$$a_2 = 2 \cdot 99 - 19 = 179$$

이다. ■

10. **정답(E)** 문제의 수들이

$$a_1 = 10 \le a_2 \le \cdots \le m \le \cdots \le a_n$$

이라 하자. 평균이 22이므로

$$22n = 10 + a_2 + \cdots + m + \cdots + a_n$$

이고, m을 $m+10$으로 바꿨을 때 평균이 24이므로

$$24n = 10 + a_2 + \cdots + (m+10) + \cdots + a_n$$

이다. 두 식을 빼면 $2n = 10$이므로 $n = 5$이다. 따라서 문제의 수들은

$$10 \le a_2 \le m \le a_4 \le a_5$$

임을 알 수 있고,

$$10 + a_2 + m + a_4 + a_5 = 5 \cdot 22 = 110$$

이다. 최빈값이 32이므로 32가 적어도 두 번 있다. a_2와 m이 최빈값이라면 10, 32, 32, a_4, a_5이고 $32 \le a_4 \le a_5$이어야 하는데

$$10 + a_2 + m + a_4 + a_5 \ge 10 + 4 \cdot 32 = 138$$

이므로 모순이다. 이번에는 m과 a_4가 최빈값이라고 해 보자. 그러면 수들은 10, a_2, 32, 32, a_5이고 $10 \le a_2$, $32 \le a_5$이다. 이 경우에도

$$10 + a_2 + m + a_4 + a_5 \ge 20 + 3 \cdot 32 = 116$$

이므로 모순이다. 따라서 최빈값은 $32 = a_4 = a_5$여야 한다. 따라서 수들은 10, a_2, m, 32, 32이고

$$110 = 10 + a_2 + m + a_4 + a_5 = 10 + a_2 + m + 32 + 32$$

이므로

$$a_2 + m = 36$$

이다. m을 $m-8$로 바꾸어서 중앙값이 $m-4$가 되려면 수들은

$$10,\ m-8,\ a_2,\ 32,\ 32$$

가 되고 $a_2 = m-4$여야 한다. 따라서

$$36 = a_2 + m = (m-4) + m$$

이므로 $m = 20$이고 $a_2 = 16$이다. ■

제 14 장 ❙ 삼각함수

1. **정답 (B)** 사인과 코사인의 차의 공식을 이용하면

$$\begin{aligned}
&\sin(x-y)\cos y + \cos(x-y)\sin y \\
&\quad = (\sin x\cos y - \cos x\sin y)\cos y + (\cos x\cos y + \sin x\sin y)\sin y \\
&\quad = \sin x(\cos^2 y + \sin^2 y) - \cos x\sin y\cos y + \cos x\cos y\sin y \\
&\quad = \sin x(\cos^2 y + \sin^2 y)
\end{aligned}$$

이다. 그런데 $\cos^2 y + \sin^2 y = 1$이므로

$$\sin(x-y)\cos y + \cos(x-y)\sin y = \sin x$$

이다.

별해 문제의 식이 사인의 합의 공식과 같은 형태임을 안다면 다음과 같이 구할 수도 있다.

$$\sin x = \sin((x-y)+y) = \sin(x-y)\cos y + \sin y \cos(x-y)$$ ■

이 문제는 특별한 각에 대하여 생각해 보면 쉽게 답을 추측할 수 있으므로 요즘 시험에는 잘 나오지 않는다. 예를 들어, $x=y=0$이면 문제의 식의 값은 0이므로 (A), (C), (E)는 정답이 아니다. 또 $x=y=\pi/4$를 대입하면 (D)도 정답이 아님을 알 수 있다.

2. **정답 (B)** 두 띠의 폭이 모두 1이므로 겹쳐진 영역은 한 변의 길이가 $\csc\alpha$인 마름모꼴이다.

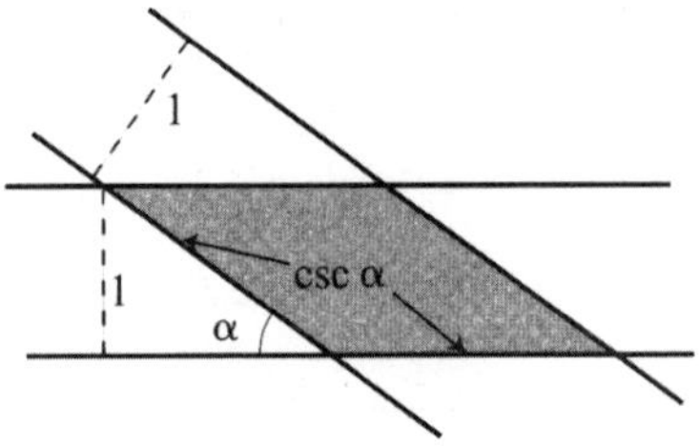

마름모의 높이가 1이므로 넓이는

$$\text{넓이} = \text{높이} \cdot \text{밑변의 길이} = 1 \cdot \csc\alpha = \csc\alpha = \frac{1}{\sin\alpha}$$

이다. ■

3. **정답 (E)** 공식에 의하여

$$1 = \sin^2 x + \cos^2 x = 9\cos^2 x + \cos^2 x = 10\cos^2 x$$

이므로

$$\cos x = \pm\frac{\sqrt{10}}{10}$$

이고

$$\sin x = 3\cos x = \pm 3\frac{\sqrt{10}}{10}$$

이다. 그런데 $\sin x = 3\cos x$이므로, 사인과 코사인의 부호는 같아야 한다. 따라서

$$\sin x \cos x = \left(\pm 3\frac{\sqrt{10}}{10}\right)\cdot\left(\pm\frac{\sqrt{10}}{10}\right) = \frac{3}{10}$$

이다. ■

4. **정답 (D)** $\triangle AOB$에 사인 법칙을 적용하면

$$\frac{OB}{\sin A} = \frac{1}{\sin 30^\circ} = \frac{1}{1/2} = 2$$

이므로 $OB = 2\sin A$이다.

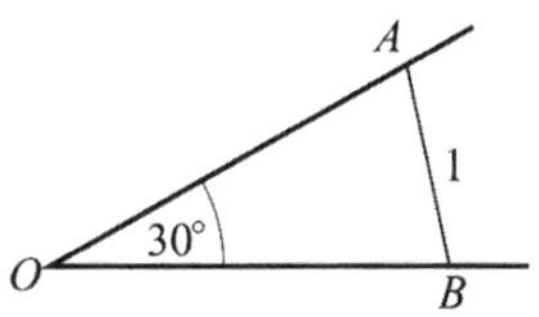

$\sin A$의 최댓값은 1인데 이것은 $\angle A = 90^\circ$일 때이다. 따라서 OB의 최댓값은 2이고 이때 $\triangle OBA$는 각 A가 90°인 $30-60-90^\circ$삼각형이다. ■

5. **정답 (D)** 그림에서 $\triangle ABC$는 C가 직각이고 AB는 빗변이다. 변 $\overline{AB}$를 삼등분한 점을 D와 E라 하고, F와 G는 AC 위의 점으로 DF와 EG가 AC에 수직이라 하자.

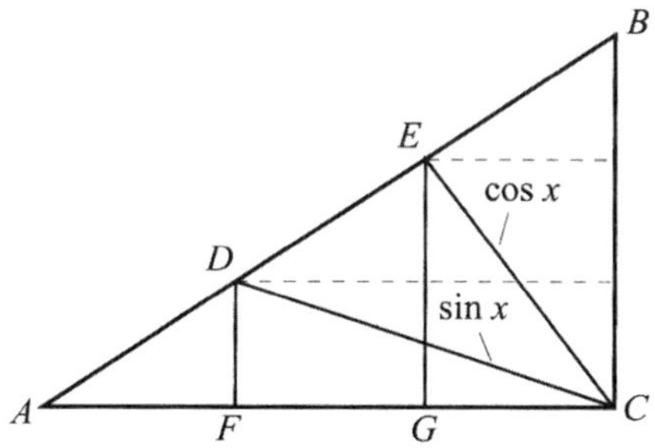

삼각형에서 평행선 정리에 의하면 $\triangle DFC$에서 $DF = BC/3$이고 $FC = 2AC/3$

이며, $\triangle EGC$에서 $EG=2BC/3$이고 $GC=AC/3$이다. 이 삼각형들에서 피타고라스 정리를 적용하면

$$\sin^2 x=\left(\frac{BC}{3}\right)^2+\left(\frac{2AC}{3}\right)^2,\quad \cos^2 x=\left(\frac{2BC}{3}\right)^2+\left(\frac{AC}{3}\right)^2$$

이고, 두 식을 더하면

$$1=\sin^2 x+\cos^2 x=\left(\frac{1}{9}BC^2+\frac{4}{9}AC^2\right)+\left(\frac{4}{9}BC^2+\frac{1}{9}AC^2\right)=\frac{5}{9}(BC^2+AC^2)$$

이므로

$$AB=\sqrt{BC^2+AC^2}=\sqrt{\frac{9}{5}}=\frac{3\sqrt{5}}{5}$$

이다. 이 풀이에서는 사인과 코사인의 값을 이용하지 않고, 제곱의 합이 1이라는 사실만 이용했으므로 그림에서 $\sin x$와 $\cos x$의 대소 관계는 생각할 필요가 없다. ■

6. **정답 (B)** $\angle BAC=12°$이므로 중심각 정리에 의하여 $\angle BOC=24°$이다. 또 $\angle BXC=36°$이므로 점 X는 선분 OD 위에 있어야 한다. 직선 AD가 $\angle BAC=12°$를 이등분하므로 $\angle BAD=6°$이다. 또 $\triangle ABD$는 빗면이 원의 지름인 $\overline{AD}=1$이므로 직각삼각형이다. 따라서 $AB=\cos 6°$이다. 또 AD는 $\angle BXC$를 이등분하므로 $\angle BXD=18°$이고 $\angle BXA=180°-18°=162°$이며

$$\angle ABX=180-6-162=12°$$

이다. $\triangle ABX$에 사인 법칙을 적용하면

$$\frac{AX}{\sin\angle ABX}=\frac{AB}{\sin\angle BXA}$$

이므로

$$AX=\frac{AB\sin 12°}{\sin 162°}=\cos 6°\sin 12°\csc 162°$$

이다. 그런데 $\sin 162° = \sin 18°$이므로 $\csc 162° = \csc 18°$이고 따라서

$$AX = \cos 6° \sin 12° \csc 18°$$

이다. ■

7. **정답 (A)** 사인과 코사인의 제곱의 합이 1이므로 먼저 두 식을 제곱하여 더해 보자.

$$36 = 9\sin^2 A + 16\cos^2 B + 24\sin A\cos B$$

이고

$$1 = 16\sin^2 B + 9\cos^2 A + 24\sin B\cos A$$

이므로

$$\begin{aligned}37 &= 9(\sin^2 A + \cos^2 A) + 16(\sin^2 B + \cos^2 B)\\ &\quad + 24(\sin A\cos B + \sin B\cos A)\\ &= 25 + 24(\sin A\cos B + \sin B\cos A)\\ &= 25 + 24\sin(A+B)\end{aligned}$$

이다. 따라서

$$\sin(A+B) = \frac{37-25}{24} = \frac{1}{2}$$

이고

$$\angle(A+B) = 30° \text{ 또는 } 150°$$

이다. $\angle(A+B) = 30°$이면 $\angle A < 30°$이고 $\sin A < \frac{1}{2}$이므로

$$3\sin A + 4\cos B < \frac{3}{2} + 4 < 6$$

인데 문제의 첫 번째 식과 모순이다. 따라서 $\angle(A+B) = 150°$이고

$$\angle C = 180° - \angle(A+B) = 30°$$

이다. ■

문제의 조건을 만족하는 삼각형은 다음과 같다.

$$\angle B = \arcsin \frac{1}{74}(18\sqrt{3}+11) \approx 34.75°$$

이고

$$\angle A = 150 - \angle B \approx 115.25°$$

8. **정답 (D)** 점 C는 그림과 같이 반지름이 5인 반원 위에 있게 된다.

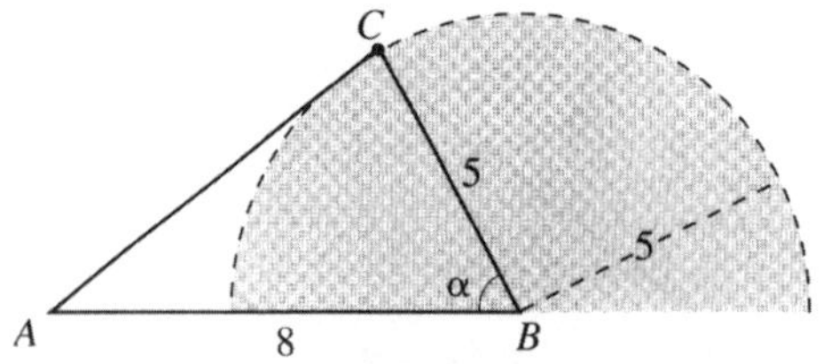

먼저 $AC=7$이 되는 α 값을 구하자. $\triangle ABC$에 코사인 법칙을 적용하면

$$7^2 = 5^2 + 8^2 - 2 \cdot 5 \cdot 8 \cos\alpha$$

이므로

$$\cos\alpha = \frac{1}{80}(25+64-49) = \frac{1}{2}$$

이고 $\alpha = \pi/3$이다. 따라서 $\alpha < \pi/3$일 때 $AC < 7$이고 $\pi/3 \le \alpha < \pi$일 때 $AC \ge 7$이므로 $AC < 7$일 확률은 $(\pi/3)/\pi = 1/3$이다. ■

9. **정답 (D)** 첫째 항이 $a=1$이고 공비가 $r=\cos^2\theta$인 무한등비급수이므로

$$5 = \sum_{n=0}^{\infty}(\cos\theta)^{2n} = \frac{a}{1-r} = \frac{1}{1-\cos^2\theta} = \frac{1}{\sin^2\theta}$$

이고 $\sin^2\theta = 1/5$이다. 따라서

$$\cos 2\theta = 1 - 2\sin^2\theta = 1 - 2 \cdot \frac{1}{5} = \frac{3}{5}$$

이다. ■

10. **정답 (D)** 선분 $\overline{BC}$의 중점을 M이라 하고 $x = BM = MC$라 하자. 각이등분 정리에 의하여

$$\frac{AB}{BC} = \frac{AD}{CD} = \frac{9}{7}$$

이므로

$$AB = \frac{9}{7}BC = \frac{18}{7}x$$

이다. $\triangle BMD$와 $\triangle CMD$는 합동인 직각삼각형이므로 $BD = CD = 7$이다. 또 BD가 $\angle ABC$를 이등분하므로

$$\cos\angle ABD = \cos\angle DBM = \frac{BD}{7} = \frac{x}{7}$$

이다.

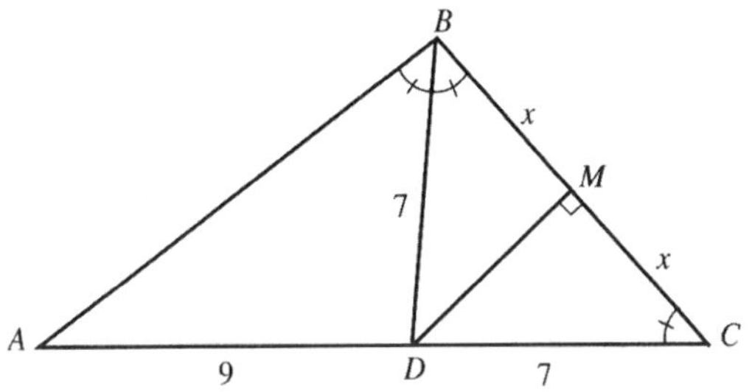

$\triangle ABD$에 코사인 법칙을 적용하면

$$\begin{aligned} 9^2 &= 7^2 + AB^2 - 2 \cdot 7 \cdot AB \cdot \cos\angle ABD \\ &= 49 + \left(\frac{18x}{7}\right)^2 - 14 \cdot \frac{18x}{7} \cdot \frac{x}{7} \end{aligned}$$

이고 정리하면

$$32=\frac{72}{49}x^2, \quad x=\frac{14}{3}$$

이다. 따라서 $AB=(18/7)(14/3)=12$이고 $AD=9$, $BD=7$이므로 헤론의 공식을 이용하면 $\triangle ABD$의 넓이를 구할 수 있다. 이 삼각형의 둘레의 길이의 절반은 $s=(12+9+7)/2=14$이므로

$$\begin{aligned}\triangle ABD\text{의 넓이}&=\sqrt{14\cdot(14-12)\cdot(14-9)\cdot(14-7)}\\&=\sqrt{14\cdot 2\cdot 5\cdot 7}=14\sqrt{5}\end{aligned}$$

이다. ■

제 15 장 ▌삼차원 기하

1. 정답 (C) x로 표시된 면을 아래로 하고, A를 뒷면, B를 옆면으로 하여 왼쪽 그림처럼 접어 보자.

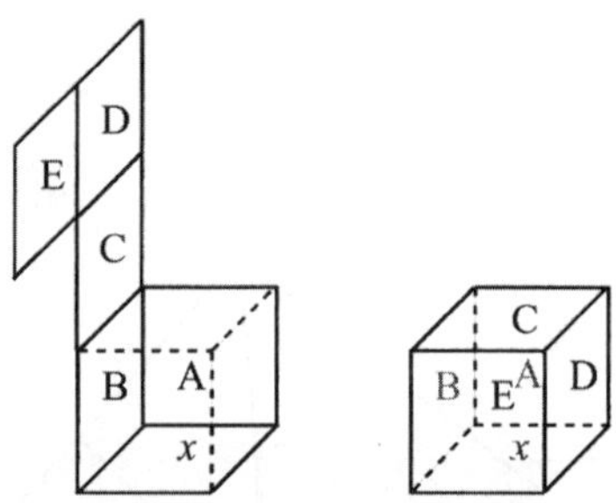

오른쪽 그림은 나머지 면을 접은 것이다. C가 윗면, D가 오른쪽, E가 앞면이다. 따라서 C가 x의 반대 면이다. ■

2. 정답 (C) 문제의 그림에 있는 부채꼴은 둘레가 $2\pi\cdot 10=20\pi$인 원에서 호의 길이가

$$\frac{252}{360} \cdot 20\pi = 14\pi$$

가 되도록 자른 것이다.

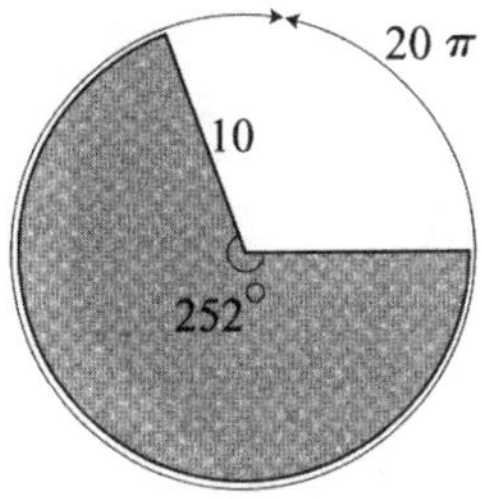

따라서 원뿔 밑면의 둘레의 길이가 14π이므로 반지름은 $14\pi/(2\pi)=7$이다. 원뿔 빗면의 길이가 10이므로 정답은 (C)이다. ■

3. **정답 (D)** 세 개의 정육면체가 맞닿기 전에 겉넓이의 합은

$$6 \cdot (3\times 3)+6 \cdot (2\times 2)+6 \cdot (1\times 1)=54+24+6=84$$

이다. 부피가 8인 정육면체를 부피가 27인 정육면체 위에 얹어 놓으면 겉넓이는 각 정육면체에서 $2\times 2=4$만큼 줄어든다. 따라서 전체 겉넓이는

$$84-2 \cdot 4=76$$

이 된다.

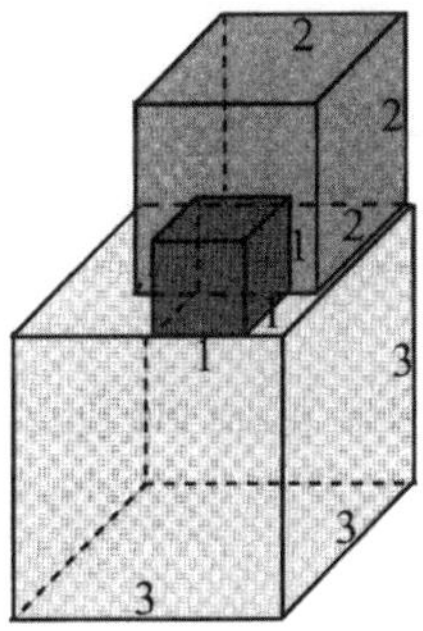

부피가 1인 정육면체를 한 면은 부피가 8인 정육면체에 접하게 하고 다른 한 면은 부피가 17인 정육면체에 접하게 하면 겉넓이는 4만큼 줄어들고 최소가 된다.

이때의 겉넓이는 $84-2 \cdot 4-4 \cdot 1=72$ 이다. ■

4. **정답 (D)** 그림은 $6\times6\times6$ 정육면체이다.

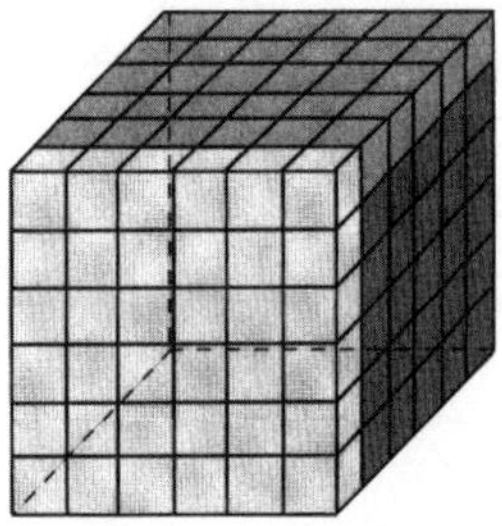

이 정육면체의 경우, 정면에서 6^2개의 단위 정육면체가 보인다. 또 윗면에서 $6 \cdot 5$개의 단위 정육면체가 더 보이고 옆면에서 5^2개의 단위 정육면체가 또 보이므로 모두 $6^2+6 \cdot 5+5^2$개가 보인다. 같은 방법으로 $11\times11\times11$ 정육면체에서는

$$11^2+11 \cdot 10+10^2=121+110+100=331$$

개의 단위 정육면체가 보인다. 일반적으로 n^3개의 단위 정육면체로 만들어진 $n\times n\times n$ 정육면체에서 적어도 한 면이 보이는 단위 정육면체의 최대 개수는

$$n^2+n(n-1)+(n-1)^2=3n^2-3n+1$$

이다. ■

5. **정답 (D)** 각 변의 길이가 주어지지 않았으므로 한 변의 길이를 임의로 주고 이에 비례하여 다른 변의 길이를 구할 수 있다. $GH=1$이라 하자. $\angle GHD=45°$이므로

$$1=GH=DG=DC=CH=BF, \quad DH=\sqrt{2}$$

이다. 또 $\triangle HFB$가 $30-60-90°$ 삼각형이고 높이가 $BF=1$이므로

$$BH=BD=\frac{2\sqrt{3}}{3}$$

이고

$$BC = HF = \frac{1}{2}BH = \frac{\sqrt{3}}{3}$$

이다. $\triangle BHD$에 코사인 법칙을 적용하면

$$BD^2 = DH^2 + BH^2 - 2DH \cdot BH\cos\angle BHD$$

이므로

$$\begin{aligned}\cos\angle BHD &= \frac{1}{2DH \cdot BH}(DH^2 + BH^2 - BD^2)\\ &= \frac{1}{2\sqrt{2} \cdot \frac{2\sqrt{3}}{3}}\left((\sqrt{2})^2 + \left(\frac{2\sqrt{3}}{3}\right)^2 - \left(\frac{2\sqrt{3}}{3}\right)^2\right)\\ &= \frac{3}{4\sqrt{6}} \cdot 2 = \frac{\sqrt{6}}{4}\end{aligned}$$

이다. ■

6. **정답 (E)** 한 면만 색칠해진 작은 정육면체는 그림에서 진하게 표시된 것들이다. 각 면에서 그런 정육면체는 $(n-1)^2$개가 있으므로 한 면만 칠해진 작은 정육면체의 개수는 $6(n-2)^2$이다.

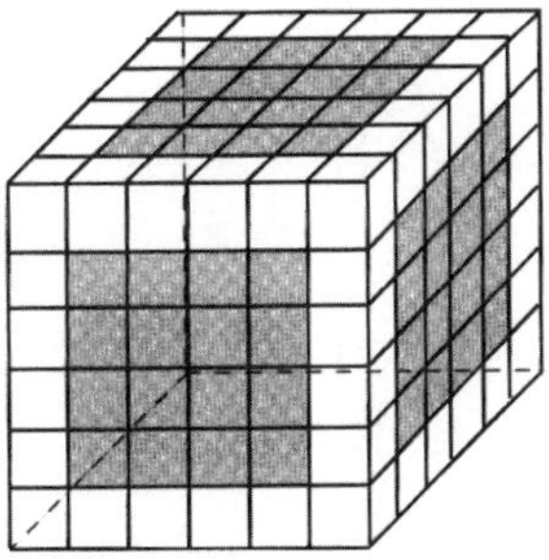

내부에 있는 작은 정육면체의 개수는 $(n-2)^3$이므로 문제의 조건에 의해서

$$6(n-2)^2 = (n-2)^3$$

이다. 따라서 $6 = n - 2$이고 $n = 8$이다. ■

7. **정답 (D)** 정사각형 D를 아랫면이라 하고 B와 C를 접어서 세우면 그림과 같다.

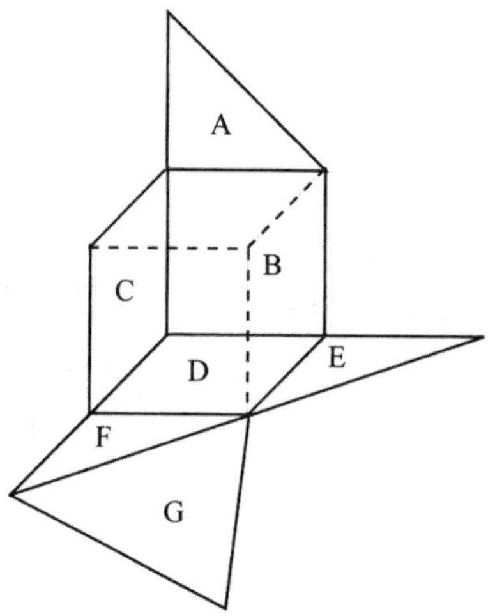

따라서 F가 앞면, E가 오른쪽 면이고, G가 앞면과 오른쪽 면과 윗면을 연결하는 면이다.

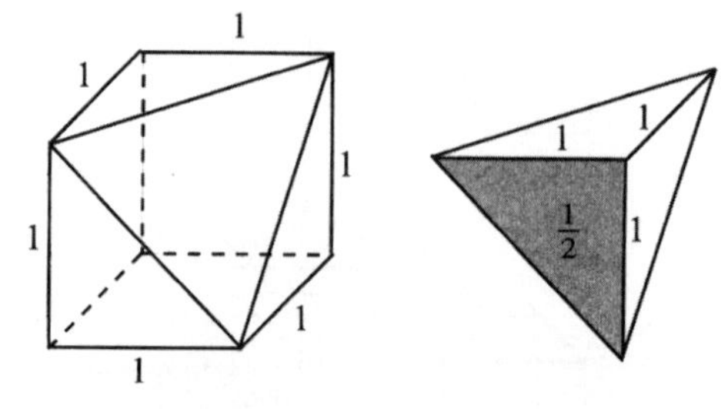

만들어진 입체는 정육면체에서 오른쪽 그림의 피라미드가 제거된 형태이다. 피라미드의 높이는 1이고 밑면의 넓이는 1/2이므로 피라미드의 부피는 $(1/3) \cdot (1/2) \cdot 1 = 1/6$이다. 따라서 입체의 부피는 $1 - 1/6 = 5/6$이다. ■

8. **정답 (E)** 정팔면체는 면이 8개이므로 각 면을 색칠하는 방법은 8!가지이다. 하지만 이 중의 일부는 같은 종류이다. 그림에서 진하게 표시된 면을 생각해 보자.

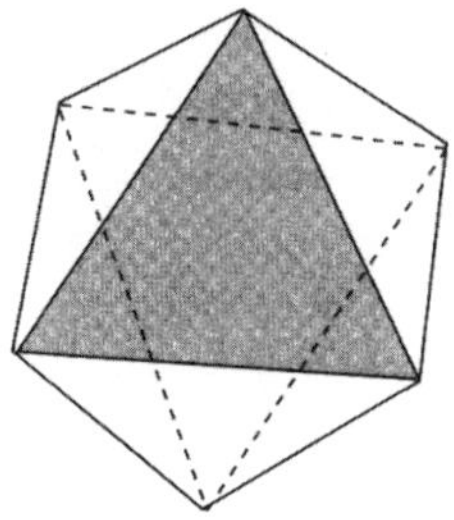

여덟 개의 면 중에서 어느 면이 이 위치에 와도 된다. 또 한 면이 이 위치에 있으면 세 가지 방법으로 회전하여 같은 모양이 된다. 따라서 정팔면체를 색칠하는 서로 다른 종류의 개수는 다음과 같다.

$$\frac{8!}{8 \cdot 3} = \frac{7!}{3} = 1 \cdot 2 \cdot 4 \cdot 5 \cdot 6 \cdot 7 = 1680$$ ■

9. **정답 (A)** 선분 $\overline{BC}$ 의 중점을 E라 하자. 그러면 $CE = BC/2 = 2\sqrt{2}$ 이다.

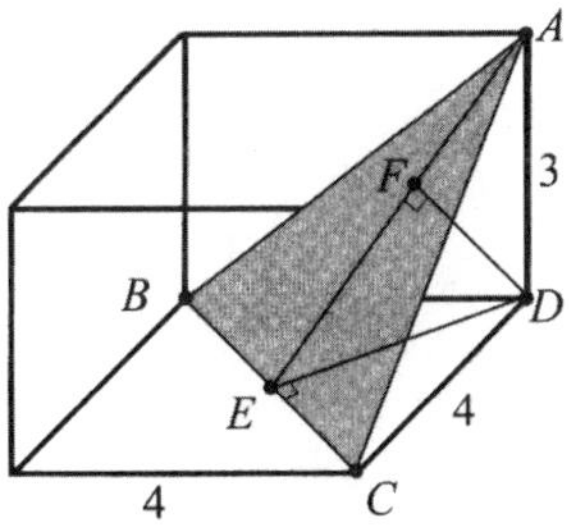

아랫면은 정사각형이고 E가 중심이므로 아랫면의 두 대각선은 서로 이등분하고 $DE = CE = 2\sqrt{2}$ 이다. 직각 $\triangle ADE$ 에 피타고라스 정리를 적용하면

$$AE = \sqrt{AD^2 + DE^2} = \sqrt{9+8} = 17$$

이다. F는 AE 위의 점이고 DF가 직각삼각형 ADE의 높이라 하자. 직각삼각형의 수선 정리에 의하여

$$\frac{DF}{AD} = \frac{DE}{AE}$$

이므로

$$DF = AD \cdot \frac{DE}{AE} = 3 \cdot \frac{2\sqrt{2}}{\sqrt{17}} = \frac{6\sqrt{34}}{17}$$

이다.

별해 DF는 ABC를 밑면으로 하는 사면체 $ABCD$의 높이라는 사실을 이용하여 구할 수도 있다. 사면체의 부피는 다음과 같다.

$$V = \frac{1}{3}DF \cdot (\triangle ABC\text{의 넓이}) = \frac{1}{3}DF \cdot \left(\frac{1}{2}BC \cdot EA\right)$$
$$= \frac{1}{6} \cdot 4\sqrt{2} \cdot \sqrt{17}\,DF = \frac{2\sqrt{34}}{3}DF$$

그런데 이 부피는 삼각형 BCD를 밑면으로 하고 AD를 높이로 하여 구할 수도 있으므로

$$V = \frac{1}{3} \cdot 3 \cdot (\triangle BCD\text{의 넓이}) = \frac{1}{2} \cdot 4^2 = 8$$

이다. 따라서

$$8 = \frac{2\sqrt{34}}{3}DF$$

이고

$$DF = \frac{12}{\sqrt{34}} = \frac{6\sqrt{34}}{17}$$

이다. DF가 평면까지의 최단거리인지 확인하기 위해서는 중심이 D이고 반지름이 DF보다 큰 구를 그린 다음 이 구가 평면과 만나서 생기는 곡선은 중심이 F인 원이 됨을 보면 알 수 있다. ■

10. **정답 (B)** 다음의 왼쪽 그림은 세 구의 단면이다. 세 구의 중심과 점 P가 같은 높이에 있다고 하자.

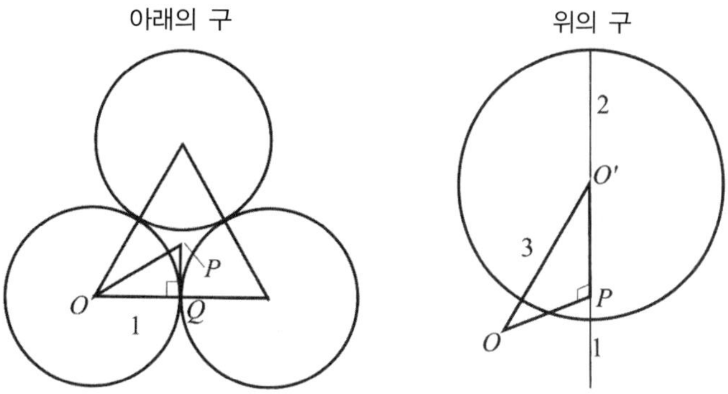

그림과 같이 한 구의 중심을 O라 하고, 두 구의 중심을 연결한 선분의 중점을 Q라 하자. $30-60-90°$삼각형 PQO의 밑변의 길이가 1이므로 빗변의 길이는 $OP=2\sqrt{3}/3$이다. 오른쪽 그림은 O와 큰 구의 중심 O'과 점 P로 이루어진 직각삼각형을 나타낸다. $OO'=3$이고 $OP=2\sqrt{3}/3$이므로

$$PO'=\sqrt{3^2-\left(\frac{2\sqrt{3}}{3}\right)^2}=\frac{\sqrt{69}}{3}$$

이다. 그런데 P는 아래에 있는 구들의 중심과 같은 높이인 평면으로부터 1 되는 거리에 있고, O'은 큰 구의 꼭대기로부터 2 되는 지점에 있다. 따라서 평면으로부터 큰 구의 꼭대기까지의 거리는 다음과 같다.

$$1+\frac{\sqrt{69}}{3}+2=3+\frac{\sqrt{69}}{3}$$ ■

제 16 장 ▌함수

1. **정답 (E)** 주어진 함수의 표현을 $2x$ 대신 x에 대한 것으로 바꾸어야 한다. $y=2x$라 하면 $x=\frac{y}{2}$이므로 $f(y)=\frac{2}{2+y/2}=\frac{4}{4+y}$, 즉

$$f(x)=\frac{4}{4+x}$$

이다. 따라서 $2f(x)=2\cdot\frac{4}{4+x}=\frac{8}{4+x}$이다. ■

2. **정답 (B)** k는 홀수이므로 $f(k)=k+3$이고 이 값은 짝수이다. 따라서

$$f(f(k))=f(k+3)=\frac{k+3}{2}$$

이다. 이 값이 짝수인지 홀수인지 알 수 있는 방법이 없으므로 두 가지 경우로 나누어 생각해야 한다. 먼저 $f(f(k))$가 짝수라 하면

$$27=f(f(f(k)))=\frac{(k+3)/2}{2}=\frac{k+3}{4}$$

이므로 $k=4\cdot 27-3=105$이다. 만약 $f(f(k))$가 홀수라면

$$27=f(f(f(k)))=\frac{k+3}{2}+3$$

이므로

$$k=2\cdot(27-3)-3=45$$

이다. 이 중에서 어느 것이 맞는지 알기 위해서 $f(f(f(k)))$를 계산해 보자. $x=105$일 때

$$f(f(f(105)))=f(f(108))=f(54)=27$$

이지만, $x=45$일 때는

$$f(f(f(45)))=f(f(48))=f(24)=12$$

이다. 따라서 $k=105$가 맞고 자릿수의 합은 6이다. ■

3. **정답 (A)** 모든 실수 x에 대하여 다음이 성립한다.

$$\begin{aligned}f(-x)&=a(-x)^7+b(-x)^3+c(-x)-5\\&=-(ax^7+bx^3+cx-5)-10=-f(x)-10\end{aligned}$$

따라서

$$f(x)=-f(-x)-10$$

이고

$$f(7) = -f(-7) - 10 = -7 - 10 = -17$$

이다. ■

4. **정답 (E)** r가 근이라 하자. 모든 x에 대하여 $f(x+2) = f(2-x)$이므로

$$0 = f(r) = f(2 + (r-2)) = f(2 - (r-2)) = f(4-r)$$

이다. 따라서 $4-r$도 근이고 $r + (4-r) = 4$이다. 이러한 형태의 근이 두 쌍이 있으므로 네 근의 합은 8이다. $r = 2$는 $f(x) = 0$의 근이 될 수 없다. 왜냐하면 이 경우에는 $r = 4 - r$이므로 근이 쌍으로 있는 것이 아니라서 서로 다른 근의 개수는 홀수가 되기 때문이다. 간단한 함수 중에서 문제의 조건을 만족하는 함수는 $f(x) = x(x-1)(x-3)(x-4)$이다. ■

5. **정답 (A)** $f(f(x)) = x$이므로

$$x = \frac{cf(x)}{2f(x)+3} = \frac{c\dfrac{cx}{2x+3}}{2\dfrac{cx}{2x+3}+3} = \frac{c^2x}{2cx+6x+9}$$

이다. 따라서

$$2cx^2 + 6x^2 + 9x = c^2x$$

이고

$$0 = (2c+6)x^2 + (9-c^2)x$$

이다. x의 계수는 $c = 3$이거나 $c = -3$일 때 0이다. 그런데 x^2의 계수는 $c = -3$일 때만 0이다. 따라서 주어진 조건을 만족하는 c의 값은 -3이다. ■

모든 x에 대하여 $f(f(x)) = x$를 만족해야 하므로 간단한 값을 대입하여 c를 구할 수도 있다. 가장 간단한 값은 $x = 0$인데 이때에는 c의 값에 관계없이

$f(f(0))=0$이다. $x=1$을 대입하면

$$1=f(f(1))=f\left(\frac{c}{5}\right)=\frac{c^2/5}{2c/5+3}=\frac{c^2}{2c+15}$$

이므로

$$0=c^2-2c-15=(c-5)(c+3)$$

이다. 따라서 $c=-3$ 또는 $c=5$인데 둘 다 보기에 있다. 이 중에서 어느 것이 맞는지 알기 위해서는 또 다른 x 값을 대입하여야 한다. 따라서 이렇게 하는 것 보다는 앞의 풀이처럼 일반적인 풀이가 더 간단하다.

6. **정답 (B)** 먼저 주어진 함수를 x^2+1에 대한 식이 아니라 간단한 변수로 다시 표현하자. $y=x^2+1$이라 하고 x를 y에 대하여 풀자. 그러면 $x=\pm\sqrt{y-1}$인데 어느 부호를 사용해야 할지 혼동될 수도 있다. 그러나 문제의 표현에서는 x의 짝수 제곱만 있으므로 걱정할 필요는 없다.

$$\begin{aligned}f(y)&=f(x^2+1)=(\pm\sqrt{y-1})^4+5(\pm\sqrt{y-1})^2+3\\&=(y-1)^2+5(y-1)+3=y^2+3y-1\end{aligned}$$

이므로

$$f(x^2-1)=(x^2-1)^2+3(x^2-1)-1=x^4+x^2-3$$

이다.

별해 먼저 다음 식을 생각해 보자.

$$(x^2+1)^2=x^4+2x^2+1$$

따라서

$$\begin{aligned}x^4+5x^2+3&=(x^4+2x^2+1)+3x^2+2\\&=(x^2+1)^2+3(x^2+1)-1\end{aligned}$$

이다. 이제 $y=x^2+1$이라 하면

$$f(y)=f(x^2+1)=(x^2+1)^2+3(x^2+1)-1=y^2+3y-1$$

이다. 그다음 풀이는 앞에서와 같다. ■

7. **정답 (B)** x와 y에 대하여 모두 이차식이므로 완전제곱으로 만들어서 생각하자. 그러면 $x^2+y^2=14x+6y+6$을 만족하는 점 $(x,\ y)$는 다음 방정식도 만족한다.

$$(x^2-14x+49)+(y^2-6y+9)=6+49+9$$

즉

$$(x-7)^2+(y-3)^2=64$$

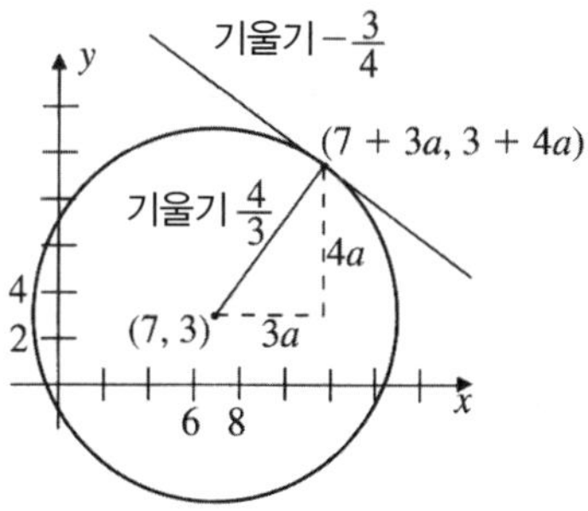

이 점들은 중심이 $(7,\ 3)$이고 반지름이 8인 원 위의 점들이다. 주어진 상수 c에 대하여 $3x+4y=c$, 즉 $y=-\dfrac{3}{4}x+\dfrac{c}{4}$를 만족하는 점은 기울기가 $-\dfrac{3}{4}$이고 y절편이 $\dfrac{c}{4}$인 직선 위의 점이다. 따라서 기하학적으로 생각하면, 기울기가 $-\dfrac{3}{4}$이고 원과 만나면서 y절편이 최대가 되는 직선을 구하면 된다. 이 직선은 그림에서와 같이 원에 접하는 직선이고, 원의 중심에서 이 접점까지의 반지름이 나타내는 선분의 기울기는 $\dfrac{4}{3}$이다. 접점의 좌표를 $(7+3a,\ 3+4a)$라 하면

$$64=(3a)^2+(4a)^2=25a^2$$

이므로 $a=\dfrac{8}{5}$이다. 따라서 $3x+4y$가 최대가 되는 점은 $(7+24/5,\ 3+32/5)=$

(59/5, 47/5)이고 최댓값은 다음과 같다.

$$3 \cdot \frac{59}{5} + 4 \cdot \frac{47}{5} = \frac{177+188}{5} = \frac{365}{5} = 73 \qquad ■$$

8. **정답 (C)** x가 주어진 방정식의 해라면 $-x$도 해가 된다. 왜냐하면

$$\frac{-x}{100} = -\frac{x}{100} \text{이고} \quad \sin(-x) = -\sin x$$

이기 때문이다. 또 $x=0$을 대입하면 양변 모두 0이 되므로 해가 된다. 따라서 근의 개수는 홀수 개이고 양수 근의 개수만 세면 된다.

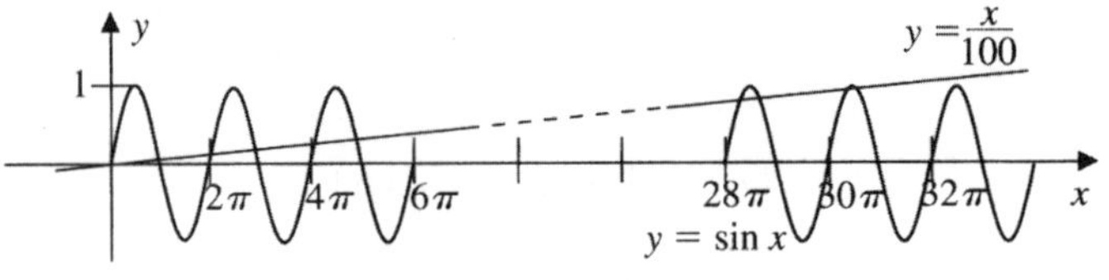

사인함수의 최댓값은 1이므로 $x > 100$일 때는 해가 없다. 그림에 의하면 구간 $(0, 2\pi)$에는 근이 하나 있고 그다음부터는 2π인 근이 두 개씩 있다.

$$31\pi \approx 97.4 < 100 < 32\pi$$

이고

$$31\pi = 15 \cdot 2\pi + \pi$$

이므로 $2 \cdot 15 + 1 = 31$개의 양수 근이 있다. 따라서 근의 전체 개수는 $2 \cdot 31 + 1 = 63$개이다. ■

9. **정답 (C)** 우선 $P(-1) \approx 4.5$이다. 2장에서의 P의 근들의 곱은 d인데, 이것은 그래프의 y절편이므로 약 5이다. 또한 실근은 약 1.7과 3.7이므로 합은 5.4 정도이다. P의 계수들의 합은 $P(1) \approx 4$이다. 따라서 (A), (B), (D), (E) 중에서는 (D)가 가장 작으며 약 4 정도이다.

(C)의 값을 추정해 보자. P의 모든 근의 곱은 d인데 이 값은 약 5이고 실근들의 곱은 $(1.7)(3.7) \approx 6$이므로 실수가 아닌 근들의 곱은 약 5/6이다. 따라서 (C)가 가장 작다. ■

10. **정답 (E)** 이차식과 관련이 있으므로 우선 완전제곱으로 만들자.

$$\begin{aligned} f(x)+f(y) &= x^2+6x+1+y^2+6y+1 \\ &= (x^2+6x+9)+(y^2+6y+9)-16 \\ &= (x+3)^2+(y+3)^2-16 \end{aligned}$$

이고

$$\begin{aligned} f(x)-f(y) &= x^2+6x+1-y^2-6y-1 \\ &= (x^2-y^2)+6(x-y) \\ &= (x-y)(x+y+6) \end{aligned}$$

이다. $f(x)+f(y) \le 0$이기 위해서는 $(x,\ y)$는 중심이 $(-3,\ -3)$이고 반지름이 4인 원의 내부에 있어야 한다.

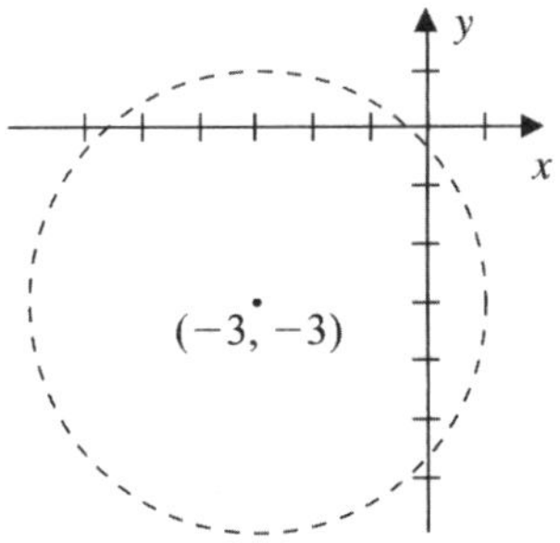

또, $f(x)-f(y) \le 0$을 만족하기 위해서는 $x-y$와 $x+y+6$이 서로 다른 부호를 가져야 한다. 즉, 다음 두 가지 경우 중 하나이다.

$$\text{경우 I}: \ x-y \ge 0 \text{이고 } x+y+6 \le 0$$

또는

$$\text{경우 II}: \ x-y \le 0 \text{이고 } x+y+6 \ge 0$$

경우 I 에서 $x-y \ge 0$은 직선 $y=x$의 오른쪽을 의미하고 $x+y+6 \le 0$은 $y=-x-6$의 왼쪽을 의미한다. 따라서 원의 내부에서 이 조건을 만족하는 영역은 다음의 왼쪽 그림에 있다.

경우 Ⅱ에서 $x-y \le 0$은 직선 $y=x$의 왼쪽을 의미하고, $x+y+6 \ge 0$은 직선 $y=-x-6$의 오른쪽을 의미한다. 따라서 원의 내부에서 이 조건을 만족하는 영역은 오른쪽 그림에 있다.

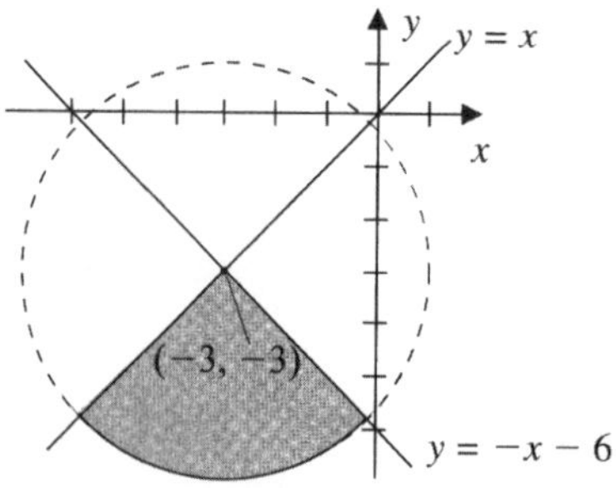

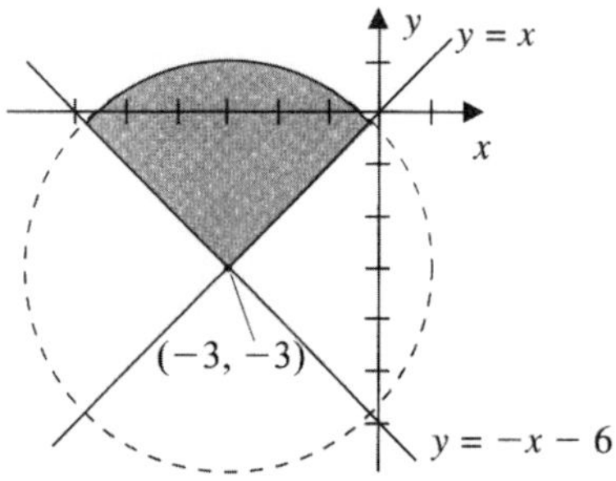

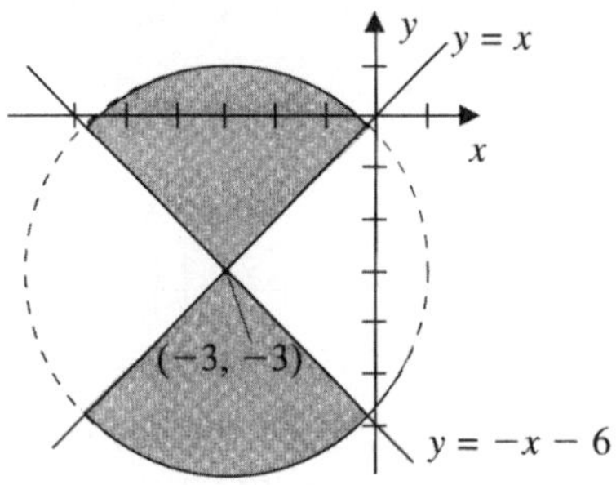

따라서 전체 영역 R는 중심이 $(-3, -3)$이고 반지름이 4인 원의 내부에서 직선 $y=x$와 $y=-x-6$에 의해 둘러싸인, 세 번째 그림과 같은 영역이다. 반지름이 4인 원에서 사분원이 두 개이므로 넓이의 근삿값은 다음과 같다.

$$\frac{1}{2} \cdot 4^2 \cdot \pi = 8\pi \approx 8(3.14) \approx 25.1$$ ■

제 17 장 ‖ 로그

1. **정답 (A)** $\log_2(\log_3(\log_5(\log_7 N))) = 11$이면

$$\log_3(\log_5(\log_7 N)) = 2^{11}$$

이고

$$\log_5(\log_7 N) = 3^{2^{11}}$$

이다. 또

$$\log_7 N = 5^{3^{2^{11}}}$$

이며

$$N = 7^{5^{3^{2^{11}}}}$$

이다. 따라서 N의 약수는 7뿐이다. ■

2. **정답 (A)** $\log_2(\log_2(\log_2 x)) = 2$ 이면

$$\log_2(\log_2 x) = 2^2 = 4$$

이고

$$\log_2 x = 2^4 = 16$$

이며

$$x = 2^{16}$$

이다. 2^{16}의 크기를 추정하는 방법은 여러 가지가 있다. $2^{10} = 1024$이므로

$$2^{16} = 2^{10} \cdot 2^6 = 1024 \cdot 64 \approx 64{,}000$$

이다. 따라서 2^{16}을 10진수로 나타내면 다섯 자릿수이다. 또 다른 방법으로는 $2^{16} = 4^8 = 16^4 = 256^2$인데 $200^2 = 40{,}000$과 $300^2 = 90{,}000$이 모두 다섯 자릿수이므로 $256^2 = 2^{16}$도 다섯 자릿수이다. ■

3. **정답 (E)** $\log_b 729$가 자연수가 되기 위해서는 $729 = 3^6$이 b의 자연수 제곱

이어야 한다. 즉, $b=3$, $b=3^2=9$, $b=3^3=27$ 또는 $b=3^6=729$여야만 한다. 따라서 b는 모두 네 가지가 있다. ■

4. **정답 (D)** N을 계산하면 다음과 같다.

$$\begin{aligned} N &= f(11)+f(13)+f(14) \\ &= \log_{2002} 11^2 + \log_{2002} 13^2 + \log_{2002} 14^2 \\ &= 2(\log_{2002} 11 + \log_{2002} 13 + \log_{2002} 14) \\ &= 2\log_{2002} 11 \cdot 13 \cdot 14 = 2\log_{2002} 2002 \end{aligned}$$

그런데 $\log_{2002} 2002 = 1$이므로 $N=2$이다. ■

5. **정답 (A)** 세 개의 서로 다른 양의 근을 r_1, r_2, r_3라 하면 인수 정리에 의하여

$$0 = 8x^3 + 4ax^2 + 2bx + a = 8(x-r_1)(x-r_2)(x-r_3)$$

이므로 $a = -8r_1r_2r_3$이다. 조건에서 $\log_2 r_1r_2r_3 = 5$이므로

$$r_1r_2r_3 = 2^5 = 32$$

이다. 따라서 $a = -8 \cdot 32 = -256$이다. ■

6. **정답 (C)** 17.2절의 성질 6에 의하면 $\log_8 b$가 유리수일 필요충분조건은 $b = 8^r$이고 r가 유리수일 때이다. $2 = 8^{1/3}$이므로 $f(n) \neq 0$일 때 정수 n은 적당한 자연수 m에 대하여 $8^{m/3}$ 형태이다. 이 조건을 만족하는 값들은

$$2 = 8^{1/3},\ 4 = 8^{2/3} = 2^2,\ 8 = 2^3,\ 16 = 2^4,\ 32 = 2^5,\ \cdots,\ 512 = 2^9,\ 1024 = 2^{10}$$

이므로

$$\begin{aligned} \sum_{n=1}^{1997} f(n) &= \log_8 2 + \log_8 4 + \log_8 8 + \log_8 16 + \cdots + \log_8 512 + \log_8 1024 \\ &= \log_8 8^{1/3} + \log_8 8^{2/3} + \log_8 8^{3/3} + \log_8 8^{4/3} + \cdots + \log_8 8^{10/3} \end{aligned}$$

$$= \frac{1}{3}(1+2+3+\cdots+10) = \frac{1}{3} \cdot \frac{1}{2}(10 \cdot 11) = \frac{55}{3}$$

이다. ■

마지막 식은 다음과 같이 계산할 수도 있다.

$$\sum_{n=1}^{1997} f(n) = \log_8 2 + \log_8 4 + \log_8 8 + \log_8 16 + \cdots + \log_8 512 + \log_8 1024$$

$$= \log_8 (2 \cdot 4 \cdot 8 \cdots 1024)$$

$$= \log_8 (8^{1/3} \cdot 8^{2/3} \cdot 8^{3/3} \cdots 8^{10/3}) = \log_8 8^{55/3} = \frac{55}{3}$$

7. **정답(C)** 17.2절의 성질 5와 3에 의하여 다음과 같이 식을 변형하여 계산할 수 있다.

$$N = \frac{1}{\log_2 100!} + \frac{1}{\log_3 100!} + \frac{1}{\log_4 100!} + \cdots + \frac{1}{\log_{100} 100!}$$

$$= \log_{100!} 2 + \log_{100!} 3 + \log_{100!} 4 + \cdots + \log_{100!} 100$$

$$= \log_{100!} (2 \cdot 3 \cdot 4 \cdots 100) = \log_{100!} 100!$$

따라서 $N = 1$이다. ■

8. **정답(D)** 다음 페이지 왼쪽에 있는 그림은 $y = 10^x$과 이것을 직선 $y = x$에 대칭 이동시킨 $y = \log_{10} x$의 그래프이다. $y = \log_{10} x$의 그래프는 점 (1, 0), (10, 1), (1/10, −1)을 포함한다. 이 그래프를 반시계 방향으로 90° 회전하면 오른쪽 그림에서 진하게 그려진 그래프가 되는데, 이 함수는 $f(x) = 10^{-x}$이고 점 (−1, 10), (0, 1), (1, 1/10)을 지닌다. 따라서 정답은 (D)이다.

다른 보기는 정답이 아니라는 것을 밝혀 보자. 회전시킨 그래프에서 $x \to \infty$일 때 $y \to 0$이어야 하므로 (A)와 (E)는 될 수 없다. 또 $x = -1$일 때 $y = 10$이어야 하는데 (B)와 (C)는 $x = -1$에서 정의되지 않으므로 이것들도 정답이 될 수 없다.

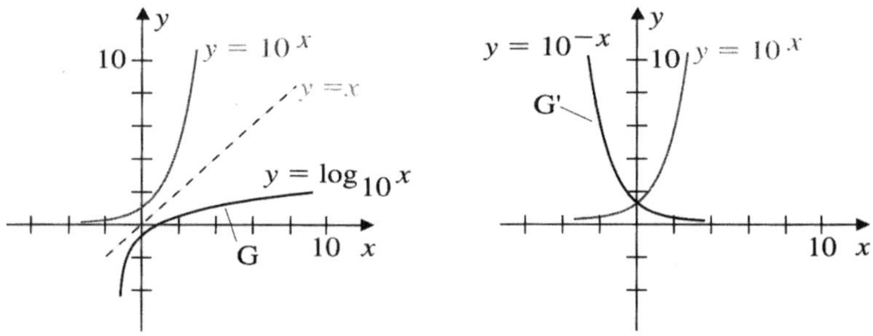

9. **정답 (A)** $\sin(\pi/2)=1$ 이고 $\cos(\pi/2)=0$ 이므로 구간 $(0,\ \pi/2)$의 임의의 x에 대하여

$$\tan\left(\frac{\pi}{2}-x\right)=\frac{\sin(\pi/2-x)}{\cos(\pi/2-x)}=\frac{\sin(\pi/2)\cos x-\sin x\cos(\pi/2)}{\cos(\pi/2)\cos x+\sin(\pi/2)\sin x}$$
$$=\frac{\cos x}{\sin x}=\frac{1}{\tan x}$$

이다. 따라서

$$\tan x\cdot\tan(\pi/2-x)=1$$

이다. 이것을 이용하여 주어진 식을 다음과 같이 다시 쓰자.

$$\begin{aligned}S&=\log_{10}(\tan 1^\circ)+\log_{10}(\tan 2^\circ)+\cdots+\log_{10}(\tan 88^\circ)+\log_{10}(\tan 89^\circ)\\&=\log_{10}(\tan 1^\circ\cdot\tan 2^\circ\cdots\tan 88^\circ\cdot\tan 89^\circ)\\&=\log_{10}((\tan 1^\circ\cdot\tan 89^\circ)(\tan 2^\circ\cdot\tan 88^\circ)\\&\qquad\cdots(\tan 44^\circ\cdot\tan 46^\circ)\cdot\tan 45^\circ)\\&=\log_{10}(1\cdot 1\cdots 1\cdot\tan 45^\circ)\\&=\log_{10}(\tan 45^\circ)\end{aligned}$$

따라서 $S=\log_{10}(\tan 45^\circ)=\log_{10}1=0$ 이다.

10. **정답 (B)** 로그의 기본 성질에 의하면

$$\log_a\frac{a}{b}+\log_b\frac{b}{a}=\log_a a-\log_a b+\log_b b-\log_b a$$

$$= 1 - \log_a b + 1 - \frac{1}{\log_a b}$$

$$= \frac{2\log_a b - (\log_a b)^2 - 1}{\log_a b} = -\frac{(\log_a b - 1)^2}{\log_a b}$$

이다. $a \geq b > 1$이므로 분모는 양수이고 전체 식은 $\log_a b - 1 = 0$일 때를 제외하면 음수이다. 따라서 최댓값은 0이고 이것은 $\log_a b = 1$일 때, 즉 $a = b$일 때 생긴다. ■

미적분학을 알고 있는 사람은 다음과 같이 구할 수도 있다. $x = \log_a b$라 하면 $f(x) = 2 - x - 1/x$의 최댓값을 구하면 된다. $0 = f'(x) = -1 + 1/x^2$이라 하면 $x = \pm 1$이므로 $a = b$ 또는 $a = 1/b$이다. 그런데 a와 b 모두 1보다 크다고 했으므로 $a = b$만 가능하다. 따라서 $x = \log_a b = 1$이고 $f(1) = 0$이다.

AMC에서는 미적분학은 필요하지 않고, 미적분학을 이용하더라도 이용하지 않을 때보다 간단히 풀리지 않는 문제들을 출제한다. 그렇지만 미적분학을 알고 있으면 미적분학을 이용하여 풀어도 된다.

제 18 장 ▌복소수

1. **정답 (B)** 복소수의 실수부는 수평축(x축)으로, 허수부는 수직축(y축)으로 대응시켜서 그림을 그리면 좀 더 이해하기 쉽다. 따라서 주어진 복소수들을 xy평면에 그리면 다음과 같다.

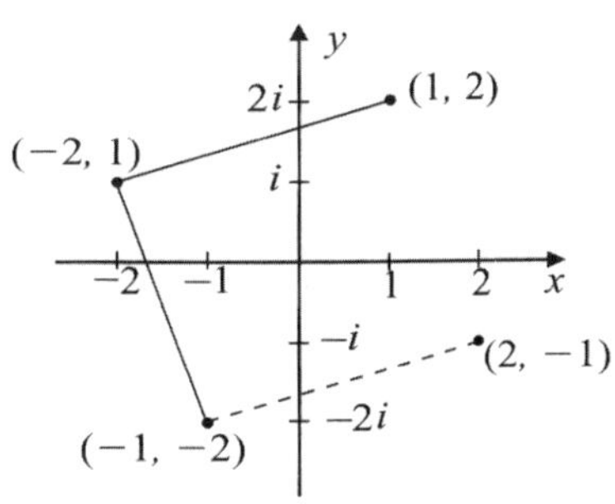

점 $(-2,\ 1)$과 점 $(1,\ 2)$를 잇는 선분은 x축 방향으로 3만큼, y축 방향으로 1만큼 커진다. 따라서 점 $(-1,\ -2)$에서 시작하여 이와 평행한 선분의 끝점은 $(-1+3,\ -2+1)=(2,\ -1)$이고 이것은 복소수 $2-i$에 대응한다. 점 $(1,\ 2)$와 점 $(-1,\ -2)$는 원점에 대하여 대칭이고 점 $(-2,\ 1)$과 위에서 구한 점 $(2,\ -1)$도 원점에 대하여 대칭이다. 따라서 구하는 복소수는 $2-i$이다. ■

2. **정답 (C)** 복소수 $z \neq 0$의 역수는 다음과 같이 표현할 수 있다.

$$\frac{1}{z}=\frac{\bar{z}}{|z|^2}$$

따라서 F의 역수의 편각은 켤레복소수의 편각과 같다. F가 1사분면에 있으므로 역수는 4사분면에 있어야 한다. 따라서 A와 C 중에 정답이 있다. 또 F가 단위원 바깥에 있으므로 크기는 1 이상이고 따라서 역수의 크기는 1보다 작으므로 정답은 C이다. ■

F의 값이 구체적으로 주어지지 않았으므로 특정한 값을 생각하여 역수를 계산해 볼 수도 있다. $z=1+i$라 하면

$$\frac{1}{z}=\frac{\bar{z}}{|z|^2}=\frac{1-i}{2}$$

이다. 따라서 $\frac{1}{z}$은 4사분면에 있고 $|1-i|=\sqrt{2}<2$이므로 단위원 안에 있다.

3. **정답 (B)** 많은 수열 문제에서와 마찬가지로 규칙을 찾아보자. 처음 몇 개의 항을 계산하면

$$z_1=0, \quad z_2=i, \quad z_3=i^2+i=-1+i, \quad z_4=(-1+i)^2+i=-i$$

이고

$$z_5=(-i)^2+i=-1+i=z_3$$

이다. 따라서 $n \geq 3$일 때 이 수열의 홀수 번째 항은 $-1+i=z_3$이고, 짝수 번째

항은 $-i = z_4$이다. 구하는 것은 홀수 번째 항이므로 $|z_{2005}| = |-1+i| = \sqrt{2}$이다. ■

4. **정답 (A)** $z = x+iy$가 S의 원소라 하면

$$(3+4i)z = (3+4i)(x+iy) = (3x-4y)+(4x+3y)i$$

이다. 이 값이 실수가 되려면 $0 = 4x+3y$여야 하는데 이 식은 원점을 지나는(기울기가 $-4/3$인) 직선이다. ■

5. **정답 (C)** $i+1$의 편각은 $\pi/4$이고 크기는 $|i+1| = \sqrt{2}$이다. 또 $i-1$의 편각은 $3\pi/4$이고 크기는 $|i-1| = \sqrt{2}$이다. 드무아브르의 정리를 적용하면

$$\begin{aligned}(1+i)^{2008} &= (\sqrt{2})^{2008}\left(\cos\frac{\pi}{4} + i\sin\frac{\pi}{4}\right)^{2008} \\ &= 2^{1004}\left(\cos\frac{2008}{4}\pi + i\sin\frac{2008}{4}\pi\right) \\ &= 2^{1004}(\cos 502\pi + i\sin 502\pi) = 2^{1004}\end{aligned}$$

이고

$$\begin{aligned}(1-i)^{2008} &= (\sqrt{2})^{2008}\left(\cos\frac{3\pi}{4} + i\sin\frac{3\pi}{4}\right)^{2008} \\ &= 2^{1004}(\cos(3 \cdot 502\pi) + i\sin(3 \cdot 502\pi)) = 2^{1004}\end{aligned}$$

이다. 따라서

$$(1+i)^{2008} - (1-i)^{2008} = 0$$

이다. ■

$1+i$와 $1-i$는 16의 8제곱근임을 알면 다음과 같이 풀 수도 있다. $(1+i)^8$과 $(1-i)^8$은 모두 16이다. 그런데 $2008 = 251 \cdot 8$이므로 $(1+i)^{2008}$과 $(1-i)^{2008}$은 같은 값이다.

6. **정답(D)** 먼저 각도를 라디안으로 하여 급수를 다시 표현하자.

$$S=\sum_{n=0}^{40} i^n \cos(45+90n)^\circ=\sum_{n=0}^{40} i^n \cos\left(\frac{\pi}{4}+\frac{\pi}{2}n\right)$$
$$=\sum_{n=0}^{40} i^n \cos\left(\frac{2n+1}{4}\pi\right)$$

그런데

$$i^n=\begin{cases}1, & n\equiv 0 \mod 4\\ i, & n\equiv 1 \mod 4\\ -1, & n\equiv 2 \mod 4\\ -i, & n\equiv 3 \mod 4\end{cases}$$

이고,

$$\cos\frac{n\pi}{4}=\begin{cases}\frac{\sqrt{2}}{2}, & n\equiv 1 \mod 8\\ -\frac{\sqrt{2}}{2}, & n\equiv 3 \mod 8\\ -\frac{\sqrt{2}}{2}, & n\equiv 5 \mod 8\\ \frac{\sqrt{2}}{2}, & n\equiv 7 \mod 8\end{cases}$$

이다. 급수의 실수부는 실수부끼리, 허수부는 허수부끼리 더하여 간단히 하면

$$S=\left(\cos\frac{\pi}{4}-\cos\frac{5\pi}{4}+\cos\frac{9\pi}{4}-\cdots+\cos\frac{81\pi}{4}\right)$$
$$+i\left(\cos\frac{3\pi}{4}-\cos\frac{7\pi}{4}+\cos\frac{11\pi}{4}-\cdots-\cos\frac{79\pi}{4}\right)$$
$$=21\left(\frac{\sqrt{2}}{2}\right)+20i\left(-\frac{\sqrt{2}}{2}\right)$$

이므로 $S=\frac{\sqrt{2}}{2}(21-20i)$ 이다. ■

실수부의 개수를 잘못 세어서 $10\sqrt{2}(1-i)$ 라고 답하기 쉽다. 그런데 이 값은

보기에 없다. 학생들이 어려운 계산을 열심히 하고도 작은 실수로 틀리지 않도록 이 값은 보기에서 제외하였다.

7. **정답 (E)** z를 실수부 x, 허수부 y로 하여 나타내면

$$2+8i=x+iy+\sqrt{x^2+y^2}=(x+\sqrt{x^2+y^2})+iy$$

이므로

$$8=y, \quad 2=x+\sqrt{x^2+y^2}=x+\sqrt{x^2+64}$$

이다. $2-x=\sqrt{x^2+64}$의 양변을 제곱하면

$$4-4x+x^2=x^2+64$$

이므로 $x=-15$이다. 제곱하여 계산하면 무연근이 나올 수도 있으므로 -15가 맞는지 검산해 보아야 한다.

$$2-(-15)=17, \quad \sqrt{(-15)^2+64}=\sqrt{225+64}=\sqrt{289}=17$$

이므로 -15가 맞다. 따라서

$$|z|^2=x^2+y^2=(-15)^2+8^2=225+64=289$$

이다. ■

8. **정답 (D)** 복소수 z의 역수는

$$\frac{1}{z}=\frac{\bar{z}}{|z|^2}$$

이다. $P(x)$의 모든 영점이 단위원 위에 있으므로 크기는 모두 1이다. 따라서 각 영점의 역수는 켤레복소수이다. 또한 영점들의 합은 $-a$이므로 영점들의 허수부의 합은 0이다. 따라서 영점들의 켤레복소수의 합은 영점들의 합과 같으므로, 정답은 $-a$이다. ■

9. **정답 (C)** x와 y는 켤레복소수이므로 두 수의 합은 실수부를 합한 -1과 같다. x와 y를 극형식으로 나타내면

$$x=\frac{-1+i\sqrt{3}}{2}=\cos\frac{2\pi}{3}+i\sin\frac{2\pi}{3}$$

이고

$$y=\frac{-1-i\sqrt{3}}{2}=\cos\frac{4\pi}{3}+i\sin\frac{4\pi}{3}$$

이다.

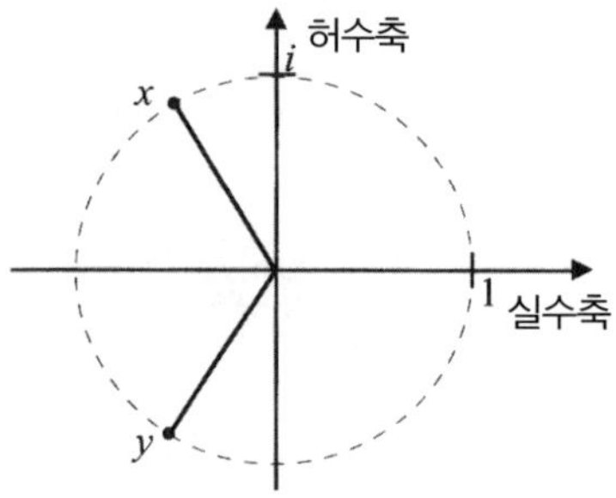

드무아브르 공식에 의하면

$$x^2=\cos\frac{4\pi}{3}+i\sin\frac{4\pi}{3}=y$$

$$y^2=\cos\frac{8\pi}{3}+i\sin\frac{8\pi}{3}=\cos\frac{2\pi}{3}+i\sin\frac{2\pi}{3}=x$$

$$x^3=\cos\frac{6\pi}{3}+i\sin\frac{6\pi}{3}=1$$

$$y^3=\cos\frac{12\pi}{3}+i\sin\frac{12\pi}{3}=1$$

이므로 n이 3의 배수일 때는 $x^n+y^n=2$이고 n이 3의 배수가 아니면 x^n+y^n은 $x+y=-1$과 같다. 따라서 (C)가 옳지 않다. ■

10. **정답 (B)** 먼저 이 방정식의 근을

$$r_1 = a_1 + ib_1, \quad r_2 = a_2 + ib_2$$

라 쓰면

$$0 = z^2 - z + (-5 + 5i) = (z - (a_1 + ib_1))(z - (a_2 + ib_2))$$

이다. 두 근의 합은 일차항의 계수의 음수와 같으므로

$$-(-1) = a_1 + ib_1 + a_2 + ib_2 = (a_1 + a_2) + i(b_1 + b_2)$$

이고, 실수부와 허수부를 비교하면

$$1 = a_1 + a_2, \quad 0 = b_1 + b_2$$

이다. 또한 두 근의 곱은 상수항과 같고 $b_2 = -b_1$이므로

$$\begin{aligned} -5 + 5i &= (a_1 + ib_1)(a_2 + ib_2) = (a_1 + ib_1)(a_2 - ib_1) \\ &= a_1 a_2 + b_1^2 + i(a_2 - a_1)b_1 \end{aligned}$$

이고, 실수부와 허수부를 비교하면

$$a_1 a_2 = -5 - b_1^2, \quad b_1 = \frac{5}{a_2 - a_1}$$

이다. 두 번째 식의 양변을 제곱하고 $a_1 + a_2 = 1$임을 이용하면

$$\begin{aligned} b_1^2 &= \frac{5^2}{(a_2 - a_1)^2} = \frac{25}{a_2^2 - 2a_1 a_2 + a_1^2} \\ &= \frac{25}{(a_2^2 + 2a_1 a_2 + a_1^2) - 4a_1 a_2} = \frac{25}{(a_2 + a_1)^2 - 4a_1 a_2} \\ &= \frac{25}{1 - 4a_1 a_2} \end{aligned}$$

이므로

$$a_1 a_2 = -5 - b_1^2 = -5 - \frac{25}{1 - 4a_1 a_2}$$

이다. 이 식을 정리하면

$$0 = 4(a_1a_2)^2 + 19(a_1a_2) - 30 = (a_1a_2 + 6)(4a_1a_2 - 5)$$

이므로 $a_1a_2 = -6$ 또는 $a_1a_2 = 5/4$이다. 그런데 $a_1a_2 = -5 - b_1^2 < 0$이므로 두 번째 해는 무연근이다. 따라서 $a_1a_2 = -6$이다. ■

끝맺는 말

여기서는 고등학교 수준에서 이 책에 나온 내용을 보충하거나 이 책보다 더 어려운 내용을 공부하는 데 필요한 참고도서를 소개하고자 한다. 문제 풀이 책은 매우 많고, 이 분야에 관심이 많은 사람이라면 여기에 소개되지 않은 책 중에서도 마음에 드는 책을 쉽게 찾을 수 있을 것이다. 이 글의 목적은 관련된 책을 모두 소개하는 것이 아니라 여러분이 각자 공부를 시작할 수 있도록 안내하는 것이다.

소개하는 책들 중 상당수는 AMC를 주관하는 미국 수학회(MAA; The Mathematical Association of America)에서 출판한 것들이다. 이 책들은 MAA 서점에서 구할 수 있다. 웹사이트 www.maa.org 문제 풀이 항목에서 찾으면 된다. 아마존에서도 살 수 있다(www.amazon.com).

AMC에서 좋은 성적을 얻기 위해 첫 번째로 봐야 할 책은 여러 권으로 된 *The Contest Problem Book*이다. 이 책은 과거의 AHSME와 AMC의 모든 문제들과 공식적인 풀이 그리고 몇 가지 부가적인 문제 풀이 정보와 조언을 담고 있다. 또한 경시대회 책임자가 쓴 책이기 때문에 경시대회가 어떻게 치러지는지에 대한 좋은 정보도 얻을 수 있다.

두 번째로 소개할 책은 Sandor Lehoczky와 Richard Rusczyk이 쓴 *Art of Problem Solving Ⅰ, Ⅱ*이다. 이 책은 문제 풀이에 중요한 기술과 통찰력을 소개하고 있는데 Art of Problem Solving 출판사의 웹사이트에서 살 수 있다(www.artofproblemsolving.com). 저자들이 여러 단계의 문제 풀이에 관심이 있기 때문에 이 사이트에서 흥미로운 다른 책도 많이 찾을 수 있을 것이다.

MAA에서는 경시대회 책 이외에도 많은 문제 풀이 책을 펴내고 있다. 약간 어려운 책부터 아주 어려운 책까지 다양하다. 예를 들어, 어려운 국제대회 수준의 문제에 관심이 있다면 Titu Andreescu가 쓴 책을 보면 된다. 그의 책은 거의 모든 사람들이 어려워하는 문제들을 다루고 있다.

특별한 주제의 문제 풀이에 도움이 될 만한 책도 많이 있다. Dover 출판사에는 문제, 퍼즐, 논리에 대한 책이 많다(store.doverpublications.com). 대개 가격이 싸고, 일부는 오래되었지만 내용이 좋다. 이 중에 내가 좋아하는 몇 가지를 소개하면 다음과 같다. Alfred Posamentier와 Charles Salkind가 쓴 *Challenging Problems in Geometry*, Kenneth Hardy와 Kenneth Williams가 쓴 *The Red Book of Mathematical Problems*, Charles Trigg가 쓴 *Mathematical Quickies: 270 Stimulating Problems with Solutions*. Dover 출판사는 Henry Earnest Dudeney와 Sam Loyd가 쓴 퍼즐 책도 여러 권 출판했는데 내가 특별히 좋아하는 책이다.

마지막으로 이 분야의 책 중에서 명작에 속하는, 가장 좋은 책 몇 권을 소개하겠다. *Mathematics of Choice: How to Count Without Counting*과 *Numbers: Rational and Irrational*은 Ivan Niven이 쓰고 MAA에서 출판하였는데, 수학 책이 어떻게 쓰여야 하는지를 보여 주는 좋은 본보기가 된다. *Problem Solving Through Recreational Mathematics*는 Bonnie Averbach와 Orin Chein이 쓴 책으로 Dover 출판사에서 출판하였고 적절한 주제와 아이디어뿐만 아니라 이것을 확장하여 어려운 문제도 많이 포함하고 있다. *Problem Solving through Problems*는 Loren Larson이 쓰고 Springer-Verlag에서 출판한 책으로 이 분야에서는 명작이다. Ross Honsberger가 MAA에서 출판한 책들은 모두 마음에 드는 책이고, Berlekamp, Conway, Guy가 쓴 *Winning ways for your Mathematical Plays*도 좋은 책이다. 하지만 내가 가장 좋아하는 책은 Ronald Graham, Donald Knuth, Oren Patashnik가 쓴 *Concrete Mathematics*이다. 이 책은 Addison-Wesley 출판사에서 나온 것으로, 내가 가지고 있는 그 어떤 책보다도 독창적인 아이디어가 많이 소개되어 있다.

이 정보가 도움이 되길 바라지만, 앞에서 언급한 것처럼 이는 각자의 선택의 문제이다. 관심을 가지고 좋아하는 책을 찾아보길 바란다.

그리고 행운이 있기를 빈다.

더글러스 페어스

연습문제 출처

머리말에서 밝혔듯이 모든 예제와 연습문제는 이전 AHSME와 AMC 시험에 나왔던 문제들이다. 예제에서는 어느 경시대회에 출제된 문제인지 밝혔지만 연습문제는 그렇게 하지 않았다. 연습문제의 출처를 밝히지 않은 이유는, 뒷번호로 갈수록 문제의 난이도가 올라가는 것을 쉽게 알 수 있긴 하지만, 학생들이 문제를 풀 때 난이도에 대한 선입견을 갖지 않도록 하기 위해서였다.

여기에 모든 연습문제의 출처를 밝힌다. 각 경시대회의 *Contest Problem Book*을 참고하면 연습문제의 또 다른 풀이를 볼 수 있다.

제01장 연습문제 : 비의 계산

1. 2000 AMC 10 #3, 12 #3
2. 2001 AMC 10 #8
3. 1986 AHSME #14
4. 2004 AMC 10A #11, 12A #9
5. 2002 AMC 10A #12, #11
6. 2003 AMC 10B #17, 12B #13
7. 2003 AMC 12B #11
8. 1991 AHSME #11
9. 2002 AMC 10A #17, 12A #10
10. 1998 AHSME #21

제02장 연습문제 : 다항식과 근

1. 2003 AMC 12B #9
2. 1974 AHSME #2
3. 1974 AHSME #4
4. 1999 AHSME #12
5. 2001 AMC 12 #13
6. 1999 AHSME #17

7. 2001 AMC 12 #19

8. 2000 AMC 10 #24

9. 1977 AHSME #21

10. 1977 AHSME #23

제03장 연습문제 : 지수와 제곱근

1. 1994 AHSME #1

2. 1993 AHSME #3

3. 1998 AHSME #5

4. 1992 AHSME #6

5. 1993 AHSME #6

6. 1996 AHSME #6

7. 2003 AMC 10B #9

8. 1993 AHSME #10

9. 1991 AHSME #20

10. 1983 AHSME #25

제04장 연습문제 : 함수와 연산

1. 1993 AHSME #4

2. 1998 AHSME #4

3. 1982 AHSME #7

4. 2003 AMC 12A #6

5. 2001 AMC 12 #2

6. 2003 AMC 10B #13, 12B #8

7. 2001 AMC 12 #9

8. 1988 AHSME #14

9. 1977 AHSME #22

10. 1975 AHSME #21

제05장 연습문제 : 삼각형

1. 1986 AHSME #3

2. 1991 AHSME #5

3. 2002 AMC 10A #13

4. 1992 AHSME #9

5. 1989 AHSME #15

6. 1995 AHSME #19

7. 1984 AHSME #17

8. 2003 AMC 10A #22

9. 2002 AMC 10B #22, 12B #20

10. 1983 AHSME #19

제06장 연습문제 : 원

1. 1985 AHSME #2

2. 1977 AHSME #9

3. 1995 AHSME #26

4. 1991 AHSME #22

5. 1992 AHSME #11

6. 2003 AMC 12A #15

7. 1985 AHSME #22

8. 2000 AMC 12 #24

9. 1997 AHSME #26

10. 1992 AHSME #27

제07장 연습문제 : 다각형

1. 2001 AMC 10 #15
2. 1990 AHSME #4
3. 2002 AMC 10A #19
4. 1994 AHSME #7
5. 2002 AMC 10A #25
6. 2003 AMC 12A #14
7. 1990 AHSME #20
8. 1994 AHSME #26
9. 2002 AMC 12B #24
10. 2003 AMC 12B #22

제08장 연습문제 : 개수 세기

1. 2004 AMC 10A #13
2. 2004 AMC 10A #12
3. 2004 AMC 10B #14
4. 2003 AMC 10B #10
5. 2002 AMC 10B #9
6. 2001 AMC 10 #19
7. 2003 AMC 10A #25, 12A #18
8. 1998 AHSME #24
9. 1994 AHSME #22
10. 2003 AMC 12A #20

제09장 연습문제 : 확률

1. 2003 AMC 10A #8, 12A #8
2. 2004 AMC 10B #11
3. 2003 AMC 10A #12
4. 2004 AMC 10B #23, 12B #20
5. 2001 AMC 12 #11
6. 2002 AMC 12B #16
7. 2001 AMC 12 #17
8. 2003 AMC 12B #19
9. 2005 AMC 12A #14
10. 2003 AMC 12A #16

제10장 연습문제 : 소인수분해

1. 2004 AMC 10B #4
2. 1999 AHSME #6
3. 2002 AMC 10B #14
4. 2002 AMC 10A #14, 12A #12
5. 1986 AHSME #23
6. 2003 AMC 12A #23
7. 1990 AHSME #11
8. 1993 AHSME #15
9. 2002 AMC 12A #20
10. 1996 AHSME #29

제11장 연습문제 : 정수론

1. 1972 AHSME #31
2. 2003 AMC 10A #20

3. 1992 AHSME #17
4. 1987 AHSME #16
5. 1982 AHSME #26
6. 2000 AMC 10 #25
7. 1991 AHSME #15
8. 1986 AHSME #17
9. 1994 AHSME #19
10. 1992 AHSME #23

제12장 연습문제 : 수열과 급수

1. 2004 AMC 10B #10, 12B #8
2. 2003 AMC 10B #8, 12B #6
3. 2000 AMC 12 #8
4. 2004 AMC 10B #21
5. 1993 AHSME #21
6. 2004 AMC 10A #18, 12A #14
7. 2002 AMC 12A #21
8. 1981 AHSME #26
9. 1984 AHSME #12
10. 1992 AHSME #18

제13장 연습문제 : 통계

1. 1996 AHSME #4
2. 1997 AHSME #6
3. 1998 AHSME #9
4. 2004 AMC 10A #14, 12A #11
5. 2004 AMC 12B #11
6. 1997 AHSME #11
7. 2001 AMC 12 #4
8. 2002 AMC 10A #21, 12A #15
9. 1999 AHSME #20
10. 1997 AHSME #18

제14장 연습문제 : 삼각함수

1. 1983 AHSME #11
2. 1989 AHSME #13
3. 1988 AHSME #13
4. 1995 AHSME #18
5. 1980 AHSME #23
6. 1993 AHSME #23
7. 1999 AHSME #27
8. 2003 AMC 12B #21
9. 2004 AMC 12A #21
10. 2002 AMC 12A #23

제15장 연습문제 : 삼차원 기하

1. 1995 AHSME #6
2. 2001 AMC 10 #17, 12 #8
3. 1994 AHSME #11
4. 1990 AHSME #10
5. 1982 AHSME #18
6. 1985 AHSME #20

7. 1997 AHSME #23

8. 2000 AMC 12 #25

9. 1996 AHSME #28

10. 2004 AMC 10A #25, 12A #22

제16장 연습문제 : 함수

1. 1993 AHSME #12

2. 1996 AHSME #12

3. 1982 AHSME #12

4. 1984 AHSME #16

5. 1980 AHSME #14

6. 1983 AHSME #18

7. 1996 AHSME #25

8. 1981 AHSME #18

9. 2000 AMC 12 #22

10. 2002 AMC 12B #25

제17장 연습문제 : 로그

1. 1998 AHSME #12

2. 1993 AHSME #11

3. 2000 AMC 12 #7

4. 2002 AMC 12A #14

5. 2004 AMC 12B #17

6. 1997 AHSME #21

7. 1998 AHSME #22

8. 1991 AHSME #24

9. 1987 AHSME #20

10. 2003 AMC 12A #24

제18장 연습문제 : 복소수

1. 1984 AHSME #10

2. 1983 AHSME #17

3. 1992 AHSME #15

4. 1991 AHSME #18

5. 1974 AHSME #17

6. 1977 AHSME #16

7. 1988 AHSME #21

8. 1987 AHSME #28

9. 1985 AHSME #23

10. 1992 AHSME #28

찾아보기

[ㄱ]

가우스 17
각기둥 173
각도 46
각뿔 173
각이등분 정리 53
거리 172
겉넓이 174
결합법칙 36
계단함수 97
공비 141
공점을 갖는다 54
공차 140
교환법칙 36
구 174
그래프 185
극형식 207
근 11
근의 공식 14
급수 139
기울기 12
꼭짓점 172

[ㄴ]

내각의 크기 87
내부할선 정리 69
내접원 55
높이 48

[ㄷ]

다각형 81
다면체 172
다항식 11
단순 영점 12
닫혀 있다 36
닮은꼴 87
닮은 다각형의 넓이 87
닮은 삼각형 47
닮은 삼각형의 넓이 52
대수학의 기본 정리 18
대칭 186
데카르트의 부호 규칙 17
도 46
둘레 65
드무아브르 공식 210
등변사다리꼴 82
등비수열 141
등차수열 140

[ㄹ]

라디안 46

로그 197
로그함수 199

[ㅁ]

마름모 82
면 172
모듈 산수 127
무게중심 55
밑 23

[ㅂ]

반각공식 161
반원 64
반지름 63
배각공식 161
변 172
복소수의 역수 210
복소수의 제곱근 210
복소수의 표준형 208
볼록 82, 173
부피 174
분모의 유리화 26
분포범위 150
비 1
비둘기 집의 원리 133
비례 문제 4
빗변 48

[ㅅ]

사각형 82
사다리꼴 82
사인 158
사인과 코사인의 유계 159
사인 법칙 162
산술평균 149
삼각부등식 46, 207
삼각형의 넓이 50
삼각형의 평행선 정리 53
선행계수 11
세제곱근 24
소수 119
수선 48
수열 139
순열 95
시간과 거리 1
시컨트 163
시컨트 각 65
실수부 205
실수축 207

[ㅇ]

역수 210
역원 37
역함수 190
영점 11
오목 82
오일러 공식 172, 208
오즈 111
완전제곱 13
외각의 크기 87
외각정리 53
외부할선 정리 70
외접원 55
원 63
원 위에 있는 사각형 85

원의 넓이 65
원기둥 174
원뿔 174
원점에 대칭 187
원주각 65
유리수 영점 판정법 16
이등변삼각형 46
이차 다항식 13
이차 다항식의 영점-계수 관계 13
이항계수 27, 97
이항연산 35
이항 정리 27
인수 정리 15
일반적인 다항식의 영점-계수 관계 16
일반적인 인수 정리 15

[ㅈ]

작은 호 64
절댓값 206
접선 64
접선-현 정리 66
정다각형 82
정다면체 173
정사각형 82
정삼각형 46
정수 나눗셈 129
정수론의 기본 정리 119
정의역 38, 183, 188
제곱근 24
조합 96
중복도 12
중선 48
중심 63
중심각 64
중심각 정리 67
중앙값 150
지름 64
지수 23
지수 법칙 25
지수함수 24
직각삼각형 48
직각삼각형의 수선 정리 49
직각삼각형의 중선 정리 50
직교 13
직사각형 82
직선 12
직선의 기울기 절편형 12
직선의 방정식 12
직원기둥 174
직육면체 173
진법 127
질량중심 55

[ㅊ]

체바의 정리 54
최빈값 150
최소공배수 3
치역 38, 183, 188

[ㅋ]

카발리에리의 원리 175
켤레복소수 206
코사인 158
코사인 법칙 162
코시컨트 163
코탄젠트 163
크기 206
큰 호 64

[ㅌ]

탄젠트 163
톨레미의 정리 85

[ㅍ]

파스칼의 삼각형 29
판별식 15
편각 207
평균 149
평행 13
평행사변형 82
포함-배제 원리 99, 111
피타고라스 정리 49
피타고라스 항등식 159

[ㅎ]

할선 64
함수 38, 183
함수의 합성 189
합동 47
합성 189
합성수 119
항 139
항등원 37
허수부 205
허수축 207
헤론의 공식 52
현 64
확률 107

[기타]

lcm 3
$N!$ 96
n각형 81
n제곱근 23
n차 다항식 11
x축에 대칭 186
$y=x$에 대하여 대칭 190
y축에 대칭 186